Walther Gerlach · Martha List *Johannes Kepler*

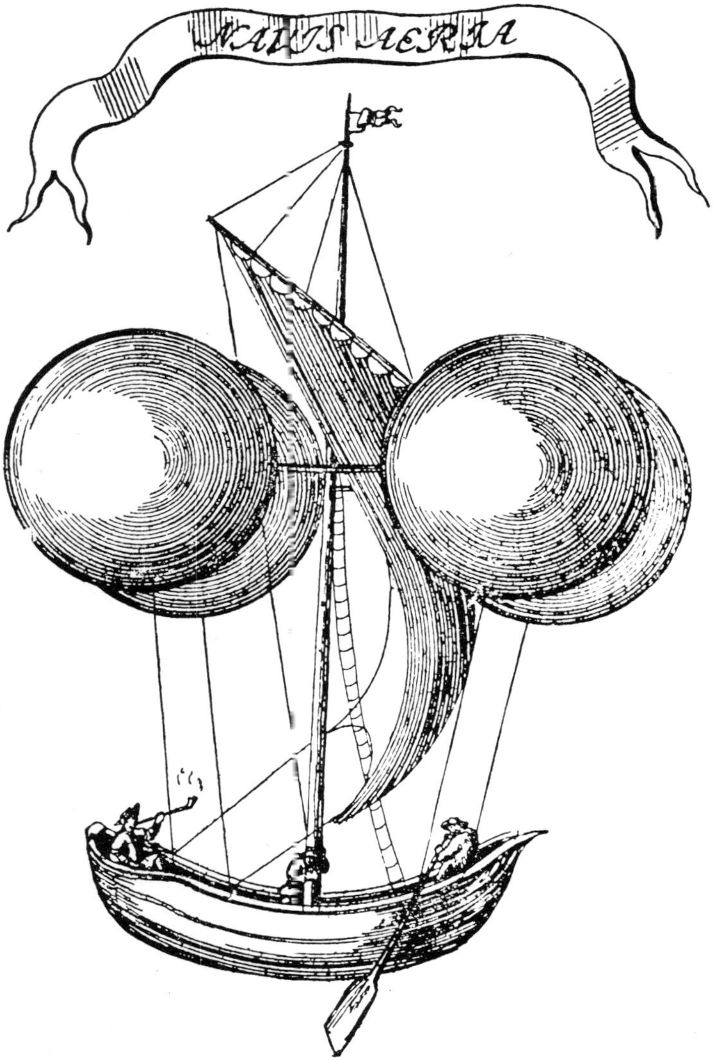
NAVIS AERIA

›gib schiff und segel für himmel und luft‹

Walther Gerlach · Martha List

Johannes Kepler

1571 Weil der Stadt – 1630 Regensburg

Dokumente zu Lebenszeit und Lebenswerk

Ehrenwirth Verlag München

Wir danken den Vorständen und Mitarbeitern der im Bildnachweis aufgeführten Bibliotheken, Archiven und Sammlungen für ihre Hilfsbereitschaft beim Aufsuchen von Bildmaterial aus Büchern und Handschriften. Besonderen Dank sagen wir dem Mitarbeiter in unserer Kepler-Kommission, Herrn Dr. Volker Bialas, für seinen Rat bei der Abfassung der astronomischen Texte.
Die Kepler-Kommission der Bayerischen Akademie der Wissenschaften, die Kepler-Gesellschaft Weil der Stadt und Dr. Ernst von Siemens ermöglichten die Sammlung der Dokumente.

ISBN 3 431 01421 6

Redaktionelle Mitarbeit Siemens Aktiengesellschaft, ZVW 21 Verlag

Druck: Pera-Druck KG München-Gräfelfing
Printed in Germany 1971

Johannes Kepler

Diener am Werk und Deuter des Buchs der Natur

»Solche Männer wie Kepler dürften eigentlich gar nicht sterben oder sollten wenigstens gleich Halbgöttern ein jahrhundertelanges Leben haben.
Man soll zu ihnen aufschauen wie zu einem hoch über den Wolken in unerreichbarer Höhe dahinschwebenden Adler.«

Diesen Brief schrieb der berühmte französische Physiker Pierre Gassend nach Keplers Tod an dessen Freund und Mitarbeiter Wilhelm Schickard in Tübingen im November 1630.
Vier Jahrhunderte nach Keplers Geburt hat dieses Urteil nichts von seinem Sinn verloren, der Wunsch des jahrhundertelangen Fortlebens sich erfüllt. Er ist der Erneuerer der Astronomie, der Begründer der »Physik des Himmels«, der Lehrer einer neuen Naturphilosophie. In Astronomie und Physik sind seine Entdeckungen, in der Erforschung der Natur ist seine Art des Schauens und Denkens lebendig. Unerreicht, als leuchtendes Beispiel, steht der Mensch; umbrandet von den politischen und religiösen Wirren geht Kepler ohne Rücksicht auf sein eigenes Geschick den als richtig erkannten Weg – »in Gewissensfragen zu heucheln steht mir nicht an!« so sagt er –, »Das Wahre anerkennend und nur Gott und die Natur, nicht aber sich selber ehrend: von dieser Art war Kepler«, so urteilte Goethe.
Dieses Werk und dieses Leben, ihre Verbindung mit dem Geschehen und den Gestaltern der Zeit, ihre Stellung in der abendländischen Geistesgeschichte will diese Sammlung originaler Dokumente – darunter manche neu gefunden, andere erstmals reproduziert – lebendig machen.
Einen Einblick in die von Johannes Kepler eingeleitete neue Betrachtung naturwissenschaftlicher Probleme sollen die vorangeschickten Zeilen vermitteln.

Der Traum vom Mond

»Da naves, aut vela caelesti aurae accommoda, erunt qui ne ab illa quidem vastitate sibi metuant . . .«

»Gib Schiffe oder richte Segel für die Himmelsluft her – es werden die da sein, welche sich nicht vor solcher öden Weite fürchten! Und so wollen wir denen, welche sich nach solcher Reise sehnen – so als ob sie ehesten Tags da stünden – die Astronomie begründen: ich die des Mondes, Du, Galilei, die des Jupiter.« Johannes Kepler, Mathematiker des Kaisers zu Prag, schrieb diese Worte in einem offenen Brief vom 19. April 1610, der »Dissertatio cum Nuncio Sidereo«, an Galileo Galilei, Professor der Mathematik am Gymnasium zu Padua, in der Hochstimmung, in welche ihn dessen »Sidereus Nuncius«, die Sternenbotschaft, versetzt hatte. Sie enthält unter den ersten Fernrohrbeobachtungen des Himmels, welche Galilei im Januar 1610 gemacht hatte, die Beschreibung der Mondgebirge und die Entdeckung der Mediceischen Sterne, von kleinen, den Jupiter umkreisenden »Planeten«. Aber – meint Kepler bei näherem Bedenken – Planeten laufen doch um die Sonne! Sind es Monde, welche den Jupiter so wie unser Mond die Erde »nach der Art eines treuen Hündchens« umlaufen? Mag sein; aber man weiß es nicht, und so schlug er für das neue Phänomen den Namen: Satellites Jovis, die Jupiter-Satelliten, vor. Das Wort, welches heute als Bezeichnung der mit Raketen auf Umlaufsbahnen um Erde, Mond und Planeten gebrachten Beobachtungsstationen gang und gäbe geworden ist, hat Kepler für Körper, welche Planeten umkreisen, festgelegt.

Die Umlaufbahn der künstlichen Satelliten ist eine Kepler-Ellipse. Es ist die Bahnform der natürlichen Planeten, welche Kepler – allen Anschauungen von Ptolemäus über Kopernikus bis zu Tycho Brahe und Galilei widersprechend – als allein den besten Planetenbeobachtungen entsprechend erkannt hatte. Wenn die Bahn der künstlichen, Erde oder Mond umlaufenden Satelliten von der Kepler-Ellipse abweicht, so ist das die Folge einer nichtgleichmäßigen Anziehungskraft über allen Stellen von Erde und Mond: denn sie ist nach

Kepler nur dann auf deren Mittelpunkt gerichtet, wenn Erde oder Mond im Innern an allen Stellen eine homogene Massenverteilung, die gleiche Dichte, haben; das ist aber nicht der Fall. In unseren Tagen dient diese »Schwereanomalie« zur Ermittlung von Erz-, Salz- oder Öllagern in näheren Bereichen des äußersten Erdmantels.

Schon vor 1609 schrieb Kepler eine »Astronomia Lunaris«, eine »Mondastronomie«, aber nicht für die »Kolonisten aus unserem Menschengeschlecht«. Ihr liegt zu Grunde eine großartige didaktische Idee. Das neue Kopernikanisch-Keplersche Planetensystem widersprach ja aller schlichten Erfahrung: immer und ewig beobachten die Menschen den Aufgang von Mond, Sonne, Planeten und Fixsternen im Osten, ihre Kreisbahn um unsere Erde und ihren Untergang im Westen. Nun sollte alles eine Sinnestäuschung sein: die Sonne sei das Zentralgestirn für Planeten und Erde; nur der Mond umlaufe die Erde, welche einmal am Tag um 360° von West nach Ost rotiert; ihre Rotationsachse sei um 67° geneigt gegen die Ekliptik, die Ebene ihrer weiten schwach elliptischen Bahn um die Sonne, welche sie mit im Raum gleichbleibender Achsenrichtung einmal im Jahr vollzieht. Weil der seine Welt beobachtende Mensch von dieser doppelten Bewegung der Erde und damit seiner eigenen nichts empfindet, hält er sich für den ruhenden Mittelpunkt des Planetensystems. Kepler, durchdrungen von seiner Aufgabe, an dem geistigen Genuß dieser wunderbaren Ordnung, des »Kosmos« des Schöpfungswerkes, »alle Menschen von Schulbänken minderen Ranges, den gemeinen Pöfel, Garamanten und Inder« teilhaben zu lassen, muß zunächst ihre auf der Sinneswahrnehmung beruhende Voreingenommenheit zerstören. So zeigt er, wie eben das, was der Erdenmensch sieht, sich schon für die Mondbewohner so ganz anders darstellt.

Auch sie sehen, daß die Sonne sie auf einem Kreis umläuft – aber sie braucht dazu rund 28 Erdtage; für jeden Mondbewohner dauert der Tag 336 irdische Stunden und ebenso die Nacht – ohne Jahreszeiten. Aber nur die auf der einen Seite des Mondes lebenden Wesen wissen etwas von der Existenz unserer »Erde«, ihrer »Volva«, die »wie mit einem Nagel festgeheftet« stets an derselben Stelle des Himmels steht. Sie halten nicht nur ihren Wohnsitz, sondern auch unsere Erde für ruhende Körper, umlaufen von Sonne und Planeten, in einer von der

Fixsternsphäre abgeschlossenen Welt. Die Volva aber, unsere Erde, sehen sie mondtags und mondnachts sich langsam um ihre eigene, fest im Raum stehende Achse drehen, dabei die wunderbarsten Zeichnungen zeigend, im Wechsel der Phasen zwischen Voll-Volva und Neu-Volva, wie wir sie vom Mond als Voll- und Neumond kennen. Die langen Tage und Nächte bringen für Mondmenschen unerträgliche Hitze und Kälte, Wasserfluten und Eis, sie müssen so gebaut sein, daß sie diesen Gefahren entfliehen können.

Es ist keine Science-fiction, was Kepler hier gibt: es ist das erste und ein nach Form und Inhalt großartiges Beispiel für die Popularisierung wissenschaftlicher Erkenntnis. Aber Kepler beschränkt sich nicht auf diese Aufgabe: er fragt, wie denn jene wagemutigen Reisenden von der Erde zum Mond gelangen können. Von den Antriebsmitteln der Raketen unserer Tage wußte er noch nichts – so holte er sich die Hilfe von Dämonen. Deren Aufgabe aber und das, was dem Mondkolonisten auf seiner Fahrt bevorsteht – alles wird von Kepler erstmals als ein physikalisches Problem erkannt und abgehandelt: die schwere Arbeit, welche gegen die Anziehung der Erde geleistet werden und wie der Reisende bandagiert sein muß, damit er bei der Beschleunigung nicht zerrissen wird; die nachlassenden Bemühungen, wenn die Anziehungskraft kleiner wird; dann das Erreichen der »schwerelosen Zone«, in welcher die nach der Erde und die nach dem Mond gerichtete Kraft sich gerade aufheben und nur noch die wechselseitigen Anziehungskräfte von Körper und Extremitäten der Reisenden wirken, welche ihn nach Art einer Spinne zu einer Kugel zusammenziehen; was dann zu tun ist, damit der Reisende aus dieser Zone in den Bereich der Mondanziehung kommt; schließlich die nun wieder schleunigst erforderliche erhebliche Bremsarbeit des »Dämons«, damit die kostbare Fracht nicht auf der Mondoberfläche aufprallend zerschellt. Ist alles gut gegangen, so muß der Kolonist gar manche Verhaltensvorschriften befolgen – von dem Fehlen einer Atmosphäre, von dem mangelnden Wasser weiß Kepler noch nichts; aber er warnt vor den Folgen der langen Sonneneinstrahlung und der langen Mondnacht, er weist auf die schattenspendenden Bergwälle hin, über welche ja Galileis Fernrohrbeobachtungen schon manche Klarheit brachten. Aber »man muß der Phantasie, die sich der offenen Gefilde des Äthers bemächtigt hat, Zügel anlegen, da vielleicht spätere Beobachtungen mit der Zeit andere Erscheinungen künden werden als der erste Bericht«.

Erst dem »Dämon Technik« unserer Zeit blieb es vorbehalten, die von Kepler im »Traum vom Mond« auf Grund seiner neuen physikalischen Vorstellungen erstmals erkannten, in den folgenden Jahrhunderten quantitativ ausgearbeiteten wissenschaftlichen Probleme der Mondfahrt als technisch lösbares Problem zu erkennen und zu realisieren.

Wir haben diese Episode aus Keplers Werk an den Anfang unserer Betrachtungen gestellt, um an einem heute landläufigen Beispiel zu zeigen, wie unmittelbar sein Schaffen sich in unserer Gegenwart auswirkt – und auch um uns an seine Warnung vor voreiligen, von weiterer Erfahrung schnell überholbaren Schlußfolgerungen zu erinnern.

Der »Mondastronomie«, in frühen Jahren geschrieben, um den Menschen das Eindringen in eine neue Gedankenwelt zu erleichtern, fügte Kepler im Lauf der Jahre Noten und Anhänge hinzu, die den Umfang des Grundteils mehrfach überstiegen. Das gesamte Werk erschien erst einige Jahre nach seinem Tod unter dem Titel »Somnium seu Opus posthumum de Astronomia Lunari«. Die Noten zeigen u.a., wie seine für die Mondfahrt entwickelten neuen Gedanken über Bewegungszustände und die sie verursachenden und ändernden Kräfte sich festigten und erweiterten. Gerade diese in die Astronomie eingeführten physikalischen Vorstellungen bedeuten für Keplers Zeit und für die direkten Folgen seines Forschens noch mehr als die Entdeckung der Planetengesetze – und auch für uns und für immer, solange die Menschen sich die Sehnsucht nach Erkenntnis ihrer Welt erhalten, solange Keplers Antwort auf die noch immer wiederkehrende Frage »Was nützt einen hungrigen Magen die Kenntnis der Natur?« gültig bleibt: »Unser Bildner hat zu den Sinnen den Verstand gefügt, nicht bloß damit sich der Mensch seinen Lebensunterhalt erwerbe – das können viele Arten von Lebewesen mit ihrer unvernünftigen Seele weit geschickter –, sondern auch dazu, daß wir vom Sein der Dinge, die wir mit den Augen betrachten, zu den Ursachen ihres Seins und Werdens vordringen, auch wenn weiter kein Nutzen damit verbunden ist.«

Vom »Mysterium Cosmographicum« zur »Erneuerung der Astronomie«

In der dem Studium der Theologie vorangehenden Ausbildung in den »Freien Künsten« hatte Johannes Kepler bei Michael Mästlin in Tübingen das heliozentrische Planetensystem des Nikolaus Kopernikus kennengelernt. Es hatte ihn eigenartig fasziniert; eine frühe Dissertation darüber ist verschollen. Er griff sein Studium wieder auf, als er noch vor Abschluß des theologischen Examens als Mathematiklehrer an die mit Tübingen verbundene Landschaftsschule in Graz geschickt worden war. Schon bald stand der Entschluß des noch nicht Vierundzwanzigjährigen fest: »Ich wollte Theologe werden. Nun aber sehet, wie Gott durch mein Bemühen auch in der Astronomie gefeiert wird« – so schrieb er an Mästlin, als er ihm den ersten Entwurf seines Erstlingswerkes schickte. Er glaubte in einer zahlenmäßigen Beziehung zwischen den Dimensionen der 5 regulären Körper und den Abständen der 6 Planeten von der Sonne das »Mysterium Cosmographicum« entdeckt zu haben.
Tycho Brahe, der berühmteste Astronom des ausgehenden 16. Jahrhunderts, erkannte in diesem Werk – wenn er auch Keplers Konzeption und Schlußfolgerung ablehnte – den scharfen originellen Denker und holte ihn 1600 an den Prager Kaiserhof Rudolphs II., wo er selbst als Kaiserlicher Mathematiker nach dem Verlassen der dänischen Heimat wirkte: Kepler sollte aus seinen umfassenden, über Jahrzehnte gehenden Messungen der Planeten eine bessere Theorie ihrer Bahnen ableiten. Schon nach einem Jahr unterbrach der Tod Brahes die Zusammenarbeit; aber der Kaiser machte Kepler zu dessen Nachfolger und setzte es auch durch, daß die Braheschen Erben ihm die Bände mit seinen Beobachtungen überließen. Kepler erhielt den Auftrag, neue astronomische Tafeln für die Planetenstellungen, für Mond- und Sonnenfinsternisse in Vergangenheit und Zukunft auszuarbeiten – die älteren Prutenischen Tafeln hatten sich schon lange als unzuverlässig erwiesen –, wesentlich für astrologische Zwekke, aber auch für die Orientierung bei der Seefahrt.
Die Aufgabe, die Kepler von Brahe erhalten hatte, war anderer Art als die, welche er sich selbst einige Jahre früher in Graz gestellt hatte. Er sollte – mit

Worten von Tycho Brahe gesagt – nicht a priori, von einer Idee aus, sondern a posteriori, aus den vorliegenden Meßwerten das Prinzip des Weltgebäudes mathematisch ermitteln. Alles Bemühen, die Beobachtungen von Tycho und anderen, besonders die des friesischen Pastors David Fabricius, mit den Systemen des Ptolemäus, des Kopernikus, des Tycho Brahe zu verbinden, scheiterten; das ihnen allen zugrunde liegende aristotelische Dogma der »natürlichen Bewegung der Himmelskörper« mußte aufgegeben werden: Die Planeten laufen nicht mit konstanter Geschwindigkeit auf Kreisen, sei es um die Erde, sei es um die Sonne; ihre Bahnen, einschließlich der Erdbahn, sind Ellipsen, in deren einem Brennpunkt die Sonne ruht; ihre Geschwindigkeiten sind in Sonnennähe größer als in Sonnenferne – im Perihel und Aphel, wie Kepler diese zwei Lagen nannte.

Das erste und zweite Keplersche Gesetz sind enthalten in der 1609 im Druck erschienenen »Astronomia Nova«, der »Neuen Astronomie oder Physik des Himmels«. Aber die Frage, die ihm seit Beginn als wesentlichste erschien, war nicht beantwortet: in welchem Verhältnis stehen die Umlaufzeiten der Planeten Merkur – Venus – Erde – Mars – Jupiter – Saturn zu ihrem Sonnenabstand. Die Antwort fand Kepler erst wenige Tage vor Ausbruch des 30jährigen Krieges am 15. Mai 1618 – sogar das Datum hat er festgehalten! –, als er schon seit 1612 als Mathematiker der Stände von Österreich ob der Enns in Linz wirkte. Dieses dritte Keplersche Gesetz, daß zwischen den mittleren Sonnenabständen der Ellipsenbahnen und den Umlaufzeiten für alle Planeten und für die Erde die gleiche zahlenmäßige Beziehung besteht, wurde der Ausgangspunkt für Newtons Entwicklung des Gravitationsgesetzes. Es ist wegen der Gültigkeit auch für die Erde für über 200 Jahre das stärkste Argument für die bewegte Erde und damit für die Grundkonzeption des heliozentrischen Systems des Kopernikus. Kepler brachte diese zur Anerkennung – außer ihr ist in den nun gültigen Keplerschen Planetengesetzen nichts mehr vom Kopernikanischen System enthalten; die endgültige »Kopernikanische Wende« in Astronomie und Naturwissenschaft ist Keplers Werk – und nicht nur dieses, wie wir bald sehen werden. Galilei hat Keplers Weg noch nicht beschritten, er hielt fest an den aristotelischen natürlichen Kreisbahnen der Planeten.

Keplers Erfolg, eben die Erneuerung der ganzen Astronomie, beruht auf seinem Grundsatz, daß eine gesetzmäßige Fassung von Naturvorgängen nur dann sinnvoll und daher wissenschaftlich erlaubt ist, wenn sie diese quantitativ wiedergibt. Von den Tatsachen ließ er sich von der Unhaltbarkeit der bis dahin unbezweifelten These der vollkommenen Kreisform der himmlischen Bewegungen überzeugen: die Kreisform war eine »Idee«, die Kepler-Ellipsen sind aus dem Buch der Natur abgelesen – »Ich habe meinen Geist nicht mit Spekulationen über abstrakte Geometrie, d.h. mit Gemälden von seienden und nichtseienden Dingen erfüllt«.

Auf dem nun gesicherten Boden der Planetengesetze konnte Kepler endlich an die Vollendung des ihm 1601 von Rudolph II. gegebenen und 1612 von dessen Nachfolger Matthias erneuerten Auftrags gehen. Die Planetentafeln werden in Linz trotz aller erdenklichen Schwierigkeiten, trotz Not, Krieg und Bauernaufstand vollendet, in Ulm gedruckt und zur Jahreswende 1627/28 Kaiser Ferdinand in Prag feierlich überreicht; die »Tabulae Rudolphinae«, die Rudolphinischen Tafeln zum Gedenken an Rudolph II., seinen ersten Kaiserlichen Förderer, genannt. Sie sind für lange Zeit die besten astronomischen Tafeln.

Mit dem Abschluß der »Rudolphinischen Tafeln« ist Keplers astronomisches Werk vollendet. Er ist gealtert, er ist müde geworden. Fest war seine Gesundheit nie. Die Reisen zu Pferd wurden beschwerlicher, die innere Unruhe, die Sorge um die Zukunft der Familie nahmen zu. Eine Rückkehr nach Linz kam allein des Krieges wegen nicht in Frage, mancherlei Pläne wurden geschmiedet und wieder verworfen, die frühere Entschlußfreudigkeit fehlt. Nur als man in Prag nach der Überreichung der »Tabulae Rudolphinae« an Kaiser Ferdinand den Übertritt zum katholischen Glaubensbekenntnis als Voraussetzung für eine besonders ehrenvolle Stellung ansieht, lehnt er dies in alter Festigkeit ab. Die Anstellung bei Wallenstein, die Übersiedlung nach Sagan wird beschlossen in der – auch den Kaiser bestimmenden, allerdings trügerischen – Hoffnung, daß die hohen kaiserlichen Schulden von diesem erstattet würden. Entscheidend war für Kepler die Zusage der Errichtung einer eigenen Druckerei, die Aussicht, damit endlich die Mittel zur Veröffentlichung vorliegender Manuskripte zu

haben: das »Somnium« mit den in vielen Jahren hinzugefügten umfangreichen, die Fortentwicklung seiner Himmelsphysik enthaltenden Noten, vor allem auch die laufende Herausgabe von Ephemeriden, der Auswertung der »Rudolphinischen Tafeln« für die Praxis.
Es war die einzige wissenschaftliche Aufgabe, die er noch sah; aber es war nur Rechenarbeit. Ein neues Problem zeigte sich ihm nicht. Seine Erkenntnisse, seine neuen Gedanken waren dem Denken, dem Vorstellungsvermögen seiner Zeit um Jahrzehnte vorausgeeilt.
Die Astronomie des heliozentrischen Planetensystems auf Grund der Beobachtungen war mit den Keplerschen Gesetzen abgeschlossen. Der fehlende direkte Beweis für die »bewegte Erde«, für ihren Lauf zwischen Venus und Mars um die Sonne, die Parallaxe der Fixsterne, von Kepler seit dem Abschluß seines Erstlingswerkes bedacht, konnte mit den Beobachtungsinstrumenten seiner Zeit nicht erbracht werden. Er glückte erst nach mehr als 200 Jahren F. W. Bessel 1838, nachdem seit Erfindung des Keplerschen Fernrohrs die Instrumententechnik Fortschritte bis hin zur Entwicklung der großen Fraunhoferschen Refraktoren gemacht hatte. Sogar der direkte Beweis für die Erddrehung wurde erst 1850 mit Foucaults Pendelversuch im Panthéon in Paris gegeben.
Die erste Erweiterung des Planetensystems mit der Entdeckung des siebenten Planeten Uranus gelang erst – ebenfalls ermöglicht durch bessere, lichtstärkere Fernrohre – 1786 Wilhelm Herschel; und das Kepler so beunruhigende »Geheimnis der Lücke«, des großen Zwischenraumes zwischen den Bahnen von Mars und Jupiter, wurde gar erst im 19. Jahrhundert durch die Entdeckung der Planetoiden Ceres, Pallas, Juno u.a. gelöst.

Vom Sein der Dinge zu den Ursachen ihres Seins . . .

Schon dem jungen Kepler bedeutete die Sonne für das Planetensystem mehr als nur sein geometrischer Mittelpunkt zu sein: wie die Strahlen des Lichtes den ganzen Raum durchdringen, Leben schaffend und erhaltend, so sollen Strahlen der Kraft von ihr ausgehen, den Lauf der Planeten in Gang und in Ordnung haltend – »auch die Waage bedarf keines tätigen Intellektes, um ein Gewicht richtig anzuzeigen«. Es ist der erste Versuch, die Ursachen im irdischen und kosmischen Geschehen in dem Wirken von Naturgesetzen zu sehen. Man muß sich klar darüber sein, was das bedeutete.

Alles Denken über die Natur beruhte auf dem Grundsatz der Teilung der Welt in zwei Bereiche: in die irdische »sublunare« Sphäre und in die ätherischen oder himmlischen Sphären, abgeschlossen durch die die Fixsterne tragende Himmelskugel. Nur im irdischen Bereich vollziehen sich Änderungen in den leblosen und in den lebenden Körpern; ihre »natürliche« Bewegungsform ist die gerade Bahn des fallenden Apfels oder Steines. Der allen irdischen Körpern innewohnende Trieb, sich miteinander zu verbinden, ist auf den Mittelpunkt der Erde gerichtet; deshalb ist diese der Mittelpunkt der Welt. In den ätherischen Sphären bleibt alles ewig gleich. Die himmlischen Körper ändern sich nicht, weder an Helligkeit noch an Größe noch an Zahl; der Kreis ist ihre »natürliche« Bewegung. Die Grenze zwischen den beiden Bereichen ist dem Menschen ewig verschlossen; nur mit Hilfe der Mathematik kann er aus den Informationen, welche das Licht der Himmelskörper liefert, Einsicht in die räumliche und zeitliche Ordnung ihrer Umläufe, der »Revolutiones«, erhalten. So hatte im zweiten nachchristlichen Jahrhundert Ptolemäus von Alexandria in dem »Almagest« das geozentrische System der Cyclen und Epicyclen der Planeten entwickelt. »More ptolemaico« hatte Nikolaus Kopernikus im Anfang des XVI. Jahrhunderts das heliozentrische Weltbild entworfen; in ihm umläuft die Erde mit der Schar der Planeten auf Kreisen mit konstanter Geschwindigkeit einen gemeinsamen Weltmittelpunkt, um welchen auch die Sonne eine kleine komplizierte Bahn beschreibt. Am Ende dieses Jahrhunderts folgerte Tycho Brahe aus seinen Messungen, daß

alle Planeten die Sonne umkreisen, diese aber – mit ihren Planeten – die ruhende Erde als Mittelpunkt der Welt.
Tycho hatte aber eine andere Aussage der bestehenden Weltauffassung angegriffen: der Unveränderlichkeit der himmlischen Körper widersprach seine Messung über die Bewegung des Kometen von 1577: er mußte quer durch die Sphären der Planeten gehen, er konnte nicht ein Lichtphänomen des »Dunstes« im sublunaren Bereich sein; aber selbst Galilei hielt hieran fest. Wenn aber die Planeten nicht auf festen Kristallsphären durch den Raum bewegt werden – wie kann es sein, daß sie ihre Bahnen unverändert durch den freien Raum durcheilen? Erstmals stellt Kepler diese Frage. Alle irdischen und himmlischen Bewegungen beruhen auf Kräften, beantwortet er sie; es gibt eine einheitliche Physik der Erde und des Himmels. Das war nicht im Sinne der Gelehrten seiner Zeit; selbst sein alter Lehrer Mästlin warnt ihn, astronomische Fragen mit physikalischen Mitteln zu behandeln, da beide doch nichts miteinander zu tun hätten. Wie sind die wissenschaftlichen Gegner zu bekehren? Humorvoll schreibt er einmal, er habe dazu »nach Tübingen in die Studierstube Mästlins eine Versammlung aller Mathematiker einberufen, die sich seit 2000 Jahren hervortaten und in Zukunft auftreten werden. Für sie ist es leichter zu erscheinen und auch zuzustimmen, als für die mit uns Lebenden«. Immer wieder kommt er in Briefen, in den Anmerkungen zur 2. Auflage seines Erstlingswerkes, in den Noten zum »Traum vom Mond« und ganz besonders in dem umfangreichen 1618/21 verfaßten siebenteiligen Lehrbuch »Epitome Astronomiae Copernicanae« auf dieses allgemeine physikalische Problem zurück: »Mästlin pflegte über meine Bemühungen zu lachen, indem ich alles auf physikalische Ursachen zurückführte. Aber wahrhaftig, das ist mein Entzücken, der Haupttrost und Stolz bei meiner Arbeit, daß mir das gelang: eine Astronomie ohne Hypothesen.« So vollzog Kepler den für die Zukunft entscheidenden Schritt von der mathematischen Himmelsbeschreibung zur physikalischen Himmelserklärung, von der Kinematik zur Dynamik: er begründete die »Physica coelestis«.

Er trug Newton die Fackel voran . . . (SCHILLER)

Keplers neue Naturphilosophie beruht auf der Vorstellung einer gleichartigen Kraft, die zwischen aller »körperlichen Materie« wirkt; sie beruht auf ihrer Eigenschaft, der »gravitas«, der Schwere, die wir beim Heben und Halten von Körpern empfinden; sie ist eine wechselseitige Anziehung.

Kepler gibt die Erklärung seiner Vorstellung mit einem Gedankenexperiment: ein Stein, irgendwohin in die Welt gebracht, fern von allen anderen Körpern, ist in Ruhe; das ist der »natürliche« Zustand der Materie. Wird ein zweiter Stein in die Welt gebracht, so ziehen sich beide gegenseitig an und bewegen sich aufeinander zu; sie kommen an einem Treffpunkt zur Ruhe, dessen Entfernungen von der Ausgangslage der beiden Steine im umgekehrten Verhältnis ihrer Massen stehen. Die unmittelbare Folgerung ist, daß der Apfel gar nicht auf die Erde »fällt«: Erde und Apfel ziehen sich gegenseitig an; nur ist der Weg der Erde zum Apfel hin wegen ihrer im Verhältnis zur Apfelmasse ungeheuer großen Masse unmerklich klein. Aber bei der wechselseitigen Anziehung von Erde und Mond folgt das leicht bewegliche Wasser der großen Meere der Kraft zum Mond: entsprechend dem von der Erde erzwungenen Umlauf des Mondes um die Erde zieht der Mond das ihm jeweils gegenüberliegende Wasser an und läßt es bei seinem Weiterlauf wieder zurückfallen. So entstehen die Gezeiten oder Tiden, die zeitlich mit dem Mondumlauf gekoppelten Flut und Ebbe der Weltmeere. Es ist die erste, zwar noch nicht vollkommene, aber doch im Grundsätzlichen richtige Deutung dieser Naturerscheinung, welche Galilei so scharf als »fanciullezze«, als Kindereien, zurückwies, da er fälschlich in den Gezeiten den Beweis für die Bewegung der Erde um die Sonne sehen wollte; diese spielt aber bei Ebbe und Flut keine Rolle.

Welcher Art diese zwischen allen Körpern durch den Raum wirkende Kraft ist, deren Größe von ihren Massen abhängt – mit dieser Frage plagte sich Kepler; aber sie ist ja heute noch nicht beantwortet. Er hatte das 1600 erschienene Werk des William Gilbert aus London »De Magnete« studiert. Dieser hatte aus dem experimentellen Studium der Wirkungen von Magneten aufeinander erkannt, daß die Kompaßnadel sich nicht auf den »Himmelspol«, sondern auf die Pole der Erde einstellte, daß also die Erde ein Magnet ist, von dem eine magnetische Kraft auf andere Magnete ausgeht. Es war die erste Untersuchung einer durch den freien Raum, ohne Vermittlung von Materie, aber von Materie auf Materie wirkenden Kraft – freilich nur der wenigen besonderen »magnetischen« Körper. Es ist physikalisch wohl berechtigt, wenn Kepler versucht, die Kraft von der Sonne auf Planeten und die Magnetkraft zwar nicht als gleich, aber als wesensverwandt anzusehen, mit einer ganz ähnlichen Überlegung, mit der 100 Jahre später Newton gewisse Wirkungen der Materie auf das Licht mit der Hypothese zu erklären versuchte, daß dieses aus quasi-magnetischen Lichtteilchen bestehe.

Der Fortschritt, den Newton 1687 in seinen mathematischen Prinzipien der »Philosophia Naturalis« (d.h. der Physik) brachte, ist die quantitative Fassung der Keplerschen gravitas-Vorstellung im Newtonschen Gravitations-Gesetz, abgeleitet aus dem dritten Keplerschen Gesetz. Die Anziehungskraft zwischen zwei Körpern - proportional ihrer Massen und mit dem Quadrat ihrer Entfernung abnehmend - liefert von der Sonne auf den bewegten Planeten wirkend dessen gekrümmte Bahn, für welche Kepler noch eine besondere Annahme brauchte. Mit den neuen mathematischen Hilfsmitteln der Differentialrechnung folgten daraus auch die zwei Keplerschen Ellipsengesetze. Es ist die quantitative Vollendung von Keplers Neuer Astronomie. Bemerkt sei, daß der experimentelle Beweis für dieses Massenanziehungsgesetz durch Laboratoriumsmessungen erst 1798 von Henry Cavendish in Cambridge, England, erbracht wurde.

Oh Du herrliches Rohr . . .

Im Januar 1610 hatte Galileo Galilei das im vergangenen Spätsommer der Signoria von Venedig als Beobachtungsinstrument im Seekrieg dargebotene »cannocchiale«, ein Fernrohr, erstmals auf den gestirnten Himmel gerichtet. Er erkannte die Mondgebirge an ihren mit dem Stand der Sonne wechselnden Schatten, er entdeckte die schon erwähnten Satelliten des Jupiter, die Auflösung der Milchstraße in Einzelsterne und im Herbst 1610 die Venusphasen: ihr von dem Stand der Venus zur Sonne abhängiges Erscheinen als auf- oder untergehende Sichel oder als Vollvenus. Die schon im März gedruckte Beschreibung der Entdeckung schickte er als »Sidereus Nuncius«, eine Sternenbotschaft – »Ambasciata o Avviso« – durch den Gesandten Julian von Medici an Kepler. Dieser hatte bereits nicht lange zuvor durch Wackher von Wackhenfels, einen alten Freund, vom offenen Wagen herab die durch Kuriere nach Deutschland gebrachte Kunde von den erregenden Entdeckungen Galileis vernommen, einige Tage später auch die kleine Schrift vom Kaiser zur Begutachtung zugestellt bekommen. In wenigen Tagen hatte Kepler eine Antwort an Galilei verfaßt, die »Dissertatio cum Nuncio Sidereo«. Kepler ist – bei aller Vorsicht in der Beurteilung von Einzelheiten – begeistert. »Oh Du herrliches Rohr, köstlicher als ein Szepter! Wer Dich in seiner Rechten hält, ist der nicht zum König, zum Herren über die Werke Gottes gesetzt?« Aber er erkennt auch, daß die Beobachtungen keinen Hinweis für die Kopernikanische Annahme des Laufs der Erde um die Sonne erbringen, jedoch den Beweis, daß die Venus nicht die Erde, sondern die Sonne umläuft.

Kepler sieht sofort die Bedeutung des Fernrohrs für eine künftige Astronomie, aber auch, daß die von Galilei gewählte Kombination einer Konvexlinse mit einer Konkavlinse als Okular unzweckmäßig ist; er gibt schon in der, in ein paar Tagen geschriebenen »Dissertatio« entsprechende Hinweise. Denn bereits 1604 hatte er ein mathematisches Werk über die Optik – »Astronomiae Pars Optica« – veröffentlicht, welches sich u.a. mit der Wirkung von Spiegeln und Linsen und der Bilderzeugung befaßt. Die ursprüngliche Veranlassung war eine neue Bearbeitung der noch nicht entschiedenen Frage nach der atmosphärischen

Refraktion: der Ablenkung des von einem Stern kommenden Lichtes beim Durchgang durch die Atmosphäre aus seiner geraden Bahn so, daß sein »Ort am Himmel« dem Beobachter um so mehr gehoben erscheint, je tiefer er steht. Kepler zeigt, daß dieses der Fall ist und daher alle Planetenmessungen für eine genaue Bahnbestimmung erst korrigiert werden müssen.

Das Buch der Natur wird aufgeschlagen . . .

Von der, den Messungen der wechselnden Planetenstellungen zahlenmäßig entsprechenden Kinematik zu der Struktur des Sonnensystems; aus ihr zur physikalischen Begründung einer naturgesetzlichen dynamischen Regelung aller Bewegungen durch eine alle Körper miteinander verbindende Kraft, deren gewaltigste Quelle die Sonne ist – das war Keplers Weg zur Erkenntnis des *Kosmos*, d.h. der Ordnung der bekannten Welt. Die aus den optischen Forschungen gewonnene Einsicht, daß der Planet Erde von einer Lufthülle umgeben ist, welche die Eigenschaften aller Materie hat, aber nur bis zur Höhe von einigen Kilometern den Raum um die Erde erfüllt, führte zur Frage nach dem unermeßlich großen Raum zwischen den Planeten bis hin zur Fixsternsphäre. Der mit dem Fernrohr erbrachte Nachweis der vollkommenen Transparenz der Himmelssubstanz, daß gar »die winzigsten Teile der Sternensphäre« erkennbar sind, führte Kepler zu der seiner Zeit ganz fremdartigen Folgerung, »daß man beinahe zugeben müsse, der ganze unermeßliche Raum sei leer«. Hier setzt nach 1650 Otto von Guericke mit der Frage nach der Herstellbarkeit eines materieleeren Raumes ein, welche ihn zur Erfindung der Luftpumpe und zur Entdeckung der Arbeitsfähigkeit des Luftdrucks führte. Keplers Suchen und Forschen beschränkte sich nicht auf alle Fragen der weiten Welt – viele Einzelschriften des unermüdlichen Geistes über Naturerscheinungen, über neue Sterne, über Kometen, über Sonnen- und Mondfinsternisse erwähnen wir nur. Er fragte auch nach Möglichkeiten, seine mathematische Fähigkeit für das tägliche Leben nutzbar zu machen. Schon in seiner Grazer Zeit konstruierte er eine kontinuierlich wirkende, ventillose Zahnradpumpe zur Entwässerung von Bergwerken, doch war dieses sein »Kunstbrünnlein« damals technisch nicht herstellbar, ist aber heute vielfach in Gebrauch. In dem »Ulmer Kessel« stellte er eine Kombination aller gültigen Maßeinheiten für Handel und Gewerbe als unverfälschbares Normal her. Es war der Dank, den er der Stadt Ulm für die Gastfreiheit während des Drucks der Rudolphinischen Tafeln abstattete. Dem Betrug im Weinhandel zu steuern, entwickelte er eine Berechnung des Inhaltes von Fässern aus ihren äußeren Dimensionen, welche mathematisch höchst originell spätere Entwicklungen wie Integralrechnung und Maximum- und Minimum-Prinzip enthielt, die *Archimedische Meßkunst*.

Zu den Problemen des täglichen Lebens gehören auch seine Schriften über den mit der päpstlichen Bulle »Inter Gravissimas« seit 1582 eingeführten, den von Julius Caesar stammenden Kalender alten Stils (a. St.) ersetzenden Gregorianischen Kalender »neuen Stils« (n. St.). Die protestantischen Fürsten, die nordischen Länder, an der Spitze England, hatten ihn als »Werk des Antichrist« abgelehnt. Kepler vertritt ihn in Wort und Schrift, auch als Kaiserlicher Gutachter auf dem Regensburger Reichstag 1613. In drei deutsch geschriebenen, »von einem Freund der Wahrheit« verfaßten populären Schriften legt er klar, daß der neue Kalender als »astronomisch richtig« anzunehmen ist; es sei bedauerlich, daß in der öffentlichen Diskussion auch Mathematiker theologische und politische statt nur mathematische Argumente gebracht hätten: »unsere Studia seynd unpartheyisch, dem Menschen nützlich, der Rhue, Fridens und Einigkheitt begirig«.

Nicht nur für das Calendarium perpetuum, auch für die Festlegung vergangener Ereignisse wird die Astronomie herangezogen, Kepler begründet die astronomische wissenschaftliche Chronologie, er zeigt, daß, wenn unsere Zeitrechnung mit dem Jahr von Christi Geburt beginnen soll, ihr Anfang um 6 Jahre zurückzudatieren ist.

Aber es ist nicht Keplers Art, mit der Lösung eines speziellen Problems sich zufriedenzugeben; er geht sofort auf prinzipielle Fragen ein. Die eine ist die nach der Materie, welche das Licht ablenkt. Über die atmosphärische Luft gab es noch keine einheitliche Vorstellung. Kepler studiert die Arbeit des Vitello aus dem 13. Jahrhundert über die Brechung des Lichtes; es gelingt ihm zwar nicht, das von Harriot und Snellius gefundene Brechungsgesetz zu formulieren, aber er erkennt, daß es sich bei der Ablenkung des Sternenlichtes um eine Brechung in der Luft handelt, vergleicht diese quantitativ mit der im Wasser (für deren Messung er ein klassisches experimentelles Verfahren entwickelt) und berechnet daraus die Dichte der Luft: »Und so sage ich hier wie an anderer Stelle, daß die Luft Schwere oder Gewicht hat – aerem gravem seu ponderosum esse. Ich weiß wohl, daß ich mir damit den Tadel der Physiker zuziehe, aber so lehrt es mich die Natur.«

Eine zweite prinzipielle Frage ist die Anwendung der Winkelbeziehung bei der Brechung für die Berechnung der Bildentstehung durch Linsen. Kepler gibt die erste richtige Theorie des Auges, die Entstehung eines umgekehrten verkleinerten Bildes der Gegenstände durch die Augenlinse auf der Netzhaut. Er entwickelt die Theorie der an sich bekannten Brillen, den Strahlengang in der Kombination einer Konkav- oder Konvexlinse mit der Augenlinse und erkennt schon den Vorteil, welchen ein gewölbtes »periskopisches« Brillenglas bringen wird. In der »Magia Naturalis« des J. B. Porta hatte Kepler von zweilinsigen Tuben gelesen, in denen man ein Konkavglas und ein Konvexglas so zusammenstellen könne, daß man Entferntes wie Nahes groß und deutlich sieht, und die Bemerkung, daß noch niemand Wirkung und Theorie solcher »specilla« behandelt habe. Mit ihrer Bearbeitung kommt Kepler zum Prinzip der Fernrohre. Als er später gefragt wurde, warum er dieses nicht gebaut und für die Sternbeobachtung genutzt habe, antwortete er, daß er nicht geglaubt habe, mit einem optischen Instrument die Himmelssubstanz durchdringen zu können. Galileis Entdeckungen lassen ihn die alten Arbeiten wieder aufnehmen. In der 1611 als zweites optisches Werk erschienenen »Dioptrice« entwickelt Kepler das Keplersche astronomische Fernrohr mit zwei Konvexlinsen, welches das Galileische an Lichtstärke und Gesichtsfeldgröße weit übertrifft. Christoph Scheiner, der Ingolstädter Jesuitenastronom, später in Rom einer der schärfsten Gegner des Galilei, baute 1613 das erste Keplersche Fernrohr, welches schnell allenthalben in Gebrauch kam. Galilei hat sich mit der Theorie des Fernrohrs nie befaßt. Sein erstes Fernrohr mit 30facher Linearvergrößerung war eine Meisterleistung experimenteller Geschicklichkeit und Zähigkeit. In späteren Jahren einmal nach der Berechnung von Fernrohren befragt, antwortete er, das sei eine noch unbekannte Wissenschaft; es gäbe zwar ein Buch darüber von dem Kaiserlichen Mathematiker, aber dieses sei »so dunkel – si oscuro –, daß dieser es wohl selbst nicht verstanden hat«.

Die beiden großen optischen Werke Keplers bilden die Grundlage für alle spätere physikalische Optik bis zu und vor allem auch für Newton, der die Entdeckung des Spektrums hinzufügte. Kepler wurde, so sehr er sich bemühte, mit dem Problem der Farben noch nicht fertig – das gelang ja erst der Physik des 19. Jahrhunderts. Er zeigte, wie der Regenbogen durch Brechung des Sonnenlichtes im Regentropfen entsteht, »wobei durch das sie durchdringende Sonnenlicht die Farben aus seiner Materie herausgeschlagen werden«. Ebenso meint er – der richtigen Deutung hier schon recht nahe kommend –, daß die Kometenschweife Materie sind, die von der Sonne aus dem Kometenkopf herausgepreßt und beleuchtet werde. Er bewies, daß das Himmelsblau nicht die »Farbe des Himmels« ist, sondern von der Sonne in den tieferen Schichten der Atmosphäre erzeugt wird.

Seit sein Geist Problemen des Schöpfungswerkes und des menschlichen Lebens nachgeht, wozu auch seine Schriften über kirchliche Grund- und Streitfragen der Zeit gehören –, schon seit den frühen Grazer Jahren durchforscht er die Welt nach einem, allem Sein und Geschehen übergeordneten, Natur und Mensch einheitlich verbindenden Prinzip, um den Plan der Schöpfung zu erkennen und verkünden zu können. Kepler glaubt es in der Mathematik der harmonischen Zahlen des Pythagoras gefunden zu haben – aber nicht in den Zahlen selbst, »sie sind nur der aussprechbare Teil der Geometrie. Ich will nichts auf Grund einer Zahlenmystik beweisen.« Seine Gedanken, von der Geometrie der Ebene und des Raumes über die harmonischen Verhältnisse der Musik (mit neuartigen Überlegungen), über harmonische Prinzipien in Regierungsformen und Rechtspflege und schließlich über harmonische Beziehungen in den Planetenbewegungen (welche ihn zum wichtigsten dritten Keplerschen Gesetz führten), über Sphärenmusik und ihre Beziehungen zu irdischen Verhältnissen, alles das faßt er in dem großen Werk »*Harmonice Mundi*« zusammen.

Es ist eine philosophische, die Grenzgebiete von Physik und Metaphysik verbindende Betrachtung, nie aber auf Kosten der Physik. Sie entspricht seiner »sehnlichen Begierd der Harmonien im gemeinen wesen, Bey ietziger schmerzlich übel klingenden dissonanz«, verläßt aber nicht den Boden rationalen naturphilosophischen, wenn auch oft kühnen Denkens: zwar ist »Mangel an Wagemut der Tod der Philosophie« – »Aber es dürfen die Spekulationen nicht gegen die offenkundige Erfahrung verstoßen!«.
So sehr Kepler von der Bedeutung seiner rationalen astronomischen und physikalischen Werke als Grundlagen einer neuen autonomen Wissenschaft überzeugt war – die Harmonie der Welt war für ihn »das Werk meines Lebens«. Wenn er zeitlebens um schnelle und weite Verbreitung seiner wissenschaftlichen Entdeckungen bemüht und besorgt war – wie schwer traf ihn das Verbot der »Epitome«, seines großen Lehrbuchs: »die kirchlichen Stellen mögen sich überlegen, ob man die Kenntnis der wunderbaren Werke des Schöpfers unter dem Volk verbreiten oder ihre Kunde mit Zensuren unterdrücken soll!« –, bei der Herausgabe der »Harmonice Mundi« beherrscht ihn ein anderer Gedanke: »Wohlan ich werfe den Würfel und schreibe ein Buch für die Gegenwart oder die Zukunft, mir ist es gleich. Es mag hundert Jahre auf den Leser warten, hat doch auch Gott 6000 Jahre auf den Betrachter seines Werkes warten müssen.«
Kepler ist sich der Problematik des Werkes völlig klar, aber »mein Geist ist bestrebt gewesen, den Weg richtigen und wahren Forschens einzuhalten« steht an seinem Ende. In der Tat, die »Weltharmonik« blieb lange das am wenigsten beachtete, oft umstrittene, gar so mißverstandene Werk, daß es das Licht der wissenschaftlichen Persönlichkeit verdunkeln konnte. Seiner Zeit waren die Gedanken völlig fremd; sie waren verfehlt in einer Entwicklungsperiode der Naturwissenschaft, welche sich nur das Suchen von Fakten und deren rationale Verknüpfung zum Ziel setzte, was ja gerade auch Keplers erste Forderung an den Forscher war. Heute, da durch die Naturwissenschaft die Stellung des Menschen zu seiner Welt erneut – wenn wohl auch nicht so tiefgehend wie durch Kepler – sich ändert, da vor allem die Entwicklung der Physik der Elementarteilchen wieder zum Nachdenken über sehr allgemeine Ordnungsprinzipien der Welt Veranlassung gibt, ist die Bedeutung von Keplers Welt-

harmonik ständig im Wachsen, freilich auch die Gefahr, daß die Keplersche Mahnung, der Phantasie Zügel anzulegen, vergessen wird.
Neue Bedeutung erhielten auch Keplers Betrachtungen über Harmonien im menschlichen Zusammenleben durch den wachsenden Mißbrauch naturwissenschaftlicher Erkenntnisse. Vollendet wurde die Weltharmonik vier Tage nach dem Prager Fenstersturz, dem Fanal des Dreißigjährigen Krieges, dem Kepler mit Schrecken entgegensah. Aber »umsonst hat der Kriegsgott mit Bombarden und Trompeten und seinem ganzen Taratantara gebrummt und geknirscht und dazwischen gebrüllt«. Das Werk hat Kepler »Jakob, König von Großbritannien, Frankreich und Irland« gewidmet, dem Freund der Philosophie Platons, dem Bewunderer Tycho Brahes, dem Verächter astrologischer Eitelkeit. Er wünscht, König Jakob werde nach der glücklichen Beendigung der blutigen Erbfeindschaft zwischen England und Schottland nun auch auf dem Kontinent ein noch größeres, herrlicheres Werk vollbringen: die Beendigung der Glaubenskämpfe, jener »Geisteskrankheit, die ein gütiger Gott heilen möge«.

Omnium horarum homo . . .

»Ein Mensch für alle Stunden, jeder Lebenslage gewachsen«–, so charakterisiert schon 1605 der Tübinger Freund Christoph Besold den jungen Kepler. Weit über 500 Keplerbriefe an die bedeutenden Geister seiner Zeit, Gelehrte, Theologen, Fürsten, Politiker, aber auch Bemerkungen in den wissenschaftlichen Schriften und ihren Widmungsschreiben zeigen uns, daß wohl alle die damalige Zeit beschäftigenden Probleme von ihm verfolgt, bedacht und in rücksichtsloser Offenheit beurteilt wurden. Aus ihnen lernen wir noch mehr als aus seiner Haltung in wissenschaftlichen Fragen den ungewöhnlichen, für seine Zeit einzigartigen Menschen kennen.
Kepler kannte die Philosophien vom Altertum bis zu seiner Zeit, er studierte die Konfessions- und Glaubenskämpfe, er verfolgte das politische Geschehen. Alles was er gelesen hatte, stand ihm dank seines hervorragenden Gedächtnisses vor Augen – so lebendig, daß er jederzeit gar ganze Sentenzen zitieren konnte. Er

war ein Meister der Sprache und der Darstellung. Nüchtern in der Angabe seiner Überlegungen, peinlich genau auch in der Darlegung aller Irrwege, die er bis zum Durchbruch einer neuen Erkenntnis gehen mußte, läßt er auch seiner Begeisterung freien Lauf: »Ich überlasse mich heiliger Raserei – verzeiht ihr mir! So freue ich mich.«

Ergebnisse seines Schaffens und Nachdenkens verbindet er mit kritischer Darlegung seiner Gründe, er urteilt nie ohne Kritik: »Ich habe immer die Gepflogenheit eingehalten, zu loben, was nach meiner Ansicht andere gut, zu verwerfen, was sie schlecht gemacht haben.« Stolz sagt er: »Niemals fühle ich mich anderen unterwürfig oder vergesse mich selber, wenn ich aus eigener Kraft etwas besser gemacht habe.« Aber er sagt auch: »Ihr dürft mir glauben, mir ist eine, wenn auch scharfe Kritik eines einzigen verständigen Mannes lieber als der unbesonnene Beifall des großen Haufens.«

Mit drastischen Beispielen zeigt er die Gefahr von Trugschlüssen, die »Schlingen, welche der Teufel dem Forscher legt«: »Eine ehrbare Frau geht wegen der Enge des Weges und dem Gewirr der Menschen dicht hinter einer Metze. Da haben nun dumme, triefäugige Professoren voll logischer Spitzfindigkeiten, die aber ein anständiges Gesicht von einem schamlosen nicht unterscheiden können, geglaubt, diese sei die Zofe jener Metze!« Briefe, Gelegenheitsschriften und auch seine wissenschaftlichen Werke sind voll von Beispielen seines köstlichen Humors, nicht selten eine scharfe Kritik verbrämend: »Indes die meisten sich im Streit erhitzen« – die Haderkatzen nennt er sie einmal! –, »scheint mir hilaritas (Heiterkeit, Humor) die feinere Würze zu sein. Andere versuchen beim Philosophieren durch geistigen Ernst zu imponieren, machen sich aber unfreiwillig lächerlich!«

Sein unbeugsamer Charakter verschmähte Unterwürfigkeit und Kompromisse – und er sagte das offen. »Ich stelle mich so, als ob ich nicht dem Kaiser diente, sondern dem ganzen Menschengeschlecht und der Nachwelt. In dieser Zuversicht verachte ich alle Ehren und Würden, wenn nötig auch die, welche sie verleihen.« Sein sehnlichster Wunsch nach einer Professur in Tübingen wurde durch das Stuttgarter Konsistorium vereitelt, weil er sich nicht überreden ließ, die Konkordienformel zu unterschreiben: »Ich weiß wohl, ich könnte so allen Streit niederschlagen, aber mir steht es nicht an, in Gewissensfragen zu heucheln«. Als man ihn dann nach Bologna berief, lehnte er im Hinblick auf die Schwierigkeiten des Galilei ab: seine freie Rede passe nicht zu den Angebereien benommener Köpfe!

In einem Bericht über die Durchführung der vom Kaiser befohlenen Rekatholisierung von Graz an den katholischen bayerischen Kanzler Herwart von Hohenburg prangerte der junge Lehrer an der Stiftsschule persönliches Unrecht an seinen Glaubensbrüdern, die Diffamierung seines Glaubens in harter Kritik an: »Wenn mir etwas entschlüpft ist, was mir nicht wohl ansteht, so bitte ich herzlich um Entschuldigung, die ich wohl auch verdiene. Es kann ja eine Schreibweise nicht willkommen sein, wenn sie nicht frei ist, wenn sie nicht vom Herzen in die Feder fließt.«

Keplers Leben war alles andere als leicht. Die Sorge um seine schwache Gesundheit belastete, schwere Unglücke in der Familie bedrückten ihn. Er war ein sorgsamer, aber wohl kein einfacher Familienvater: »hab ja auch viel studieren müssen!«. An die zwei Jahre mußte er auf die Verteidigung seiner als Hexe verklagten Mutter verwenden. Die ihn lebenslang verfolgende Eifersucht der Braheschen Erben störte seine innere Ruhe. Endlose Reisen, meist zu Pferd, auch zu Wagen und Schiff, durch ganz Süddeutschland erforderten die Besorgung von Papier für seine Bücher, Verhandlungen mit Druckern, Verlegern und Buchführern – allein für Druck und Korrektur der Rudolphinischen Tafeln weilte er Monate in Ulm, ohne Familie, weil er diese bei den Kriegswirren in Regensburg für gesicherter hielt.

Sein ganzes Leben durchziehen finanzielle Sorgen – nicht finanzielle Not; denn er wußte gut zu wirtschaften mit dem Geld, das seine erste Frau in die Ehe brachte, das er mit seinen Büchern erlöste und das ihm Widmungen derselben einbrachten. Das Kaiserliche Gehalt und großzügig versprochene Sonderzuweisungen gingen aber nur unregelmäßig oder gar nicht ein. Beim letzten Versuch, auf Zahlung der immer mehr wachsenden Kaiserlichen Schulden bei Kaiser Ferdinand anläßlich des Fürstentages in Regensburg persönlich zu drängen, ereilte ihn der Tod. Die Witwe erhielt zwar einen Schuldschein der Wiener Hofbuchhalterei über 12694 Gulden; eingelöst wurde er nie.

Mehr als eigene Sorgen bedrückten ihn zutiefst die politischen Verhältnisse. Zweimal, in Graz und in Linz, erlebt er die Vertreibung der Protestanten. Mußte er auch persönlich weniger darunter leiden – in Graz wurde seine Ausweisung zurückgenommen, am Prager Kaiserlichen Hof lebte er völlig unangefochten, in Linz verfügte der Kaiser, daß Kepler mit seinen Helfern von der »Generalausschaffung« der Protestanten auszunehmen ist, und daß er das Recht erhielt, Briefe aus der abgeschlossenen Stadt zu senden – die Unsicherheit und die dauernden Sorgen nahmen ihm die Ruhe zur Arbeit, öffentliches Wirken, allgemeiner und privater Unterricht wurden ihm unmöglich gemacht, was den Verlust der Nebeneinnahmen bedeutete. Um das astronomische Tafelwerk zu vollenden, wurde ihm in der schlimmsten Kriegs- und Aufruhrzeit in Linz eine außerhalb der Kampfzone gelegene Wohnung zugewiesen, »nur wenige hatten den Vorzug, kein Pferdefleisch essen zu müssen«. Als »auch Herrn Kepler Kay. M. und der Stänc Mathematico sein Studierstuben verbitschirt worden« (nach einer Zeitungsmeldung) und die Herausgabe seiner »verbotenen« Bücher verlangt wurde, legte er dem Wiener Jesuitenpater Guldin mit krassen Worten die Verhältnisse dar: »Die Hündin wird gezwungen, ihr Junges preiszugeben.« Dieser sorgte für die Freigabe der Bibliothek.

In seinen letzten Jahren litt Kepler am meisten unter den Schrecken des Dreißigjährigen Krieges. »Wenn der Sturm wütet und der Schiffbruch des Staates droht, weiß ich nichts würdigeres zu tun, als den Anker meiner friedlichen Studien in den Grund der Ewigkeit zu senken« schreibt er gegen Ende seines Lebens. Es ist Keplers Ethos, das schon in den Worten seiner frühen Jahre liegt: »erfüllen, wozu mich Natur und Lebensweg bestimmt haben, ohne sich durch Bewunderung oder Verachtung von Personen oder Parteien betören zu lassen«. Wie der Forscher Kepler glaubt, daß die Harmonie der Welt späteren Geschlechtern die Wunder des Kosmos voll eröffnen wird, so hofft der Ethiker, daß die Einsicht in die wunderbaren Gesetze der Natur die Menschen zu einer besseren Ordnung führt: »Denn diese Studien leiten das Sinnen von Ehrgeiz und Eigennutz, aus denen die Kriege und andere Übel hervorgehen, zur Friedensliebe und zur Mäßigung in allen Dingen hin.«

Der 400. Geburtstag von Johannes Kepler fällt in die Zeit, in welcher uns gar manche Erfüllung seiner Hoffnung auf bessere Erkenntnis des Kosmos, auf »Schiffe und Segel für die Himmelsluft« vor Augen steht. In ihr wird auch das Bild des Mannes wieder lebendig, dem – oft vergessen – die Menschheit den Weg zu einer neuen Art des Schauens in ihre Welt, eine neue Stellung zu ihrer Welt und die Hoffnung auf eine bessere Welt verdankt.

»So feiert ihn! Denn was dem Mann das Leben
Nur halb erteilt, soll ganz die Nachwelt geben.«

Daten aus Keplers Leben

1571	12. 27.	Geburt zu Weil der Stadt in Württemberg
1586	11.	Eintritt in die Klosterschule Maulbronn
1589	9.	Eintritt in das theologische »Stift« an der Universität Tübingen
1591	8. 11.	Erlangung der Magisterwürde
1594	3.	Übersiedlung nach Graz als Professor an die dortige Landschaftsschule
1597	4. 27.	Erste Heirat mit Barbara Müller
1600	2.–6.	Erster Aufenthalt bei Tycho Brahe in Prag
	8.	Ausweisung aus Graz
	10.	Dauernde Übersiedlung nach Prag
1601	10. 24.	Tod Tycho Brahes. Kepler wird »Kaiserlicher Mathematiker«
1611	7. 3.	Tod der ersten Frau
1612	5.	Übersiedlung nach Linz als Professor an die dortige Landschaftsschule
1613	10. 30.	Zweite Heirat mit Susanna Reuttinger
1617	10.–12.	Erste Reise nach Württemberg wegen der Verdächtigung seiner Mutter als Hexe
1620 1621	9. bis 11.	Zweite Reise nach Württemberg zur Rettung der mittlerweile als Hexe angeklagten Mutter
1624 1625	10. bis 1.	Reise nach Wien wegen des Drucks der Rudolphinischen Tafeln
1626 1627	12. bis 9.	Kepler in Ulm zur Besorgung des Drucks der Rudolphinischen Tafeln
1627 1628.	9. bis 7.	Wechselnder Aufenthalt in Frankfurt, Ulm, Regensburg, Prag, Regensburg, Linz, Prag
1628	7.	Übersiedlung nach Sagan
1630	10. 8.	Antritt der Reise nach Regensburg
1630	11. 15.	Tod in Regensburg

Beschreibung Seite 35

Am 27. Dezember 1971 jährt sich zum 400. Male der Geburtstag von Johannes Kepler

«Il est le véritable fondateur de l'astronomie moderne, et c'est un présent que la Germanie a fait à l'Europe.»

„Er ist der wirkliche Begründer der modernen Astronomie, und das ist ein Geschenk, welches Deutschland Europa gemacht hat."

(J. S. Bailly, Histoire de l'Astronomie moderne, Bd. II, Paris 1779)

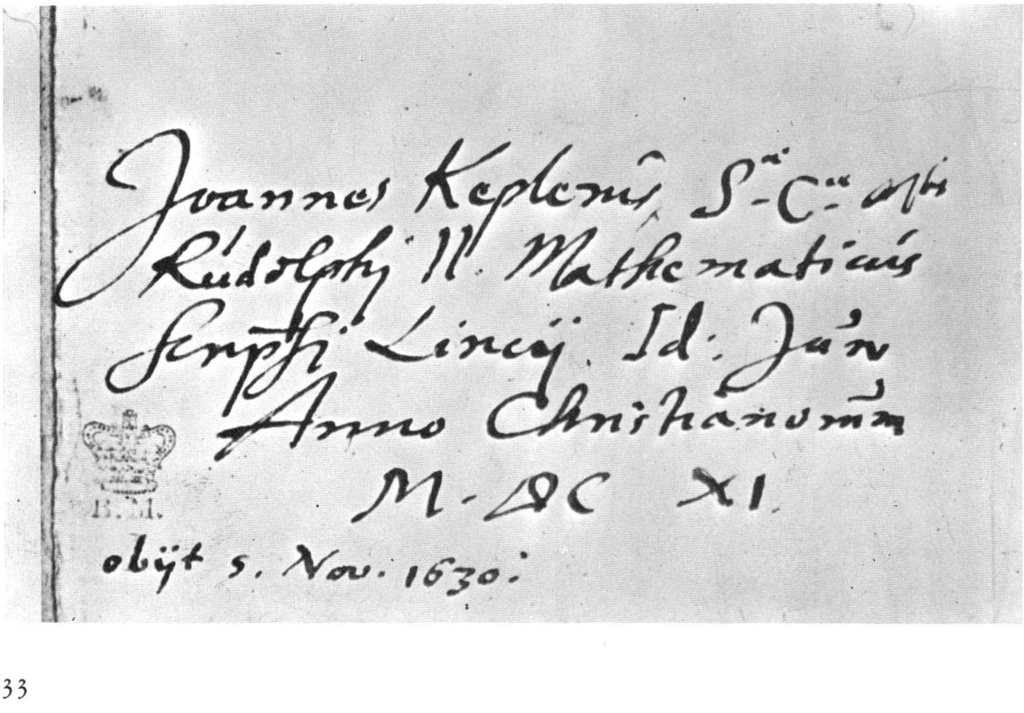
Joannes Keplerus S.C. M.tis
Rudolphi II. Mathematicus
scripsi Lincij. Id. Jan.
Anno Christianorum
M.DC.XI.
obijt 5. Nov. 1630.

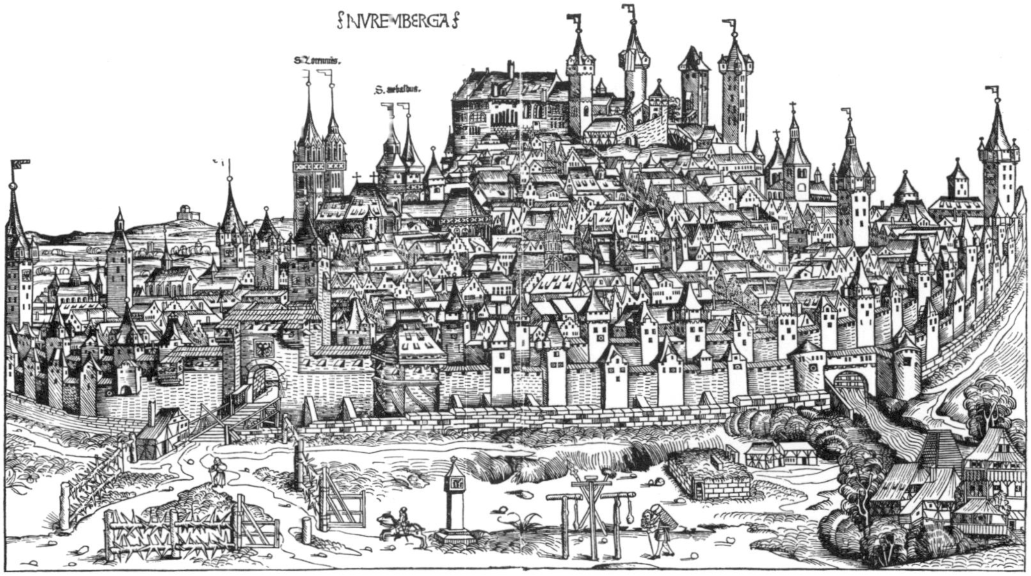

1 · Nürnberg
(Holzschnitt 1493)

Keplers Vorfahren waren Handwerker in Nürnberg. Dort findet man in den Archiven zahlreiche Eintragungen über die Familie in der Schreibweise: Kepner, Keppner und Kepler, Keppler, mitunter auch Ketner, Kettner, Ketmer, Keptmer, Keptner, Ketpner.

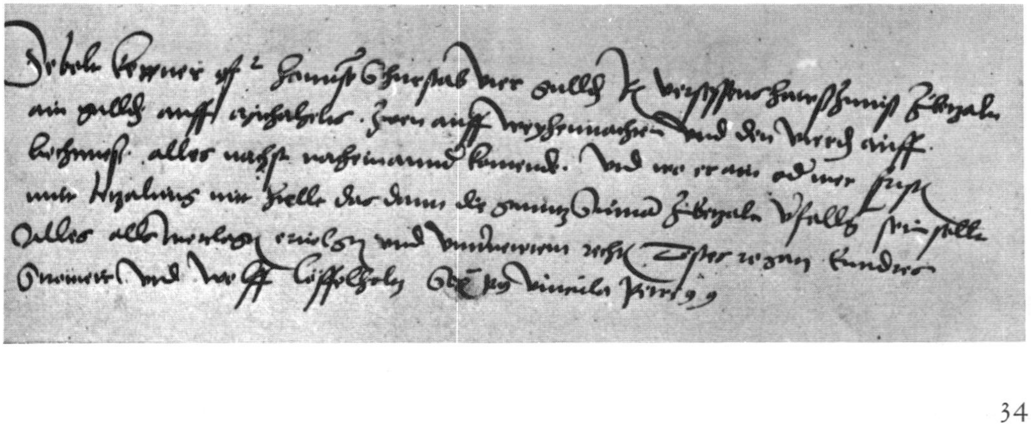

2 · Der Ahne Sebald Keppner wird in einem Gerichtsbuch wegen eines dem Hans Schürstab schuldigen Hauszinses am 7. August 1499 vorgetragen

3 · Heinrich Kepner.
Hausbuch der
Landauerschen
Zwölfbrüderstiftung

Der Bruder von Keplers Ururgroßvater Sebald, Heinrich Kepner († 1543), verbrachte seinen Lebensabend im Landauerschen Zwölfbrüderhaus in Nürnberg. In dem Hausbuch dieser Stiftung wird er dargestellt, wie er für den Versand bestimmte Bücher in ein Faß einlegt mit dem Vermerk:

„*Hainrich Kepner ein buch furer ist gestorben den 6 Augusti im 43 ist 7 Jar in disen bruder haus gewesenn.*“

4 · Albrecht Dürer. Selbstbildnis, um 1500

Auch Dürer stand in Beziehung zu dem Buch- und Papierhändler Heinrich Kepner (3). So schreibt er im Oktober 1506 von Venedig aus an Willibald Pirckheimer:

. . . awch will ich ewch einschlahen ein ris ewers papirs ich hett gemeint der Kepler hett sein mer.

Sebald Kepner — **Sebald Kepner** — **Sebald Kepler** — **Heinrich Kepler** — **Johannes Kepler**

Sebald Kepner
† 1501
Buchbinder in Nürnberg

Sebald Kepner
† ca. 1566
Kürschner
zieht von Nürnberg
nach Weil der Stadt

Sebald Kepler
* Weil der Stadt
1519-1596
Bürgermeister
von Weil der Stadt
1569-1578

Heinrich Kepler
1547-1590
Weil der Stadt
Leonberg

Johannes Kepler
* 1571 Weil der Stadt
† 1630 Regensburg

Heinrich Kepner
Buchführer in Nürnberg
um 1497-1543

5 · Stammbaum der Familie Kepler
Die Brüder Heinrich und Sebald und des letzteren Sohn Sebald werden in dem Schreiben Nr. 6 genannt.

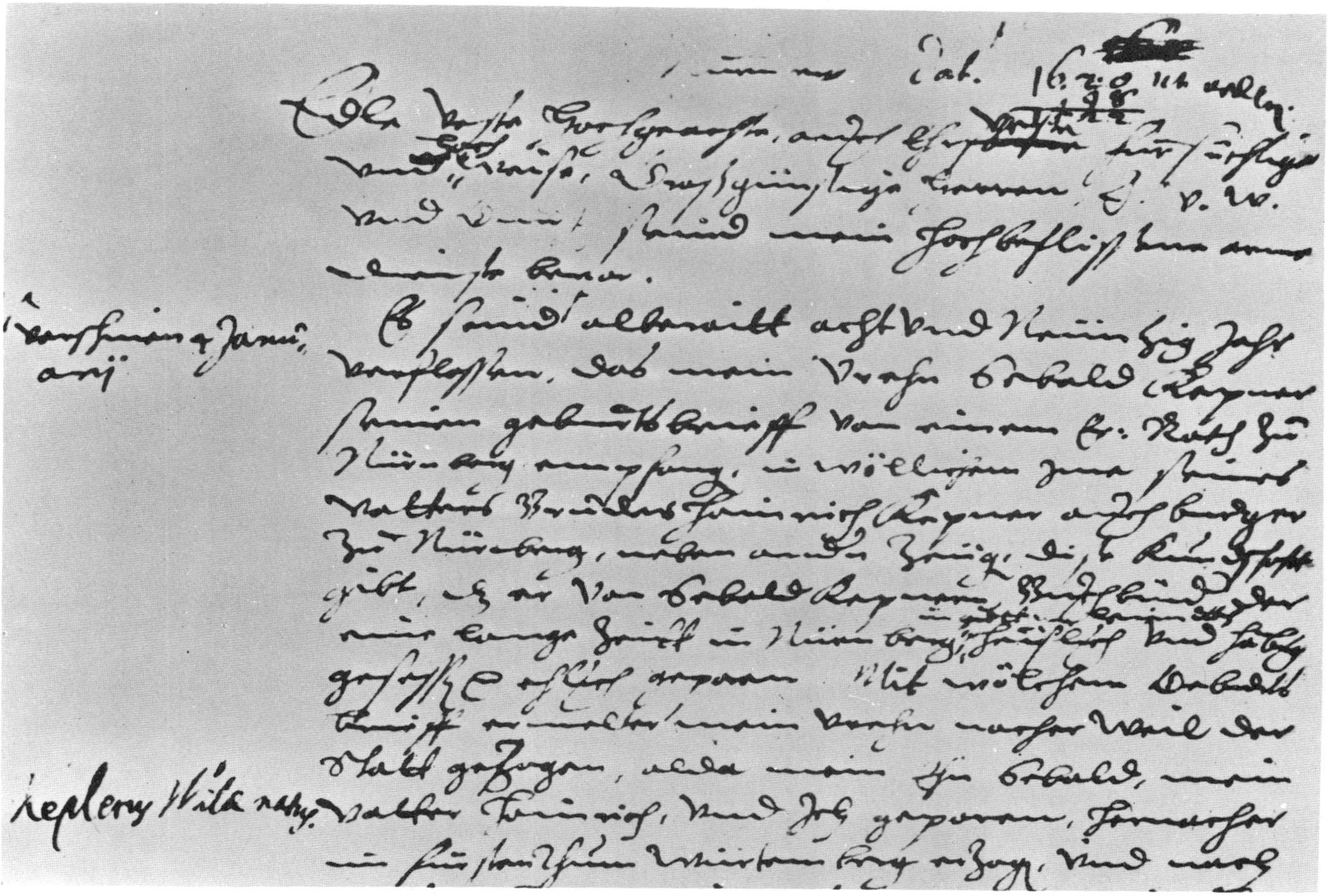

6 · Johannes Kepler an den Rat der Stadt Nürnberg (1620)

Anfang des 16. Jahrhunderts übersiedelte Urgroßvater Sebald von Nürnberg nach Weil der Stadt. Dazu schreibt Kepler im Jahre 1620 an den Rat der Stadt Nürnberg (6):

„Es sind am vergangenen 4. Januar bereits 98 Jahre verflossen, daß mein Urahn Sebald Kepner seinen Geburtsbrief von einem ehrsamen Rat zu Nürnberg empfangen hat, in welchem ihm seines Vaters Bruder Heinrich Kepner, ebenfalls Bürger zu Nürnberg, neben anderen Zeugen bekundet, daß er von Sebald Kepner, Buchbinder, der eine lange Zeit in Nürnberg in gutem Leumund wohnhaft und begütert war, ehelich geboren sei. Mit diesem Geburtsbrief ist vorerwähnter mein Urahn nach Weil der Stadt gezogen, allda mein Ahn Sebald, mein Vater Heinrich und ich geboren sind.“

7 · Wappen von Weil der Stadt aus einer Handschrift von 1534 S P Q R – Senatus Populusque Romanus, Senat und Volk von Rom – Kennzeichen für die freie Reichsstadt, noch heute im Wappen der Stadt.

8 · Wila Imperialis, Patria Kepleri
Am Rande des Schwarzwaldes gelegen, war Weil der Stadt seit Ende des 13. Jahrhunderts bis 1803 eine der kleinsten freien Reichsstädte.

Die Kepler zählten bald zu den angesehenen Familien der Reichsstadt Weil. Sie standen auf Seiten der evangelischen Partei, deren Anführer Großvater Sebald Kepler und dessen Bruder Daniel waren. Einige ihres Geschlechts wurden Ratsmitglieder. Als solche legten sie Wert auf ein Wappen.

Sebald Kepler erhält 1563, zusammen mit seinen Brüdern Adam, Daniel und Melchior die Bestätigung des alten Kepler-Wappens mit der Bemerkung: *„Nota zu Weyl der Stat findt mans auff jren Grabsteinen vnnd habens vil vnuerdenckhliche Jar her gefuert“ (10).*

9 · Wappen der Familie Kepler. 1563

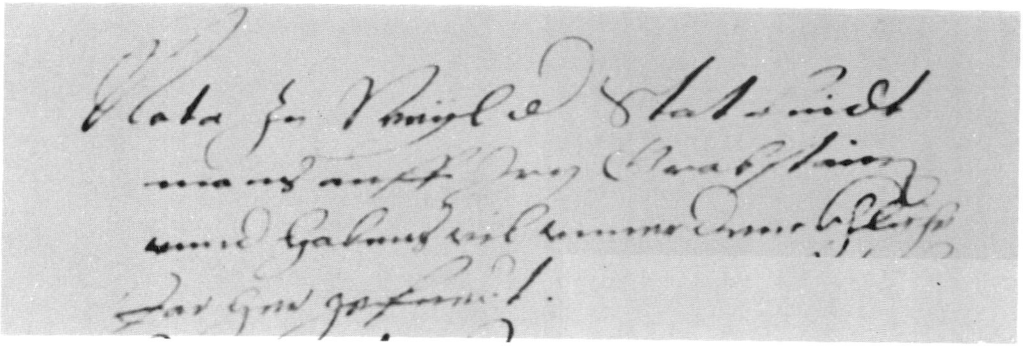

10 · Eintrag aus der Wappenbestätigung für die Brüder Kepler (1563)

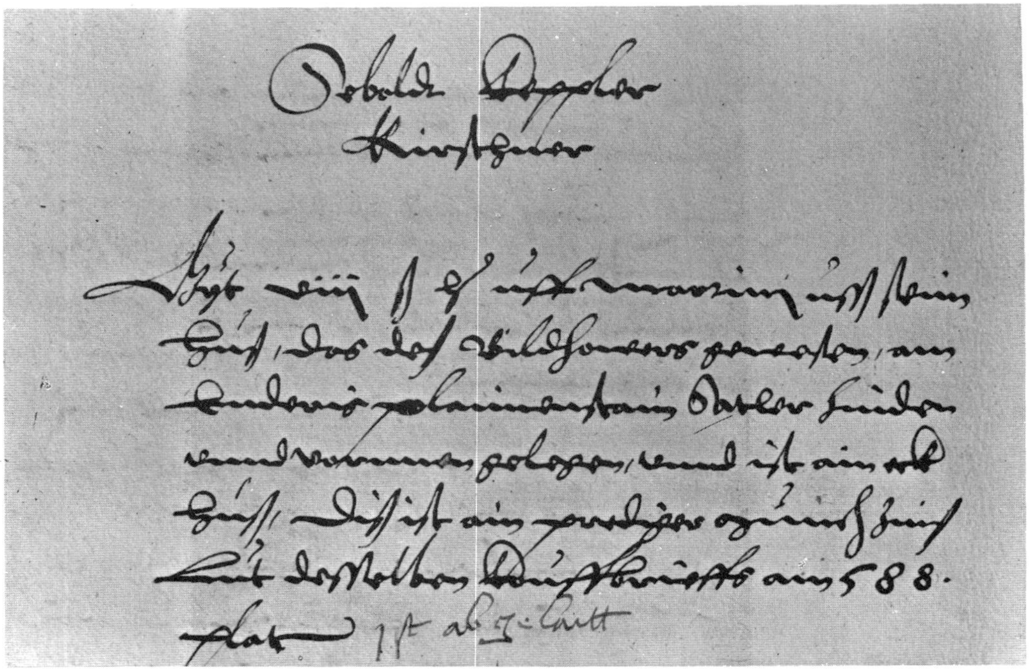

11 · Urgroßvater Sebald Kepler, der Kürschner, erwarb zinspflichtigen Grundbesitz in Weil der Stadt. Dem Spital zahlte er im Jahre 1534 Zins für ein Haus in der Schuh- oder Kirchgasse.

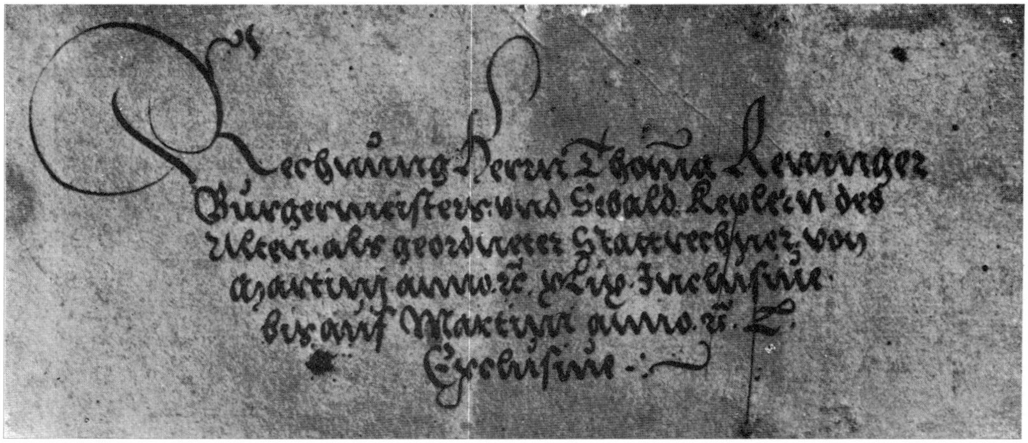

12 · Sebald Kepler der Alte versah im Jahre 1549/50 das Amt eines Stadtrechners.

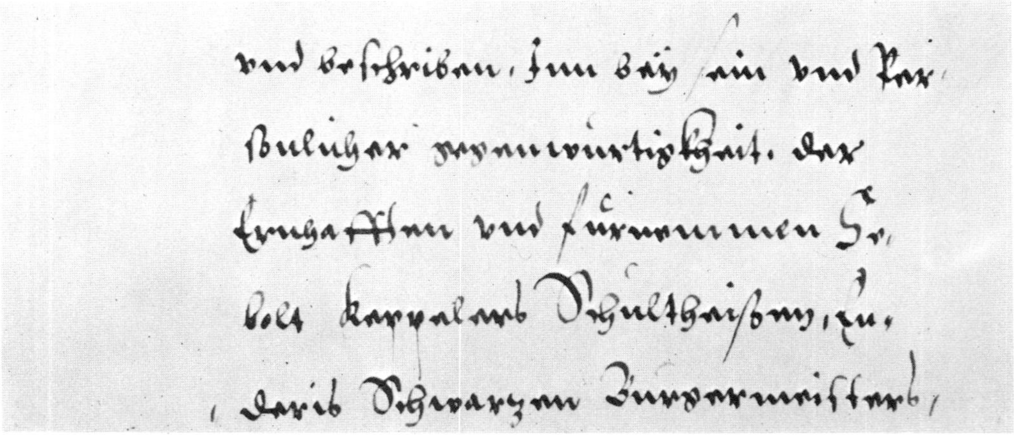

13 · Großvater Sebald Kepler war von 1569 bis 1578 Schultheiß und Bürgermeister (15) von Weil der Stadt.

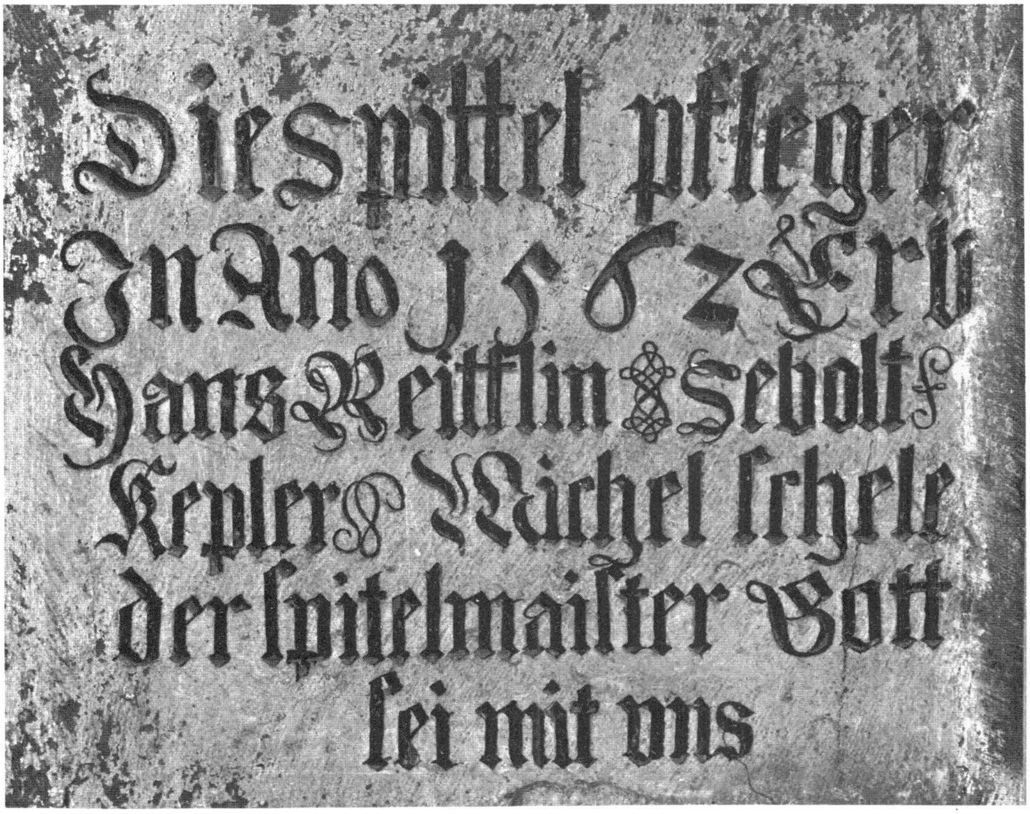

14 · Ein Stein an der Spitalscheuer in Weil der Stadt erinnert an die Amtszeit des Großvaters Sebald Kepler als Spitalpfleger im Jahre 1562.

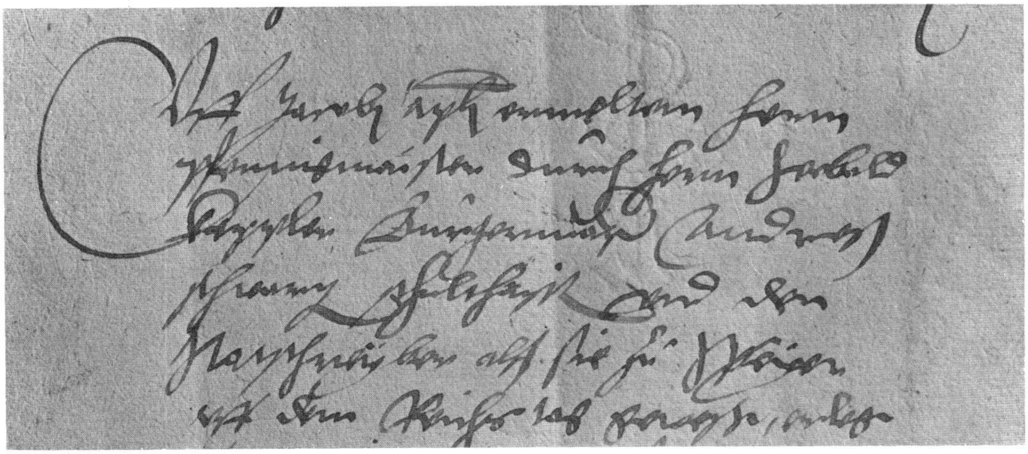

15 · Eintrag aus der Stadtrechnung von Weil der Stadt (1569/70)

Keplers Vater Heinrich diente Kaiser und Reich mit den Waffen. Kepler überliefert, daß er in der Schlacht auf der Mockerhaide (21. April 1574) gegen den Prinzen Ludwig von Oranien kämpfte. Er war verheiratet mit Katharina, Tochter des Bürgermeisters Guldenmann von Leonberg-Eltingen. Der Rat von Weil der Stadt bekundet 1583 in einem „Mannrechtsbrief", daß Heinrich Kepler ehelich geboren, frei und untadelig beleumundet sei (16).

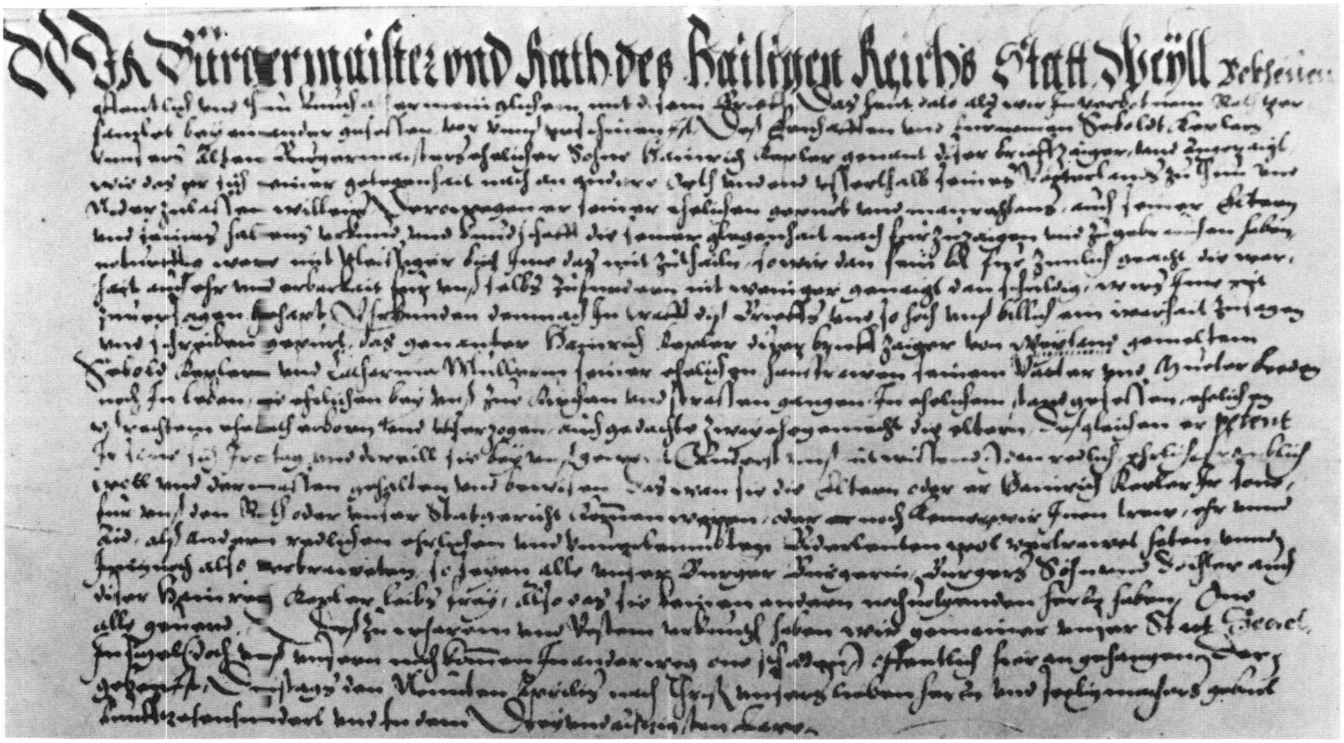

16 · Leumundszeugnis für Heinrich Kepler (9. April 1583)

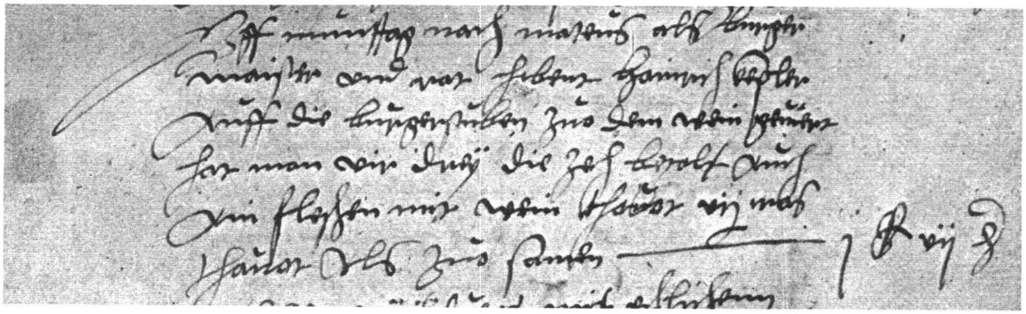

17 · Der Rat von Weil der Stadt bewirtet Heinrich Kepler nach seiner Rückkehr aus Kriegsdiensten am 26. September 1575

Zeittafel

1556 – 1598	Philipp II. von Spanien
1558 – 1603	Elisabeth I. von England
1561 – 1626	Francis Bacon
1562 – 1598	Hugenottenkriege
1564 – 1616	Shakespeare
1564 – 1642	Galilei
1572 – 1581	Freiheitskampf der Niederlande; Wilhelm von Oranien
1572	Pariser Bartholomäusnacht
1576 – 1612	Kaiser Rudolph II.
1577 – 1640	Rubens
1582	Einführung des Gregorianischen Kalenders
1583	Erste englische Niederlassung in Nordamerika (Neufundland)
1587	Maria Stuart hingerichtet
1588	Untergang der spanischen Armada
1588	Marlowe: Dr. Faustus
1590 – 1610	Heinrich IV. von Frankreich
1591	F. Viète verwendet ausschließlich und folgerichtig Buchstabengrößen in der Mathematik
1594 – 1632	Gustav Adolf von Schweden
1594	Aufführung der ersten Oper in Florenz „Daphne“ von J. Peri

Johannes Kepler

geboren am 27. Dezember 1571 (a. St.)
in Weil der Stadt

18 · Geburtshaus von Johannes Kepler
(Nach einer Aufnahme um 1868)

19 · Keplers Geburtshaus heute

20 · Johannes Kepler
an P. Guldin
(24. Februar 1628)

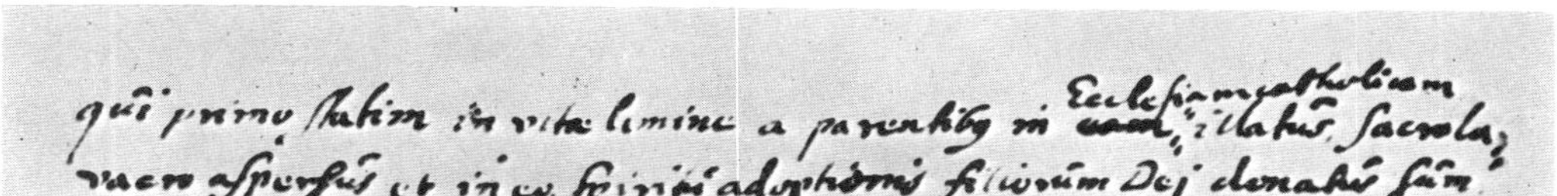

qui primo statim in vitae limine a parentibus in Ecclesiam catholicam illatus, sacrolavacro aspersus et in eo spiritu adoptionis filiorum Dei donatus sum

„... bin ich doch gleich an der Schwelle des Lebens von meinen Eltern in die katholische Kirche getragen, mit dem heiligen Taufwasser besprengt und dabei mit dem Geist der Kindschaft Gottes beschenkt worden."

Das Selbstzeugnis Keplers, verbunden mit dem Umstand, daß es den Evangelischen damals verboten war, ihre Kinder weder innerhalb noch außerhalb der katholischen Stadt Weil nach ihrem Glauben taufen zu lassen, bekräftigt die amtlich nicht nachweisbare Vermutung, daß Kepler in der katholischen Kirche von Weil (20) getauft wurde.

Johannes Kepler

Festgabe zur Enthüllungsfeier des Kepler-Denkmals am 24. Juni 1870 in Weil der Stadt

Herausgegeben des Fest Comités im Auftrage von Aug. Wolff.

21 · Kepler-Denkmal auf dem Marktplatz in Weil der Stadt (Aufgenommen zur Zeit der Einweihung am 24. Juni 1870)

Die Anregung zur Errichtung eines Denkmals kam 1847 von einigen Weiler Bürgern. Erst 1862 bildete sich jedoch unter Führung des einsatzbereiten Notars C. Gruner ein Komitee, das in Aufrufen um Mittel zur Ausführung des Planes warb. Dank der Spenden, die aus vielen Städten des Reichs und Ländern der Welt eingingen, konnte Kepler zu seinem 30C. Geburtstag mit diesem Denkmal geehrt werden. Der Entwurf wie die Bronzefiguren und Tafeln sind das Werk des Nürnberger Bildhauers und Malers August von Kreling.
Das Denkmal wurde inzwischen restauriert.
Seit 1940 befindet sich in Keplers Geburtshaus ein Museum; es wird von der Kepler-Gesellschaft Weil der Stadt betreut.

Im Jahre 1577 übersiedelten die Eltern Keplers von Weil der Stadt nach Leonberg. Sie erwarben dort Bürgerrecht, ein Haus am Marktplatz sowie Äcker und Wiesen.
In den Jahren 1580 bis 1584 bewirtschafteten sie das Gasthaus „Zur Sonne" in Ellmendingen, kehrten dann aber wieder nach Leonberg zurück. Die Familie wohnte zunächst in ihrem Haus beim Untertor. 1598 erwarb die Witwe Kepler ein Haus in der Kirchgasse.
Johannes Kepler genoß zeitlebens Bürgerrecht in Leonberg.

22 · Ansicht von Leonberg aus dem Forstkartenwerk von A. Kieser (1680—87) mit Stadtwappen (um 1535)

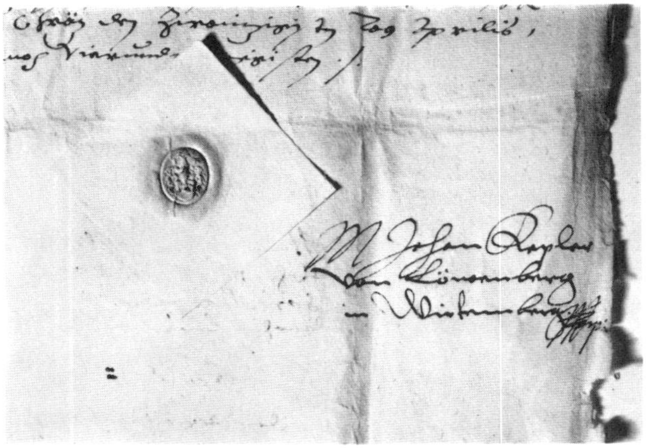

23 · Unterschrift Johannes Keplers vom 20. April 1594

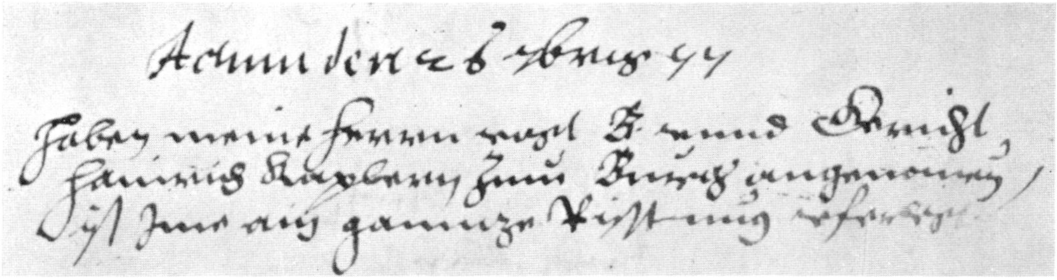

24 · Heinrich Kepler wird Bürger von Leonberg

„Actum den 26 Septembris 77
Haben meine herrn vogt, B. vnnd Gericht Hainrich Kaplern zum Burger angenomen, ist jme ain gannze Risstung vferlegt."

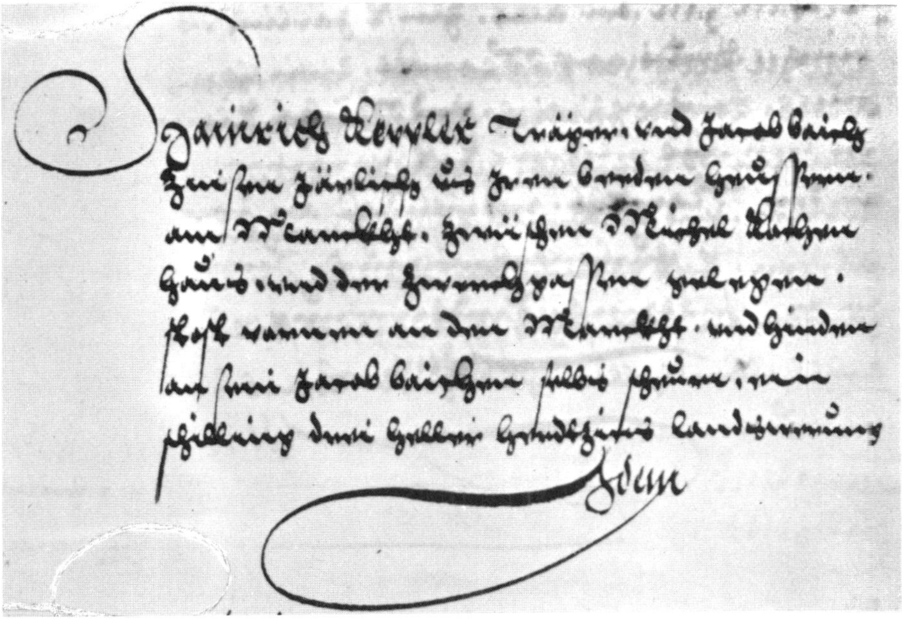

26 · Heinrich Kepler zahlt Herdzins für sein Haus am Markt

25 · Keplerhaus am Marktplatz in Leonberg (Nach einer Aufnahme um 1868)

Nach vorausgegangenem Unterricht in der deutschen Schule besuchte Kepler die Lateinschule in Leonberg. Er mußte den Schulbesuch oft sehr lange unterbrechen, um den Eltern bei harter Landarbeit zu helfen. Diesen Anforderungen war der schwache Knabe jedoch nicht gewachsen.

27 · Flugblatt vom Kometen des Jahres 1577

Verzaichnuß des Cometen/so im Nouemb: in disem 77. jar zum ersten mal gesehen worden.

Mittag.

Auffgang. Nidergang. Mitternacht.

ES bezeugens die Historien/ gibets auch die erfarung/ das die vngewönlichen Zeichen/ so am hohen Himel vnd in dem Lufft sich sehen lassen/ nicht vergebens/ Sondern grosser straffen/ so Gott vmb verachtung seines Wortes/ vnd vnbußfertigkeit der Menschen willen/ mit Pestilentz/ verenderung der Regiment/ Krieg/ Thewrung/ verwüstung Land vnd Leut drohet/ gleichsam verkündiget vnd vorbotten sein. Dann Gott jeder zeit disen brauch gehabt/ das er die Welt vmb jrer Sünde willen nit allein durch sein Wort vnd Predigambt/ sonder auch mit Zeichen vnd Wunder gestrafft/ vnd zu Buß vnd besserung deß Lebens gereitzet hat/ wie an seinem Volck vnd der Statt Hierusalem zusehen. Dann da die Juden alle trewe warnung Christi/ vnd seiner Apostel verachten/ vnd in windt schlugen/ predigt er jnen auch mit Wunderzeichen/ ließ grosse Erdbeben/ Wind/ eine vngewönliche Finsternuß der Sonnen geschehen: Schicket hernach/ weil sie in jrem mutwillen fort fuhren/ vber 40. Jar neben andern schröcklichen Zeichen/ einen Cometen wie ein schwert gestalt/ der ein gantzes jar vber der Statt Hierusalem gestanden/ darauf hernach die Statt belegert/ von den Feinden erobert/ vnd sambt dem Tempel verbrant vnd geschlaifft/ auch deß Volcks neben vnzelichem andern jammer/ viel tausent durchs Schwerdt/ Hunger vnd Pestilentz vmbkommen/ die vbrigen in alle Land zerstrewet worden/ vnd also die gantze Jüdische Policey in einem hauffen gefallen ist. Anno Christi 1337. Da Keyser Ludwig der Bayer/ noch in der Regirung gewesen/ hat ein Comet vier Monat am Himel gebrant/ Da derselb noch nit gar vergangen/ hat sich ein anderer sehen lassen/ so zwey Monat gestanden: Als der auch vergangen/ ist Anno Christi 1339. jar/ der dritte kommen/ darauff das nechste Jar ein greuliche Pestilentz/ so fast durch die gantze Welt gangen/ vnd schröckliche entbörung im Römischen Reich erfolgt/ darumb das der Pabst/ vmb etlicher vrsachen willen Keyser Ludwigen in Pann gethan/ vnd die Churfürsten einen andern Keyser zu wöhlen getrieben hat/ welchs zu grosser vneinigkeit/ Krieg vnd blutuergiessen vrsach geben. Deßgleich da man gezelet hat 1400. 1401. 1402. 1403. Jar/ sind vier Cometen nacheinander erschienen/ darauff Tamerlanes der greuliche Thyrann auß der Tartarey mit zehenmalhundert tausent/ zu Roß vnd Fuß fast den gantzen Orient durchzogen vnd mit Mord/ Raub vnd brandt/ verwüstung der Stett/ Land vnd Leut vnmeßlichen schaden gethan/ Auch Baiazethem den Türckischē Keyser/ so jme mit gewerter hand entgegen komen/ gefangen/ in ein Vogelhauß eingespert/ vnd zu hon vnd spot durch gantz Asiam herumb geführet hat. Nicht lang hernach/ nemblich im 1409 jar/ hat Keyser Sigmund in Vngern ein grosse Niderlag vom Türcken erlitten/ vnnd mit grossen schaden der Christenheit müssen feld machen. Es fellt auch vmb dise zeit/ das Costnitzer Concilium ein/ auff welchem der fromme Mann Johann Huß von wegen der lehr deß Euangelij im Jar 1415. ist verbrant worden/ wie auch sein gehorsamer Discipel Hieronymus von Prag/ das folgend Jar mit dergleichen Marter sein leben geendet hat/ vnd darauff der Hussitische Krieg kommen ist. Deßgleichen hat man Anno Christi 1500. einen schröcklichen Cometen gesehen/ darauff die Tattern in Poln gefallen/ ein grosse Pestilentz durchs Teutsche Land gangen/ der Türck die Statt Methone erobert/ der Bayrische Krieg/ vnd ander vnzelig vnglück erfolget ist. Auff den Cometen so Anno Christi 1526. erschienen/ ist neben ander m vnglück so darauff erfolgt/ der Türck für Wien gezogen/ hat grossen schadē mit rauben/ brennen vnd mörden gethan/ vnd im abzug vil hundert Menschen mit sich in erbärmliche dienstbarkeit geführet. So weiß man/ das auff die Cometen so Anno 1531. vnd 1533. erschienen neben der schröcklichen Auffrhur der Widertauffer zu Münster in Westphalē/ vil grosses vnglücks/ vnd verenderung in Vngern/ Dennenmarck/ Engeland/ Franckreich/ vnd Italien sich zugetragen/ Vnd hat auch Teutschland/ Niderland/ Franckreich vnd Poln/ mit grossem schaden erfaren/ was die zwen Cometen/ so Anno 56. vnd 58. vnd der Newe Stern/ so im 1572. Jar erschienen/ bedeut haben/ vnnd weiß niemandt/ wenn deß angefangenen vnglücks noch mag ein ende werden. Das also kein zweiffel/ Gott schicket solche Zeichen/ dadurch er nebē seinem Wort der Welt seinen gerechten zorn wider die Sünd anzeigt/ vnd greuliche straffen mit verenderung der Regiment/ Krieg/ Pestilentz/ Thewrung/ Auffruhr vnd anderm vnglück drohet. Vnd weil Gott der Allmechtig auch vns dise Jar her nit allein Zeichen an der Sonn vnd Mon mit schröcklichen Finsternussen gegeben/ sondern auch jetzt im Nouember dises lauffenden 77. Jars/ einen schröcklichen Cometen an den hohen Himel gestellet/ der ohne zweiffel/ weil er grösser vnd greulicher ist/ dann andre vil vor jme gewesen/ auch harte straffen vnd groß vnglück drohet/ solten wir billig solchs alles warnemen/ vnsere Sünde erkennen/ vor Gottes zorn erschrecken/ vmb Christi verdinst willen verzeyhung bitten/ vnd mit besserung deß lebens/ vnd ernstlichē flehen bey Gott vmb linderung der Straff/ vnd künfftigen vnglücks anhalten. Aber man erferet leyder/ das der meiste theil nicht allein durch solche Zeichen vnd straffen nit gebessert/ sonder dieselben auf gut Epicurisch veracht/ vnd nur ruchloser vnd erger wird. Gott hat vns neben scharffen Bußpredigten seines Worts auch etliche Jar mit vnerhörter Thewrung/ Pestilentz/ vnd anderm vnglück dermassen gestrafft vnnd heimgesucht/ das es mancher in seinem Hause/ an seiner Narung/ Weib vnd Kinden schmertzlich gefühlet. Solchs aber hat bey wenigen wie leyder vor augen/ helffen wöllen/ sonder so bald nur ein wenig eine linderung kommen/ ist aller straff vergessen worden. Derohalben wann wir disen schröcklichen Cometen anschawen/ sollen wir vns erinnern/ das Gott auch vmb vnserer Sünden willen zörne/ vnd durch solch Zeichen seine straffen drohe/ vnd derohalben nicht auff ander sehen/ sondern in vnser eigen Hertz gehen vnd gedencken/ das auch wir mit vnserm bösen lebē Gottes zorn/ vnd gantze Landstraffen verursacht/ vnd wol auch das hellische Fewer verdient hetten/ wann Gott nach vnserm verdienst ablonen wolt. Sollen derhalben diß alles von hertzen berewen/ vnd in warem Glauben vnd starckem vorsatz/ vnser leben zu bessern/ zur genad vnd Barmhertzigkeit/ in Christo verheissen/ zuflucht haben vnd bitten/ das er mit vns armen Sündern nit ins Gericht gehen/ sondern im zorn seiner Barmhertzigkeit ingedenck sein/ vns vmb Christi willen vnser Sünde verzeyhen/ auch die wolverdinte straff von vns abwenden/ oder genedigklich lindern wölle. Vns auch mit seinem genaden Geist also regiren/ das wir solchem künfftigen vnglück entfliehen/ vnd am Jüngsten tag mit Ehrn vor dem Richterstul Jesu Christi erscheinen/ vnnd selig werden mögen/ AMEN.

Zu Nürmberg bey Georg Macken/ Illuministen beym Sonnenbad.

Kepler erinnerte sich später daran, daß seine Mutter ihn im Alter von sechs Jahren auf eine Anhöhe hinaufgeführt und ihm eine auffallende Himmelserscheinung gezeigt hatte:
„Anno 77 de illo cometa plurima audivi, adductus etiam sum in locum altum a matre ad eum contemplandum."
Dem im November 1577 erschienenen Kometen kommt eine besondere Bedeutung zu: Tycho Brahe wies anhand genauer Beobachtungen dessen kaum merkbare Parallaxe nach. Er folgerte daraus, daß die Kometen keine atmosphärischen Gebilde seien, wie die Anhänger des Aristoteles angenommen hatten.

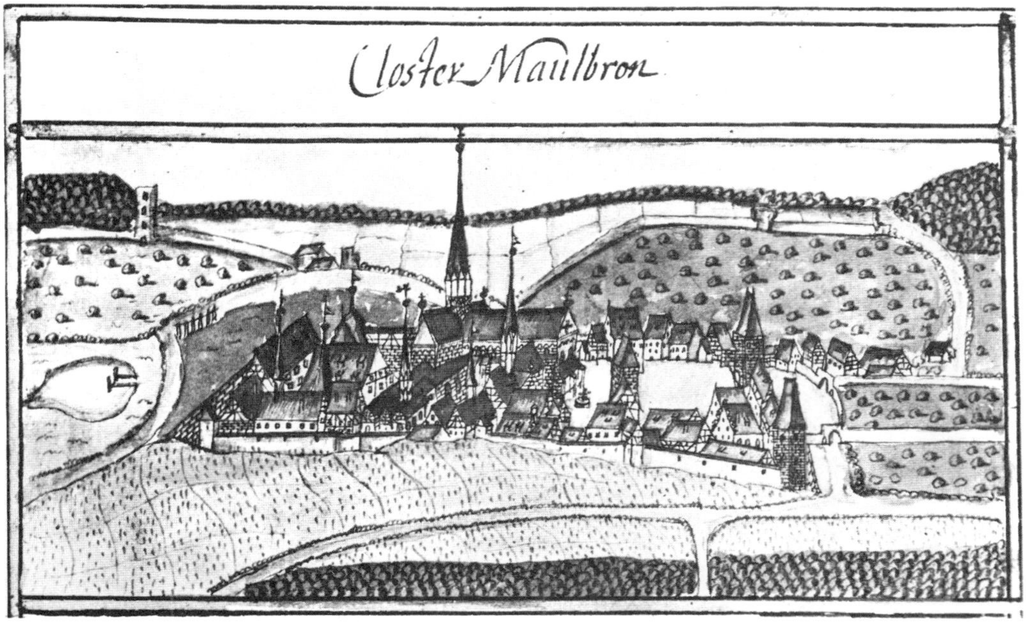

28 · Kloster Maulbronn (Kieser, Forstlagerbuch)

Ausgezeichnete Begabung und das fromme Gemüt des jungen Kepler bewogen die Eltern, ihn für den geistlichen Stand zu bestimmen. Nach dem Landexamen in Stuttgart (1583) wurde er zur Vorbereitung auf die Universität in das Grammatistenkloster Adelberg aufgenommen und im Herbst 1586 in das höhere Klosterseminar Maulbronn befördert.

29 · Wilhelm Sckickard, Karte von Württemberg, Tafel VIII: Tübingen und Umgebung (1634).

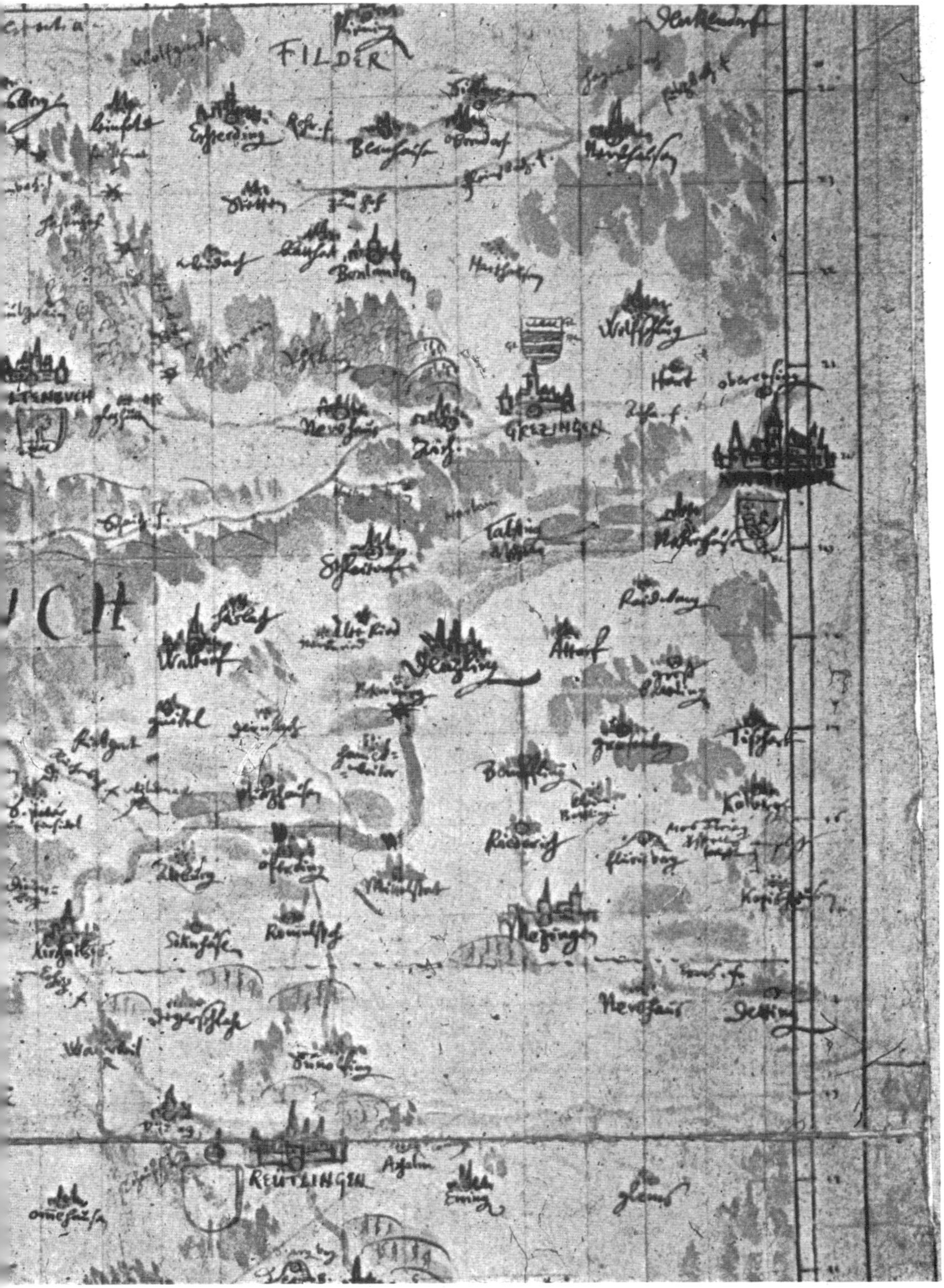
FILDER
REUTLINGEN

30 · Ansicht von Tübingen (kolorierter Holzschnitt von J. Sauter, 1590)

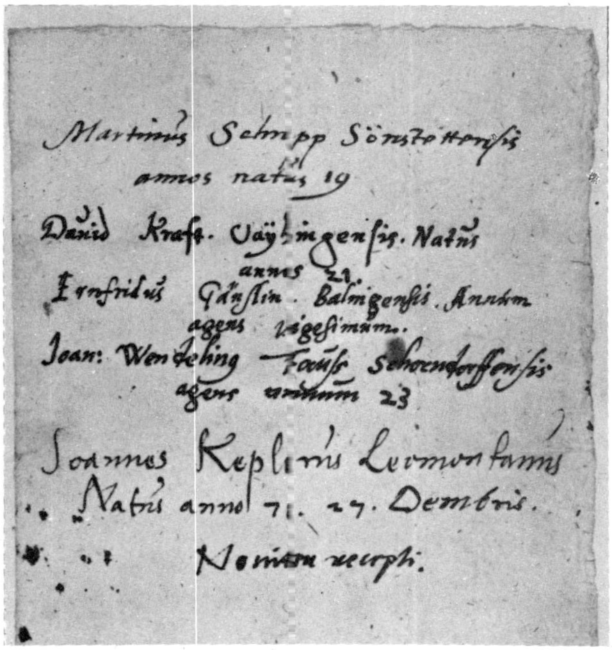
Martinus Schnepp Sonstettensis
annos natus 19

David Kraft. Vaÿhingensis. Natus
annos 21.

Ernfridus Gänslin Balingensis. Annum
agens vigesimum.

Joan: Wendeling Faust Schorndorffensis
agens annum 23

Joannes Keplerus Leomontanus
Natus anno 71. 27. Decembris.

Novitium recepi.

31 · Liste der im Herbst 1589 in das Tübinger Stift neu aufgenommenen Studenten

Am 5. Oktober 1587 schrieb sich Kepler an der Universität Tübingen ein, wo er am 25. September 1588 Baccalaureus wurde.

Als Stipendiat des Herzogs von Württemberg begann Kepler im September 1589 das Studium der evangelischen Theologie.

Die Aufnahme in das „Stift“ bestätigte er mit eigenhändiger Unterschrift und Geburtsangabe. Es ist das erste schriftliche Dokument Keplers, das uns vorliegt(31).

32 · Fries am Kepler-Denkmal in Weil der Stadt von A. v. Kreling (1869/70): Mästlin macht seinen Schüler Kepler mit der Lehre des Kopernikus bekannt

In den ersten zwei Jahren seines Studiums hörte Kepler in der „Artistenfakultät" Vorlesungen über Ethik, Dialektik, Rhetorik, Griechisch, Hebräisch, Astronomie und Physik.
Diese vorbereitenden Studien fanden ihren Abschluß mit der Magisterpromotion am 11. August 1591. Kepler bestand die Prüfung als zweiter unter 15 Kandidaten (33).

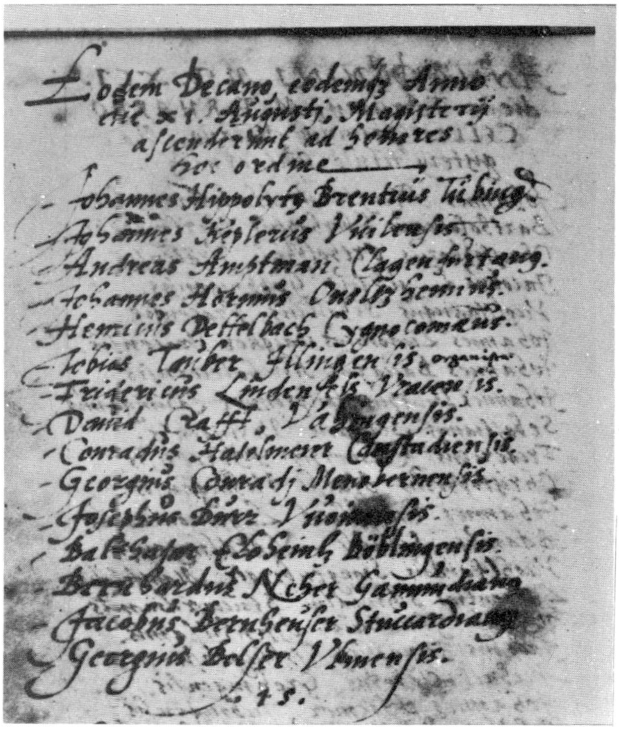
Eodem Decano, eodemque Anno
die xi. Augusti, Magisterii
ascenderunt ad honores
hoc ordine
Johannes Hippolytus Brentius Tubingensis
Johannes Keplerus Vuilensis
Andreas Amptman Clagenfurtensis
Johannes Hornius Onolsbacensis
Henricus Dettelbach Cygnocomaeus
Tobias Tauber Illingensis
Fridericus Lindenfels Vracensis
Daniel Graff Vaihingensis
Conradus Hatelmeier Constadiensis
Georgius Conradi Mendbernensis
Josephus Hörer Vuinnensis
Balthasar Closeimh Böblingensis
Bernhardus Neher Gamundianus
Jacobus Bernheuser Stuccardianus
Georgius Bolster Vlmensis
15.

33 · Matricula facultatis artium vom 11. August 1591 (Universität Tübingen)

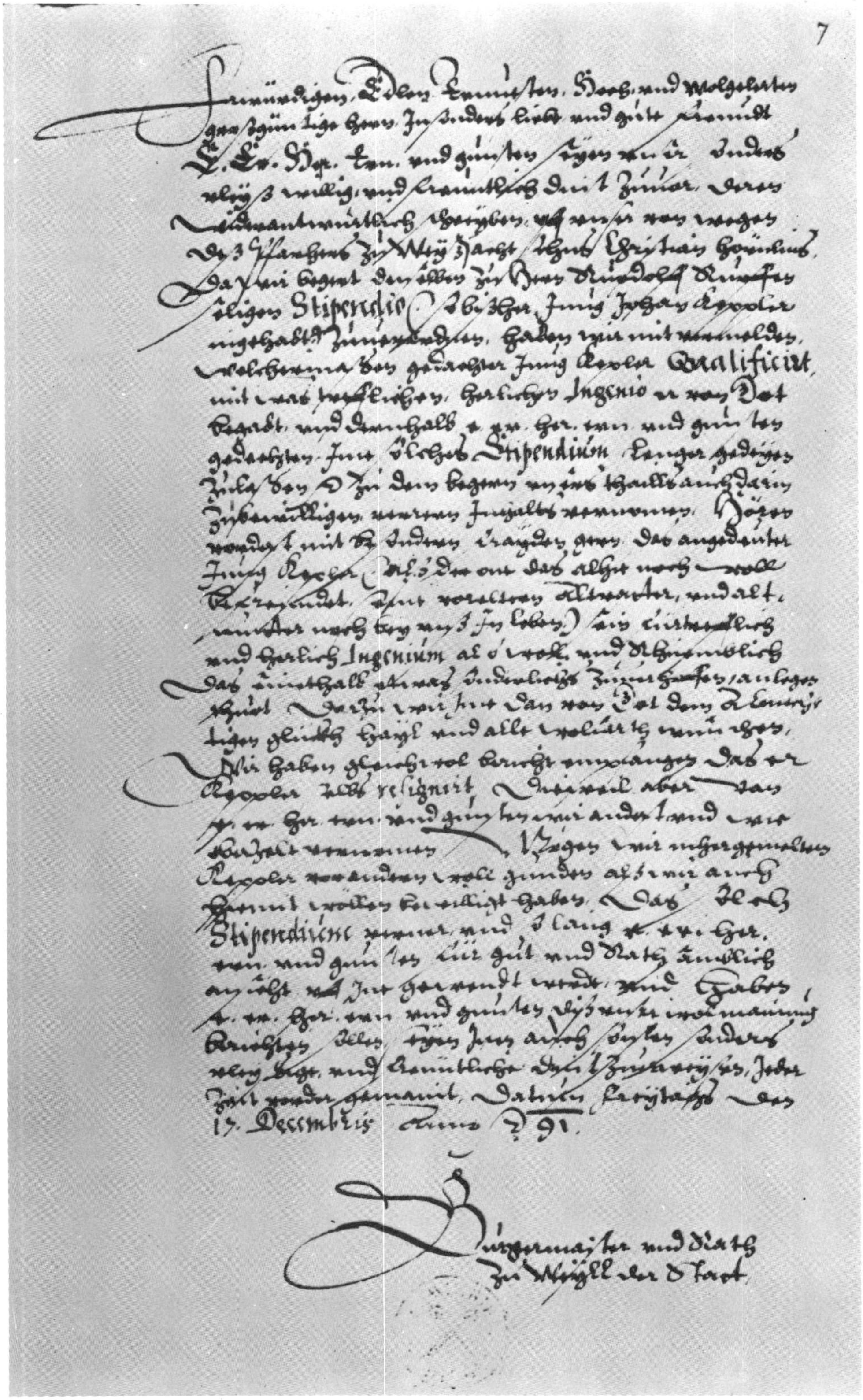

34 · Schreiben des Rats von Weil der Stadt an die Universität Tübingen vom 17. Dezember 1591

Bürgermeister und Rat von Weil begrüßen die Absicht der Universität Tübingen, das Johannes Kepler vor einem Jahr bewilligte Ruoffsche Stipendium zu verlängern, da „sein fürtrefflich vnd herlich Ingenium also wolln vnd Rhüemblich das seinethalb etwas sonderlichs zuuerhoffen“ (34).

35 · Martin Crusius (kolorierter Holzschnitt 1578)

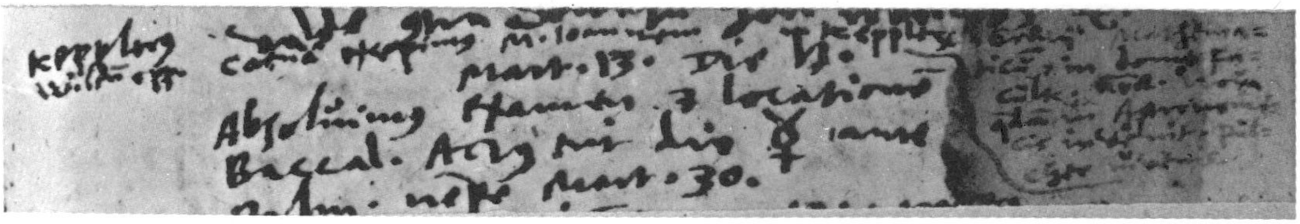

36 · Eintrag des M. Crusius in seinem Diarium am 12. März 1596

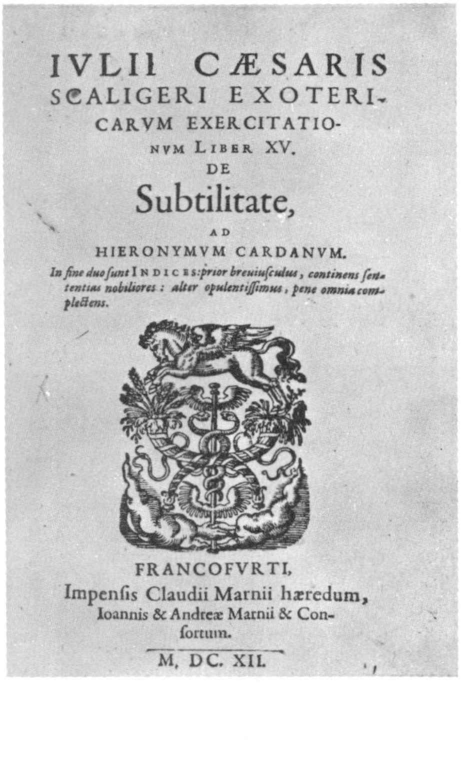

IVLII CÆSARIS SCALIGERI EXOTERICARVM EXERCITATIONVM LIBER XV.
DE
Subtilitate,
AD
HIERONYMVM CARDANVM.
In fine duo sunt INDICES: *prior breuiusculus, continens sententias nobiliores: alter opulentissimus, pene omnia complectens.*

FRANCOFVRTI,
Impensis Claudii Marnii hæredum, Ioannis & Andreæ Marnii & Consortum.
M. DC. XII.

37 · Titel der „Exercitationes Exotericae“ von J. C. Scaliger, Ausgabe Frankfurt 1612

Der berühmteste Universitätslehrer in Tübingen zu Keplers Zeit war der Gräzist Martin Crusius. Gleichzeitig schwäbischer Chronist, empfing Kepler auf diesem Gebiet besondere Anregung von ihm (35). Einen unmittelbaren Eindruck, den Crusius von seinem einstigen Schüler hatte, hielt er in seinem Tagebuch fest: „Coena excepimus M. Joannem Kepplerum, Graecii Mathematicum, in Domo Facult. nostrae. Noua quaedam in Astronomicis invenit. Pulcher iuvenis“ (36).

Unter den Schriften, aus denen Kepler während seines Studiums vielseitige und nachhaltige Impulse schöpfte, hebt er eine ganz besonders hervor: „Als ich im 18. Lebensjahr mein Philosophiestudium begann, da waren bei der Jugend in aller Hände die ‚Exercitationes Exotericae' des J.C. Scaliger. Von diesem Buch angeregt begann ich, mir alle möglichen Gedanken über alle möglichen Fragen zu machen: über den Himmel, die Seelen, die Schutzgeister, die Elemente, die Natur des Feuers, den Ursprung der Quellen, Ebbe und Flut, die Gestalt der Erdkontinente und der Meere zwischen ihnen und dgl." (37).

38 · Stephan Gerlach
(Ölgemälde, 1604)

Der „Student der Theologie Magister Johannes Kepler aus Weil“ lieferte nach der Sitte seiner Zeit auch mehrere Versuche in der Verskunst: so ein Trauergedicht auf den am 17. Oktober 1591 a. St. verstorbenen Leonberger Pastor Ulrich Holp.
Es ist eine der ersten gedruckten Proben seiner in den verschiedensten Arten der Lyrik auf uns gekommenen Dichtungen.

Zu dem Theologie-Professor Stephan Gerlach stand Kepler in einem vertrauteren Verhältnis, wenn er auch in dessen Vorlesungen keine Lösung für seine theologischen Bedenken fand. Als Superintendent des Stifts lieh Gerlach dem an Bargeld knappen, nach Graz berufenen Kepler 50 Gulden für die Reise.

39 · Matthias Hafenreffer (1604)

Drei Studienjahre waren der Ausbildung in den theologischen Fächern gewidmet. Dabei wurde Kepler mitten hineingestellt in die spannungsreiche Atmosphäre der sich bekämpfenden Theologenschulen, unter denen Tübingen eine starr orthodoxe Stellung einnahm. Quälende Bedenken bedrückten ihn, die um die Lehren von der Prädestination, vom Abendmahl und von der Allgegenwart des Leibes Christi (Ubiquität) kreisten. Gegen Ende seiner Studienzeit gelangte er zu einer dogmatischen Einstellung, die von der Lehre der Augsburger Konfession abwich, in der er erzogen worden war: In der Abendmahlslehre schloß er sich der kalvinischen, in der Ubiquitätslehre der katholischen Auslegung an. Trat Kepler auch in Tübingen mit seinen Anschauungen nicht offen hervor – Zweifel an seiner Rechtgläubigkeit tauchten dennoch auf.
Erst in Graz, wo die Konfessionsfrage aus politischen Gründen zur Entscheidung drängte, trat Kepler aus seiner Zurückhaltung heraus. Hatte er aus Gewissensgründen den Kalvinisten wie den Katholiken Zugeständnisse gemacht, so unterließ er doch nicht, sich klar zur evangelischen Lehre zu bekennen. Das führte in Graz im Zuge der gegenreformatorischen Maßnahmen zur Ausweisung aus dem Erzherzoglichen Herrschaftsbereich.
Weit einschneidender wirkte sich Keplers unnachgiebiger Standpunkt seinen eigenen Glaubensgenossen gegenüber aus: Da er nicht bereit war, die Konkordienformel (das Bekenntnisbuch der Lutheraner) der oben genannten Gravamina wegen vorbehaltlos zu unterschreiben, blieb ihm ein gelehrtes Amt in der Heimat zeitlebens versagt; der Schmerz über den Ausschluß vom Abendmahl verdüsterte seine Linzer Jahre.
Aber auch alle, auf hohe Belohnung abgestellte Versuche, ihn in die katholische Kirche zurückzuführen, scheiterten an Keplers aufrechter Haltung: „Heucheln habe ich nicht gelernt. Mit der Religion ist es mir Ernst, ich treibe kein Spiel mit ihr."

Gegenseitige Zuneigung bestand zwischen Kepler und dem jüngsten der Theologie-Professoren, Matthias Hafenreffer.

40 · Johannes Kepler, aus seiner Selbstcharakteristik (1597)

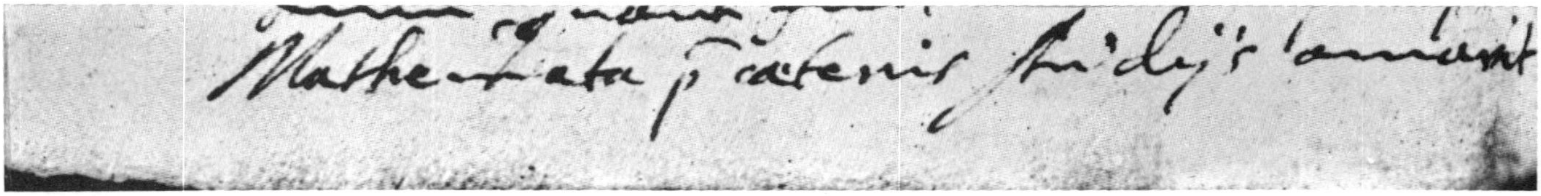

41 · Michael Mästlin (1610)

In die Mathematik, der Kepler vor allen anderen Studien den Vorzug gab (40), führte ihn Professor Michael Mästlin ein. Dem Unterricht lagen wie üblich die Elemente Euklids mit Ausblicken auf Archimedes und Apollonius zugrunde; eine Einführung in die Trigonometrie schloß sich an. Für die Vorlesungen in der Astronomie benützte Mästlin sein eigenes Lehrbuch: Epitome astronomiae (Heidelberg, 1582).

Wie ein Funke zündete im Geiste Keplers, was Mästlin über die neue Lehre des Kopernikus vortrug. „Ich ward“, schreibt er, „von Kopernikus, den mein Lehrer sehr oft in seinen Vorlesungen erwähnte, so sehr entzückt, daß ich nicht nur häufig seine Ansichten in den physikalischen Disputationen der Kandidaten verteidigte, sondern auch eine sorgfältige Disputation über die These, daß die ‚erste Bewegung‘ von der Umdrehung der Erde herrühre, verfaßte. Ich ging schon daran, der Erde aus physikalischen oder, wenn es dir besser gefällt, aus metaphysischen Gründen auch die Bewegung der Sonne zuzuschreiben, wie es Kopernikus aus mathematischen Gründen tut. Zu diesem Zweck habe ich, nach und nach, teils aus dem Vortrag Mästlins, teils aus eigenem Mut, alle die Vorzüge zusammengetragen, die Kopernikus in mathematischer Hinsicht vor Ptolemäus voraus hat.“

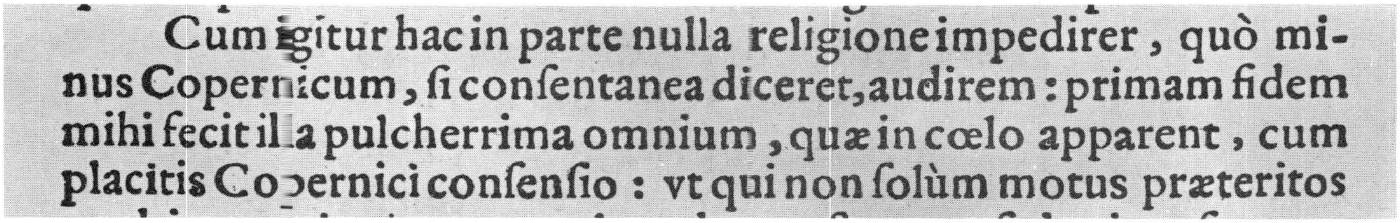
Cum igitur hac in parte nulla religione impedirer, quò minus Copernicum, ſi conſentanea diceret, audirem: primam fidem mihi fecit illa pulcherrima omnium, quæ in cœlo apparent, cum placitis Copernici conſenſio: vt qui non ſolùm motus præteritos

42 · Johannes Kepler: Seite 11 des „Mysterium Cosmographicum“ (Tübingen, 1596)

„Da ich daher in dieser Hinsicht durch keinerlei religiöse Bedenken gehindert war, dem Kopernikus zu folgen, wenn das, was er vorträgt, wohl begründet ist, wurde mein Glaube an ihn zuerst durch die schöne Übereinstimmung erweckt, die zwischen allen Himmelserscheinungen und den Anschauungen des Kopernikus besteht.“

43 · Nikolaus Kopernikus (Kupferstich, 2. Hälfte des 16. Jahrh.)

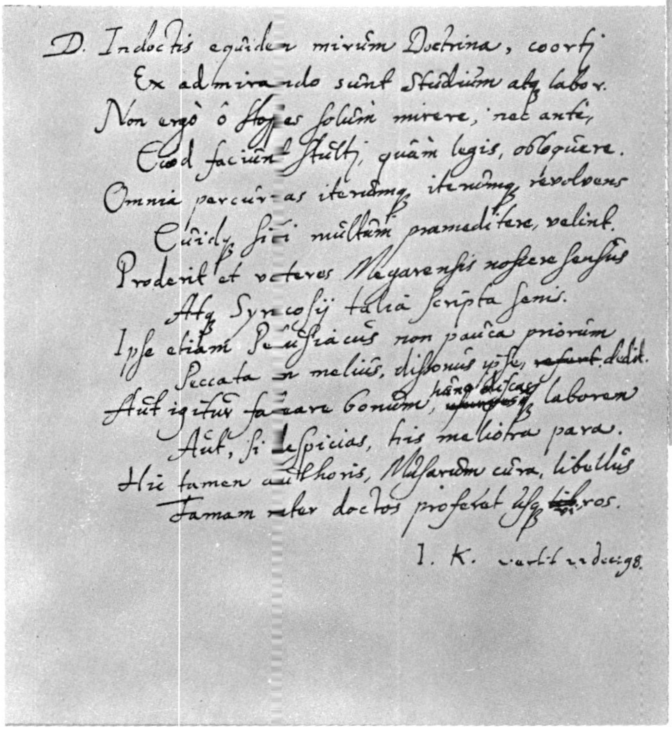

D. Indoctis equidem mirum Doctrina, coorti
Ex admirando sunt Studium atq labor.
Non ergo ô Hospes solum mirere, nec ante,
Quod faciunt Stulti, quàm legis, obloquere.
Omnia percurras iterumq, iterumq revolvens
Quid, sibi multum praemeditere, velint.
Proderit et veteres Megarensis noscere sensus
Atq Syncosij talia scripta senis.
Ipse etiam Peurbachius non pauca priorum
Peccata in melius, dissonus ipse, dedit.
Aut igitur favare bonum, ... laborem
Aut, si despicias, his meliora para.
Hic tamen authoris, Musarum cura, libellus
Famam inter doctos proferat usq libros.
I. K. ... 1598.

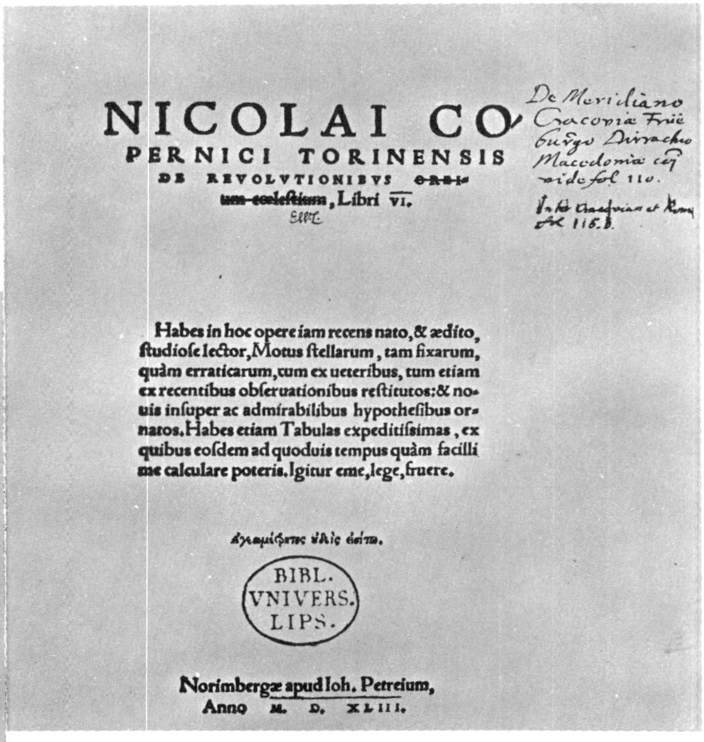

NICOLAI CO
PERNICI TORINENSIS
DE REVOLVTIONIBVS ORBI-
um coelestium, Libri VI.

Habes in hoc opere iam recens nato, & aedito, studiose lector, Motus stellarum, tam fixarum, quàm erraticarum, cum ex ueteribus, tum etiam ex recentibus obseruationibus restitutos: & nouis insuper ac admirabilibus hypothesibus ornatos. Habes etiam Tabulas expeditissimas, ex quibus eosdem ad quoduis tempus quàm facillime calculare poteris. Igitur eme, lege, fruere.

Ἀγεωμέτρητος οὐδεὶς εἰσίτω.

BIBL. VNIVERS. LIPS.

Norimbergae apud Ioh. Petreium, Anno M. D. XLIII.

44 · Titelblatt des Hauptwerks von Kopernikus, das im Besitz von Johannes Kepler war

Auf dem Vorsatzblatt ein eigenhändig geschriebenes Gedicht Keplers auf Kopernikus (1598)

DIE PLANETEN BEWEGEN SICH IN KREISBAHNEN UM DIE SONNE

Diese neue Lehre verkündete Nikolaus Kopernikus in seinem Hauptwerk „De revolutionibus orbium coelestium“, das in seinem Todesjahr 1543 in Nürnberg erschienen ist.

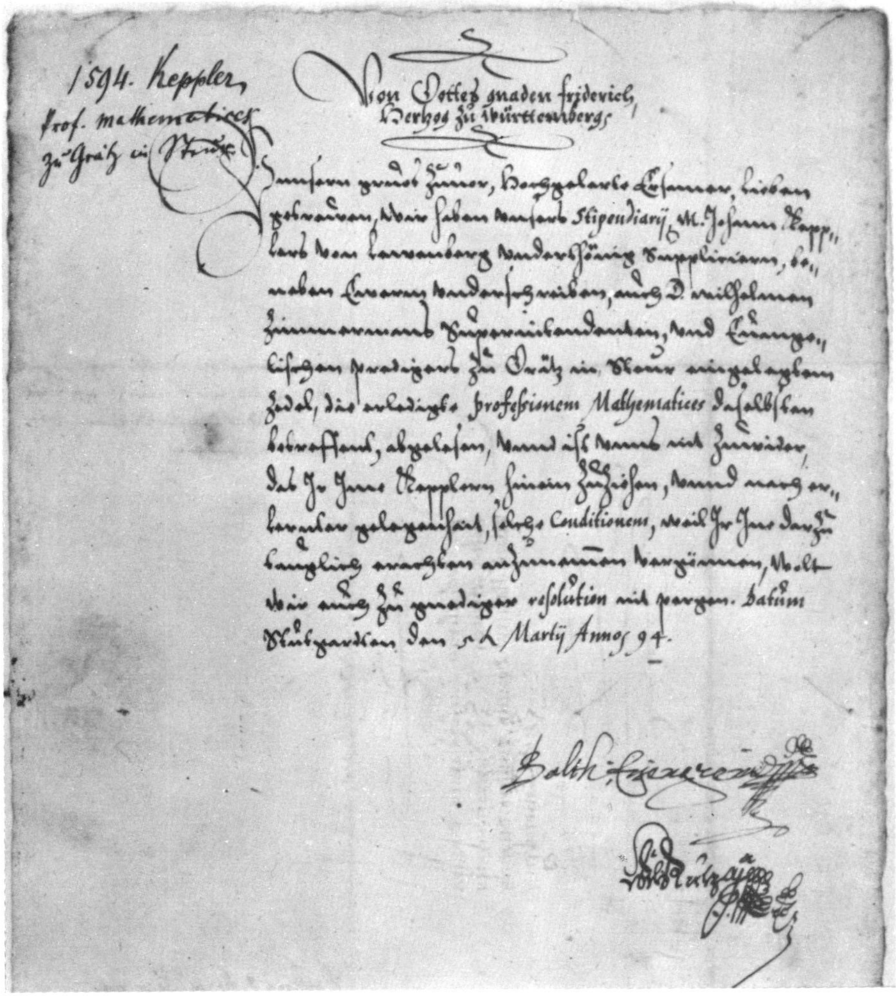

1594. Keppler
Prof. Mathematices
zu Gratz in Steyr

Von Gottes gnaden Friderich,
Hertzog zu Württemberg

Unsern grues zuvor, Hochgelerte Ersamen, lieben getrewen, Wir haben unsers Stipendiarij M. Johann Kepplers von Leonberg underthönig supplicieren, beneben Ehrwürdiger underschreiben, auch D. Wilhelmen Zimmermans Superintendenten, und Evangelischen prädicanten zu Grätz in Steyr eingelegten Zedel, die erledigte professionem Mathematices daselbsten betreffend, abgelesen, und ist uns nit zuwider, daß Ir Inen Kepplern hinein schickhen, und mag er, bey aller gelegenheit, solche Conditionem, weil Ir Ine darzu tauglich erachten, anzunemmen vergönnen, Wolt wir euch zu gnädiger resolution nit pergen. Datum Stutgarten den 5t Martij Anno 94.

45 · Der Herzog von Württemberg erlaubt Kepler die Stellenannahme in Graz

46 · Herzog Friedrich von Württemberg

Kepler stand vor dem Abschluß des Theologiestudiums, als er auf Rat seiner Lehrer und aus eigenem Antrieb mit Erlaubnis Herzog Friedrichs von Württemberg die frei gewordene Mathematik-Professur an der evangelischen Landschaftsschule in Graz im März 1594 annahm.

47 · Gesamtansicht von Graz (L. van de Sype-W. Hollar, 1630–35)

GRATZ
TYRIÆ.

„Ich wollte Theologe werden; lange war ich in Unruhe. Nun aber sehet, wie Gott durch mein Bemühen auch in der Astronomie gefeiert wird."

Kepler an Mästlin am 3. Oktober 1595

Mathematik und Astronomie in den höheren Klassen der Stiftsschule in Graz nach herkömmlicher Weise zu lehren und von Amts wegen jährlich einen Kalender zu verfassen, befriedigte den grübelnden Geist Keplers nicht. Wieder lenkte er seinen Sinn auf das Weltbild des Kopernikus, für das er sich in Tübingen so spontan eingesetzt hatte. Diese Lehre gestattete erstmals, aus den Beobachtungen die relativen Abstände der Planeten von der Sonne zu berechnen. Welche inneren Zusammenhänge aber bestanden zwischen den so gewonnenen Zahlen, welches waren die „wahren und eigentlichen Ursachen für die Zahl, Größe und Bewegung der Planetenbahnen", so fragte sich Kepler.

Sein schon während des Studiums ganz durch die Ideen von Plato, Pythagoras und den Neuplatonismus geprägtes Denken brachte ihm während einer Unterrichtsstunde nach langen Versuchen am 19. Juli 1595 die Erleuchtung: Gott hat bei der Erschaffung der Welt „Geometrie getrieben", indem er zur Abmessung des Kosmos die fünf regulären Körper zu Hilfe nahm.

„Die Erde ist das Maß für alle anderen Bahnen. Ihr umschreibe ein Dodekaeder; die dieses umspannende Sphäre ist der Mars. Der Marsbahn umschreibe ein Tetraeder; die dieses umspannende Sphäre ist der Jupiter. Der Jupiterbahn umschreibe einen Würfel; die diesen umspannende Sphäre ist der Saturn. Nun lege in die Erdbahn ein Ikosaeder; die diesem einbeschriebene Sphäre ist die Venus. In die Venusbahn lege ein Oktaeder; die diesem einbeschriebene Sphäre ist der Merkur."

Johannes Kepler: „Mysterium Cosmographicum" (Tübingen, 1596)

48 · Weltgebäude des Kopernikus in seinem Hauptwerk (aus dem eigenhändig geschriebenen Original)

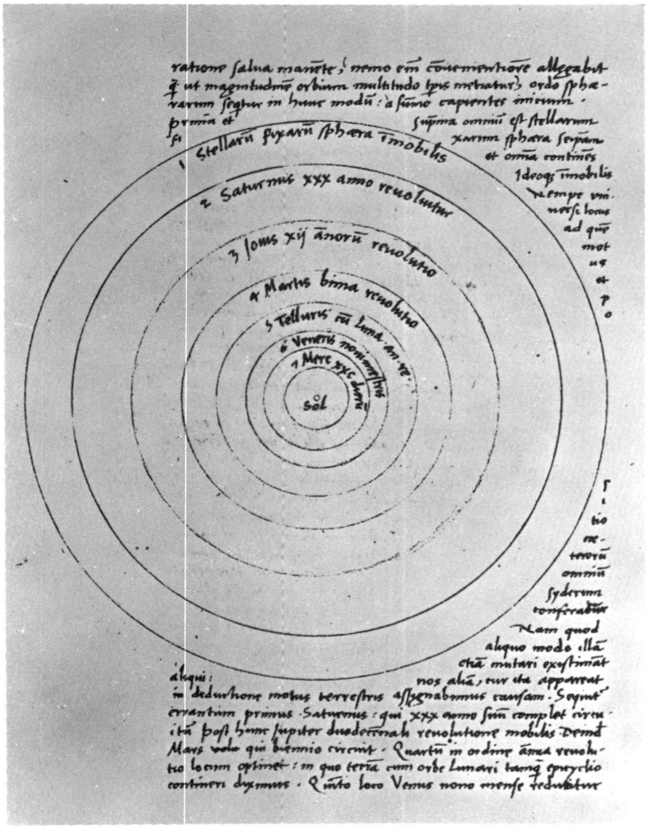

Hatte Kopernikus eine neue Konzeption des Weltgebäudes dargelegt, so geht Kepler mit der Frage nach den Ursachen der Planetenbewegungen völlig neue Wege: nicht nur, daß er bereits hier nach einer Beziehung sucht, welche die Umlaufzeiten der Planeten mit ihren Sonnenabständen verbindet; ebenso bedeutsam ist der Gedanke, daß die Bewegung der himmlischen Körper von einem Antrieb ausgeht, der seinen Ursprung in der Sonne hat. Hier schon beginnt Keplers angestrengtes Suchen nach einer mathematischen Formulierung und Definition dieser Art von Kraft. Im „Mysterium Cosmographicum“ spricht er zwar nach traditioneller Vorstellung noch von einer „anima

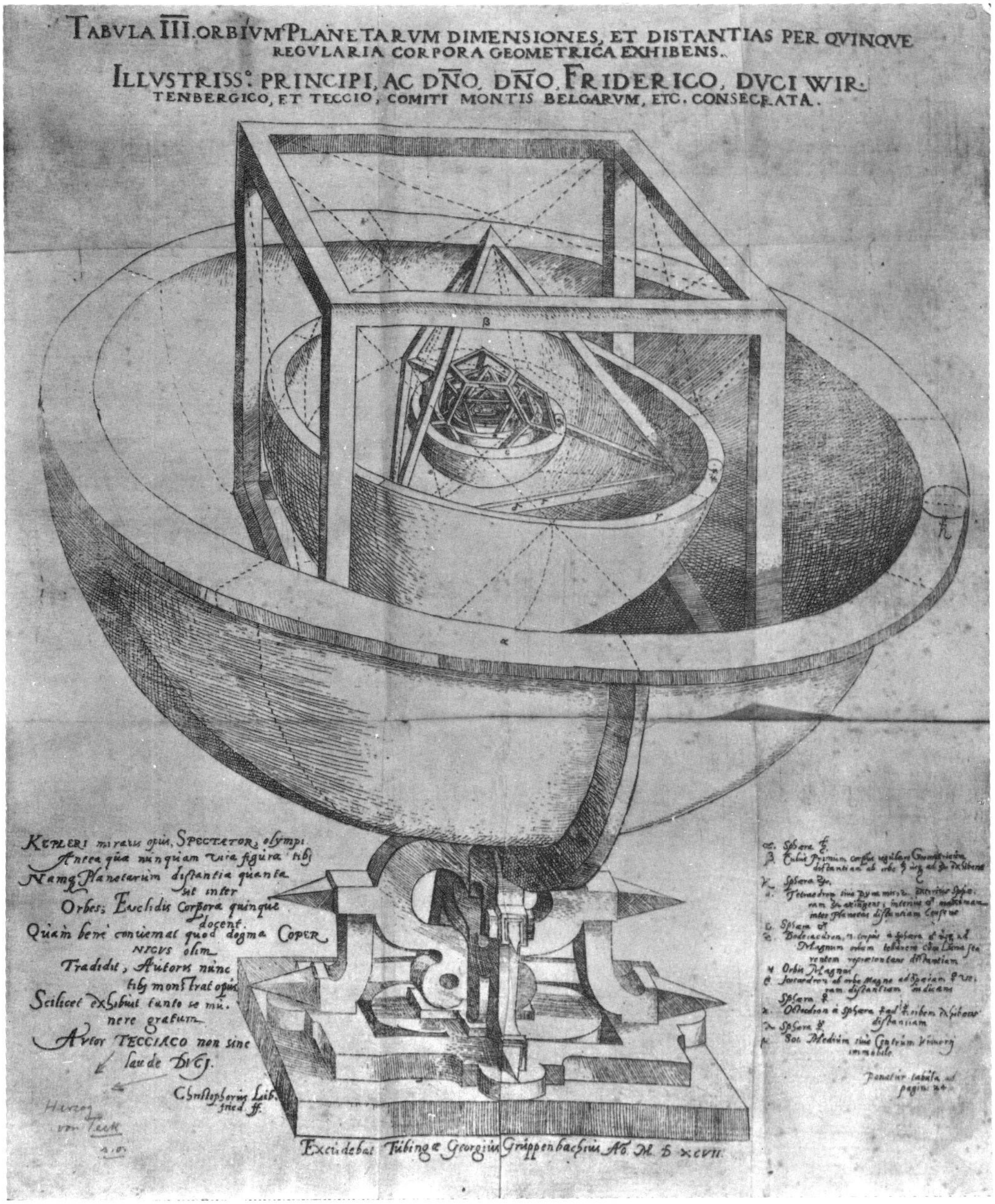

49 · Modell aus Keplers „Mysterium Cosmographicum‘ (Kupferstich, 1596)

motrix“, einer bewegenden Seele, weil er einen, seinen Vorstellungen entsprechenden Terminus noch nicht gefunden hat. In einem gleichzeitigen Brief jedoch verwendet er bereits das Wort „vigor“, Kraft.

1596 veröffentlichte Kepler seine Entdeckung und seine neuen Ideen in der Schrift: „Prodromus dissertationum cosmographicarum, continens Mysterium Cosmographicum“, kurz das „Weltgeheimnis“ genannt. Zum Druck holte er die Erlaubnis der Universität Tübingen ein (50).

In der 2. Auflage des Erstlingswerkes (Frankfurt, 1621) weist er darauf hin: „Die Richtung meines ganzen Lebens, meiner Studien und Werke hat von diesem einen Büchlein ihren Ausgang genommen.“

50 · Schreiben Keplers an die Universität Tübingen (1. Mai 1596 a. St.)

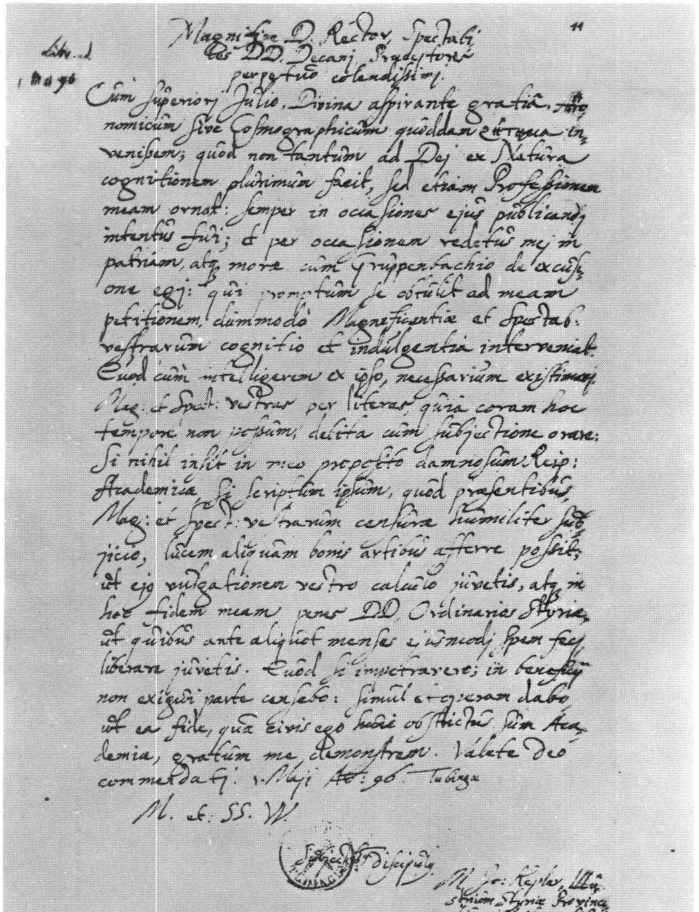

Magnifice D. Rector, Spectabiles DD. Decani, Praeceptores perpetuo colendissimi.

Cum superiori Julio, Divina aspirante gratia, Astronomicum sive Cosmographicum quoddam εὕρημα invenissem; quod non tantum ad Dei ex Natura cognitionem plurimum facit, sed etiam Professionem meam ornat: semper in occasione ejus publicandi intentus fui; et per occasionem reditus mei in patriam, atque more cum Gruppenbachio de excusione egi: qui promptum se obtulit ad meam petitionem, dummodo Magnificentiae et Spectab. vestrarum cognitio et indulgentia interveniat. Quod cum intelligerem ex ipso, necessarium existimavi Mag. et Spect: vestras per literas, quia coram hoc tempore non possum, debita cum subjectione orare: Si nihil insit in meo proposito damnosum Reip: Academicae, sed scriptum ipsum, quod praesentibus Mag: et Spect: vestrarum censurae humiliter subjicio, lucem aliquam bonis artibus afferre possit; ut ejus vulgationem vestro calculo juvetis, atque in hoc fidem meam penes DD. Ordinarios Styriae, ut quibus ante aliquot menses ejusmodi spem feci, liberam juvetis. Quod si impetravero; in beneficii non exigua parte censebo: simul et operam dabo, ut ea fide, qua civis ego huic obstrictus sum Academiae, gratum me demonstrem. Valete Deo commendati. 1. Maji Ao. 96. Tubingae

M. et SS. W.

Studiosissimus Discipulus

M. Jo. Kepler, illustrium Styriae Provincialium Mathematicus.

51 · Siegel der mathematisch-naturwissenschaftlichen Fakultät Tübingen mit dem Bild Keplers (in Gebrauch 1863–1965)

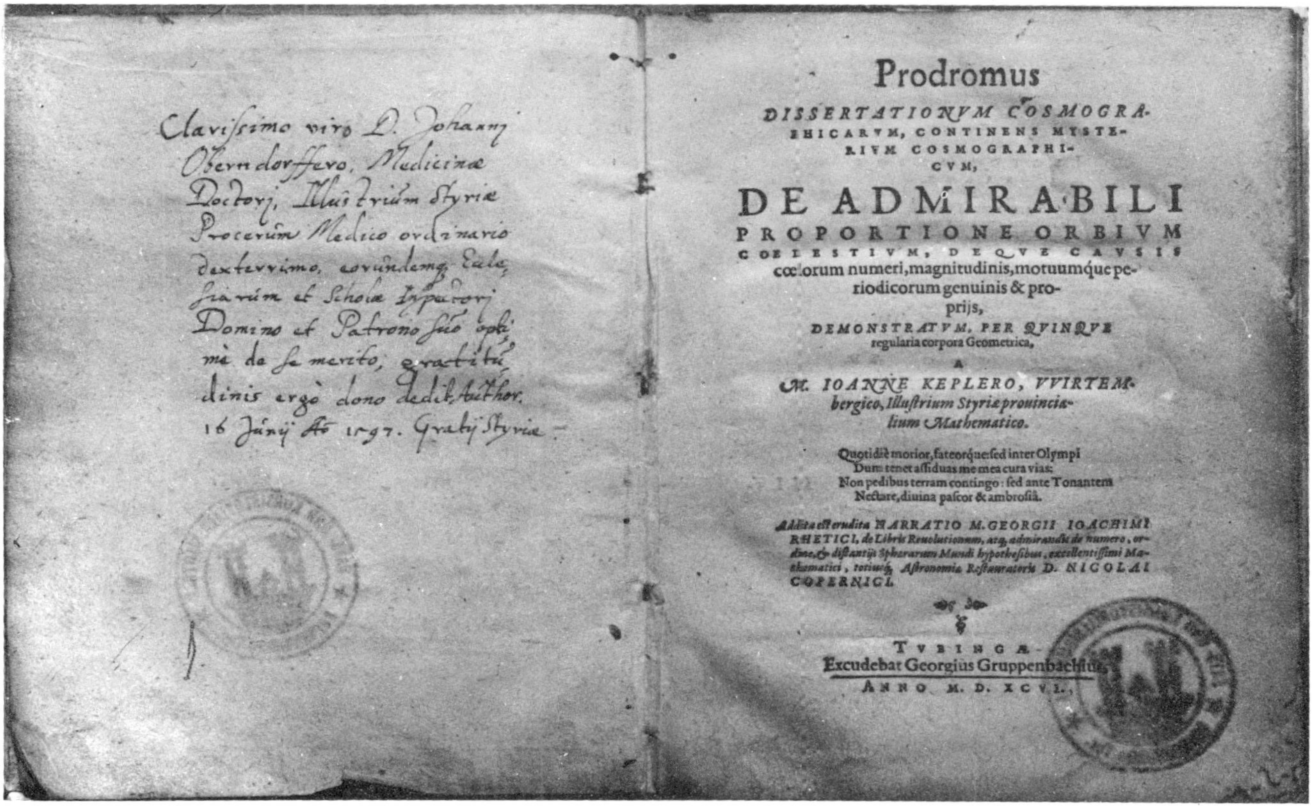
Clarissimo viro D. Johanni
Oberndorffero, Medicinae
Doctori, Illustrium Styriae
Procerum Medico ordinario
dexterrimo, eorundemq; Eccle-
siarum et Scholae Inspectori
Domino et Patrono suo opti-
me de se merito, gratitu-
dinis ergo dono dedit Author.
16 Junij Ao 1597. Gratij Styriae.

Prodromus
DISSERTATIONVM COSMOGRAPHICARVM, CONTINENS MYSTERIVM COSMOGRAPHICVM,
DE ADMIRABILI PROPORTIONE ORBIVM COELESTIVM, DEQVE CAVSIS coelorum numeri, magnitudinis, motuumque periodicorum genuinis & proprijs,
DEMONSTRATVM, PER QVINQVE regularia corpora Geometrica,
A
M. IOANNE KEPLERO, VVIRTEMbergico, Illustrium Styriae prouincialium Mathematico.

Quotidie morior, fateorque: sed inter Olympi
Dum tenet assiduas me mea cura vias:
Non pedibus terram contingo: sed ante Tonantem
Nectare, diuina pascor & ambrosiâ.

Addita est erudita NARRATIO M. GEORGII IOACHIMI RHETICI, de Libris Reuolutionum, atq; admirandis de numero, ordine, & distantijs Sphaerarum Mundi hypothesibus, excellentissimi Mathematici, totiusq; Astronomiae Restauratoris D. NICOLAI COPERNICI.

TVBINGAE.
Excudebat Georgius Gruppenbachius,
ANNO M. D. XCVI.

52 · Titelblatt von Keplers „Mysterium Cosmographicum" (Tübingen, 1596)
Auf dem Vorsatzblatt eigenhändige Widmung an Johann Oberndorfer vom 16. Juni 1597

Durch Vermittlung des Grazer Jesuitenpaters Grienberger wandte sich der bayerische Kanzler Herwart von Hohenburg 1597 um Auskunft in einer chronologischen Frage an Kepler. „Lieber als ein Geschenk", schreibt dieser, „war mir die Bekanntschaft mit einem wissenschaftlich gebildeten Mann, in dem die mathematische Erkenntnis noch durch den Glanz der politischen Stellung verherrlicht wird." Herwarts Einfluß, sein durch Wohlwollen und große Hilfsbereitschaft ausgezeichnetes Verhältnis zu dem jungen Kepler ebneten diesem manchen Weg zu seinem persönlichen und damit auch wissenschaftlichen Vorankommen.

53 · J. G. Herwart von Hohenburg. Aquarell von Max Schenk (nach einer auf Kupfer gemalten alten Vorlage)

Mit dem „Weltgeheimnis“ machte sich Kepler einen Namen in der gelehrten Welt. Die Urteile über das kleine Werk fielen unterschiedlich aus: zustimmend, wie das des Jenaer Professors G. Limnäus; den Altdorfer Professor J. Prätorius „lachten“ Keplers Ideen beim ersten Durchblättern „an“ (vgl. 54); nach gründlicher Lektüre jedoch lehnte er sie ab und verwies sie ins Reich der Physik.

Kritisch zurückhaltend verhielt sich Tycho Brahe. Die Beziehungen indessen, die Kepler auf diese Weise mit dem Fürsten unter den damaligen Astronomen anknüpfte, wurden für sein ferneres Leben und Wirken von entscheidender Bedeutung.

Galilei, beglückt, Kepler als „Gefährten bei der Erforschung der Wahrheit und als Freund der Wahrheit zu besitzen“, dankt für das überreichte Exemplar des „Mysterium Cosmographicum“. Er bekennt sich als Anhänger des Kopernikus, obwohl er noch nichts darüber zu veröffentlichen gewagt habe (55).

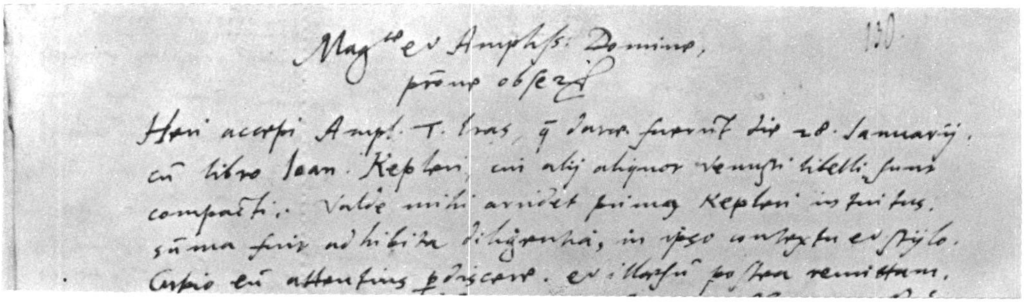

54 · Joh. Prätorius an Herwart von Hohenburg (24. Februar 1598)

Übersetzung des Galilei-Briefes von Seite 71:

Euer Buch, hochgelehrter Herr, das Ihr mir durch Paulus Amberger übersandt habt, habe ich nicht schon vor einigen Tagen, sondern erst vor wenigen Stunden erhalten; und da mir ebendieser Paulus seine Rückkehr nach Deutschland ankündigte, würde ich es in der Tat für undankbar halten, wenn ich Euch nicht durch den gegenwärtigen Brief meinen Dank zum Ausdruck bringen würde. Ich danke Euch also, und zwar ganz besonders dafür, daß Ihr mich eines solchen Beweises Eurer Freundschaft gewürdigt habt. Von Eurem Werk habe ich bisher nur von der Einleitung Kenntnis genommen, daraus aber doch einigermaßen Eure Absicht erkannt und wünsche mir wirklich ganz besonders Glück, einen solchen Mann als Gefährten bei der Erforschung der Wahrheit und als Freund der Wahrheit zu besitzen. Denn es ist schlimm, daß die so selten sind, die nach der Wahrheit streben und die nicht eine verkehrte Art zu philosophieren verfolgen. Aber es ist hier nicht der Ort, das Elend unseres Jahrhunderts zu bejammern, sondern mit Euch sich zu freuen über so schöne Ideen zum Beweise der Wahrheit. So füge ich nur dies noch hinzu und verspreche, daß ich Euer Buch in Ruhe durchlesen werde; denn ich bin dessen gewiß, daß

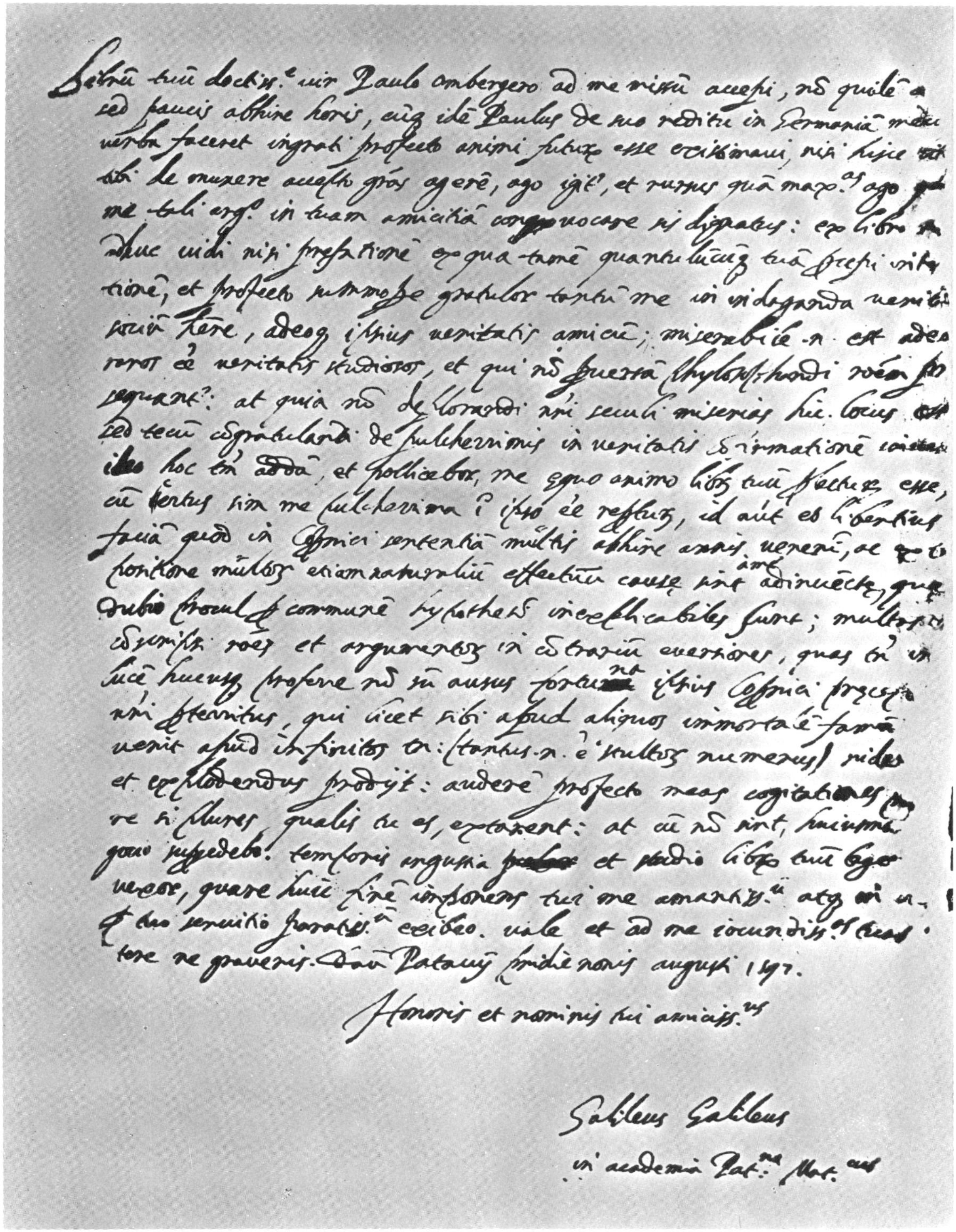

55 · Galilei an Kepler (Padua, 4. August 1597)

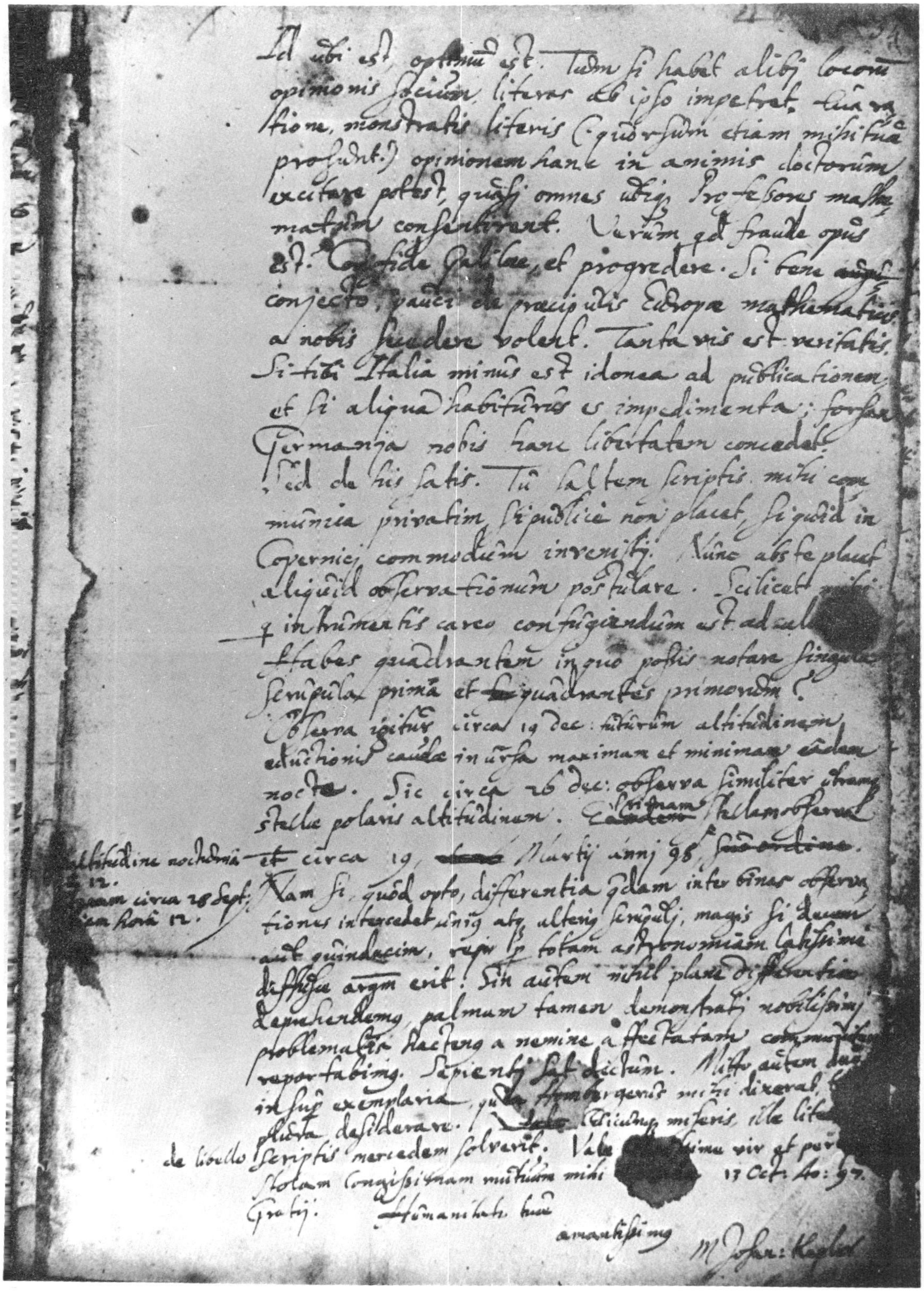
Id ubi est optimum est. Tandem si habet alibi locum
opinionis socium, literas ab ipso impetrat, tua roga-
tione, monstratis literis (quorsum etiam mihi suae
profuerunt) opinionem hanc in animis doctorum
excitare potest, quasi omnes ubique Professores mathe-
matum consentirent. Verum quid fraude opus
est? Confide Galilaee, et progredere. Si bene [illegible]
conjecto, pauci de praecipuis Europae mathematicis
a nobis secedere volent. Tanta vis est veritatis.
Si tibi Italia minus est idonea ad publicationem,
et si aliqua habituri estis impedimenta; forsan
Germania nobis hanc libertatem concedet.
Sed de his satis. Tu saltem scriptis mihi com-
municia privatim, si publice non placet, si quid in
Copernici commodum inveneris. Nunc abs te placet
aliquid observationum postulare. Scilicet mihi,
qui instrumentis careo, confugiendum est ad alios.
Habes quadrantem in quo possis notare singula
scrupula prima et ~~[illegible]~~ quadrantes primorum?
Observa igitur circa 19 Dec. futurum altitudinem
eductionis caudae in ursa maximam et minimam eadem
nocte. Sic circa 26 Dec. observa similiter utramque
stellae polaris altitudinem. ~~Eandem~~ Primam stellam observa
et circa 19 ~~[illegible]~~ Martij anni 98 ~~[illegible]~~.
Nam si, quod opto, differentia quaedam inter binas observa-
tiones intercedet unius atque alterius scrupuli, magis si decem
aut quindecim, rei per totam astronomiam latissime
diffusae argumentum erit. Sin autem nihil plane differentiae
deprehenderimus, palmam tamen demonstrati nobilissimi
problematis haectenus a nemine affectatam communiter
reportabimus. Sapienti sat dictum. Misso autem duo
in Italiam exemplaria, quae Hamburgerius mihi dixerat,
plura desiderare. ~~[illegible]~~ [illegible] miseris ille lite[illegible]
scriptis mercedem solverit. Vale [illegible] vir et per[illegible]
stolam longissimam mutuam mihi [illegible] 13 Oct. Ao. 97.
Gratij. Humanitati tuae
amantissimus
M. Johan: Kepler

(Randnotizen, links:)
[illegible] altitudine nocturna
[illegible] 12.
[illegible] circa 28 Sept.
[illegible] hora 12.
de libello

56 · Kepler an Galilei (Graz, 13. Oktober 1597)

ich darin die herrlichsten Dinge finden werde. Und dies werde ich um so lieber tun, weil ich schon vor vielen Jahren zu den Anschauungen von Kopernikus gekommen bin und von diesem Standpunkt aus die Ursachen vieler Naturvorgänge entdeckt habe, die auf Grund der gewöhnlichen Annahmen zweifellos nicht zu erklären sind. Ich habe darüber vieles an direkten und indirekten Beweisen geschrieben, aber bisher noch nicht zu veröffentlichen gewagt, abgeschreckt durch das Schicksal von Kopernikus selbst, der unser Lehrmeister ist. Er hat sich bei einigen wenigen unsterblichen Ruhm erworben, von unendlich vielen aber (denn so groß ist die Zahl der Toren) wird er verlacht und ausgepfiffen. Ich würde es in der Tat wagen, mit meinen Gedankengängen an die Öffentlichkeit zu treten, wenn es mehr Leute Eurer Gesinnung gäbe; da dies nicht der Fall ist, werde ich es unterlassen. Die Kürze der Zeit und der dringende Wunsch Euer Buch zu lesen drängt mich zu schließen, indem ich Euch meiner Zuneigung versichere und stets gerne zu Euren Diensten bereit bin. Lebet wohl und säumet nicht, mir weiter erfreulichste Nachricht von Euch zu geben.

Padua am 4. August 1597.

Euer freundschaftlichst gesinnter
Galilaeus Galilaeus
Mathematiker an der Akademie in Padua

Übersetzung des Briefstückes der Nebenseite:

Es ist an jedem Ort ein einziger Mathematiker; wo es so ist, ist es am besten. Wenn er dann irgendwo einen Gesinnungsgenossen besitzt, so soll er von ihm einen Brief verlangen; durch Vorzeigen dieses Briefes (so ist mir auch der Eurige dienlich) kann er unter den Gelehrten die Meinung erwecken, wie wenn überall unter den Professoren der Mathematik Übereinstimmung herrschen würde. Doch wozu bedarf es der List! Seid guten Mutes, Galilei, und tretet hervor. Wenn ich recht vermute, gibt es unter den bedeutenden Mathematikern Europas wenige, die sich von uns scheiden wollen. So groß ist die Macht der Wahrheit. Wenn Italien Euch zur Veröffentlichung weniger geeignet erscheint und wenn Ihr dort Hindernisse zu erwarten habt, so wird uns vielleicht Deutschland diese Freiheit gewähren. Aber genug hievon. Teilet mir wenigstens privatim mit, wenn Ihr es nicht öffentlich tun wollt, was Ihr zum Vorteil für Kopernikus entdeckt habt.

Nun möchte ich noch eine Beobachtung von Euch erbitten; da ich nämlich keine Instrumente besitze, muß ich zu anderen meine Zuflucht nehmen. Besitzt Ihr einen Quadranten, an dem Minuten und Viertelsminuten abgelesen werden können? Dann beobachtet um die Zeit des 19. Dezember die größte und kleinste Höhe des mittleren Schwanzsternes des großen Bären in derselben Nacht. Ebenso beobachtet um den 26. Dezember beide Höhen des Polarsterns. Den ersten Stern beobachtet auch um den 19. März 98 in seiner Höhe nachts 12 Uhr, den zweiten um den 28. September ebenfalls um 12 Uhr. Wenn sich, was ich wünschen möchte, ein Unterschied je zwischen den beiden Beobachtungen von einer oder der anderen Minute oder gar von 10′ bis 15′ zeigen würde, so wäre das ein Beweis für eine Sache, die sich weithin über die ganze Astronomie erstreckt. Wenn sich aber schlechterdings keine Differenz zeigt, so werden wir doch miteinander den Ruhm eines bisher von niemand versuchten höchst bedeutsamen Problems ernten [Fixsternparallaxe!]. Genug für den Einsichtigen! Ich schicke Euch noch 2 Exemplare [des Prodromus], da Amberger mir gesagt hat, daß Ihr noch mehr wünscht. Die Betreffenden, denen Ihr sie schickt, mögen mit einer brieflichen Äußerung über das Buch bezahlen. Lebet wohl und antwortet mir mit einem recht langen Brief.

Graz, 13. Okt. 1597.

Euer Euch freundschaftlich liebender
Magister Johannes Kepler

57 · Himmelsglobus von Heinrich Arboreus (1575)

58 · Erdglobus von Philipp Apian (1576)

Im Jahre 1596 besuchte Kepler auf der Reise von Graz nach Württemberg die herzogliche Bibliothek in München. Dort zeigte man ihm ein Globenpaar von Apian, Geräte, denen damals noch eine hohe Bedeutung für die Forschung zukam.

Die beiden gleichgroßen, prächtigen Globen werden heute in der Staatsbibliothek München aufbewahrt und figurieren als Apian-Arboreus Globenpaar: zu dem Erdglobus (1576) lieferte Philipp Apian die Unterlagen, zu dem Himmelsglobus (1575), von dem Kepler angibt, daß die Sternchen herausnehmbar gewesen seien, Heinrich Arboreus das Sternverzeichnis.

Nach fast zweijähriger Tätigkeit Keplers an der evangelischen Landschaftsschule in Graz stellten die Schulinspektoren ihm bei den Verordneten des Landes ein Zeugnis aus, daß sie „nit anders iudicirn khönnen, dann das Er bey seiner Jugent ein gelehrter vnd in moribus ein beschaidner vnd diser Einer Ersamen Landschafft Schuell alhie ein wolanstehunder Magister vnd professor seie“ (59). Sein Gehalt betrug 150 Gulden jährlich und wurde meist vierteljährlich ausbezahlt (60).
Am 27. April 1597 heiratete Kepler die Steiermärkerin Barbara Müller; die Trauung fand in der Stiftskirche zu Graz statt (61). Die Verordneten wiesen den Einnehmer an, ihrem Mathematiker eine Hochzeitsverehrung in Höhe von 27 Gulden zu reichen (62). Nach seiner Hochzeit gab Kepler seine bisherige Wohnung im Stiftsgebäude auf und zog in das Haus seiner Frau; es ist des „Wolf Lorenzen Erben Haus“ in der Stempfer-Färbergasse (63).

59 · Zeugnis der Schulinspektoren über Keplers Leistungen (3. Januar 1596)

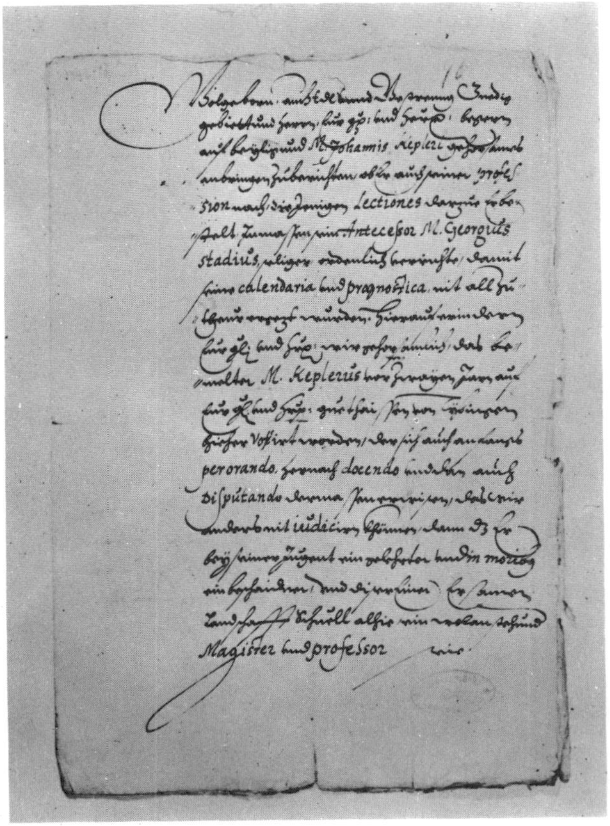

60 · Quittung Keplers über ein vierteljähriges Gehalt (3. Juli 1595)

61 · Eintrag der Trauung Keplers in der Kirchenmatrikel (27. April 1597)

62 · Die Verordneten weisen Kepler ein Hochzeitsgeschenk an (26. April 1597)

63 · Das „Wolf Lorenz Erben Haus“ im Quartierbuch 1596

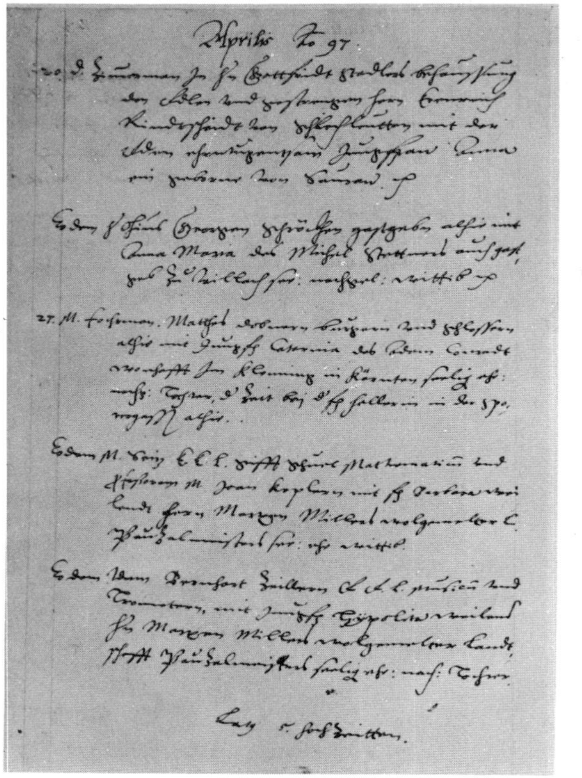
Aprilis Ao 97

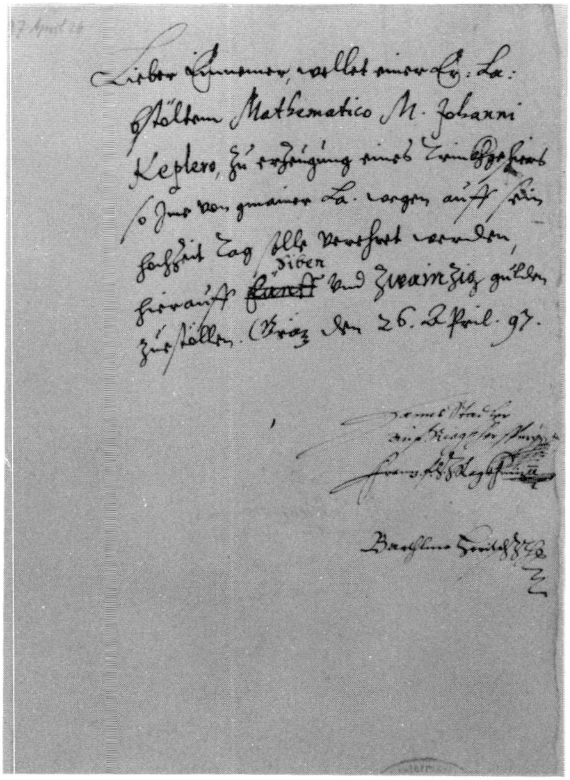
Lieber Einnemer, wollet einer E. La: gestalten Mathematico M. Johanni Keplero, zu verehrung eines Trinckgeschirr so Ime von gmainer La. wegen auff sein hochzeit Tag solle verehrt werden, hierauff ~~fünff~~ siben und zwainzig gulden zuestellen. Grätz den 26. April. 97.

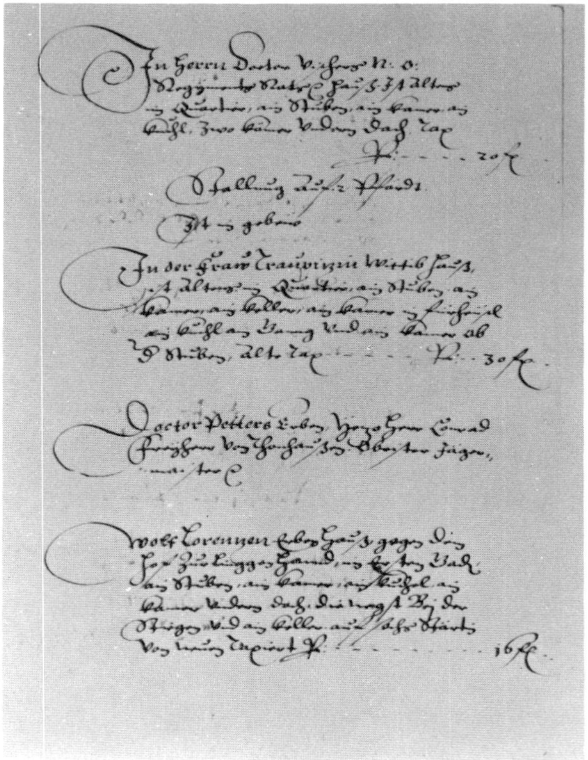

64 · Bildnisse von Johannes Kepler und seiner ersten Frau Barbara Müller (Ovale Medaillons, Öl auf Kupfer gemalt)

Keplers erste Frau Barbara, zur Zeit der Heirat 23 Jahre alt, war eine Tochter des in Gössendorf (etwa 2 Wegstunden südlich von Graz) ansässigen Mühlenbesitzers Jobst Müller. Sie hatte in erster Ehe den Wolf Lorenz, in zweiter den Marx Müller zum Mann gehabt.

Der „landschaftliche Mathematiker und Kalendermacher" Kepler hatte neben dem Unterricht an der Landschaftsschule auch den von dem „landschaftlichen Buchdrucker" Hans Schmidt hergestellten Kalender zu verfassen. 6 Kalender schrieb Kepler während seiner Grazer Zeit, von denen 4 erhalten blieben; der früheste davon ist der für das Jahr 1597 (65). Die Kalender für 1596 und 1597 druckte mit Genehmigung der Verordneten der von München zugewanderte katholische Hofbuchdrucker G. Widmanstetter, da Schmidt außer Landes weilte.

Schreib Calender
Auff das Jahr
nach des Herrn Christi unsers Erlösers Geburt/

M. D. XCVII.

Gestelt/
Durch M. Ioannem Keplerum,
Einer Ersamen Landtschafft des Hertzogthumbs Steyr Mathematicum.

Auff des Poli Borealis höhe
G. 46. M. 54.

Gedruckt zu Grätz in Steyr/bey Georg Widmanstetter.

65 · Titelblatt zum Schreibkalender Keplers für das Jahr 1597

Ein Kalender bestand aus 2 Teilen: dem eigentlichen Calendarium und einem Prognosticum oder einer Praktik. Besonders begierig erwarteten die Leser den 2. Teil, der aus den Himmelsvorgängen nach astrologischen Regeln abgeleitete Voraussagen für das künftige Jahr über das politische Geschehen, über Naturereignisse und Wetteraussichten enthielt. Gerade die in Keplers erstem Kalender für 1595 gemachten Prophezeiungen dieser Art trafen so ins Schwarze, daß er damit nicht nur seinen guten Ruf als Kalendermacher begründete, sondern auch Selbstvertrauen zu seinem astrologischen Instinkt gewann. Dabei entwickelte er mehr und mehr seine eigene, wesentlich auf quantitativen, mathematisch belegbaren Aussagen aufgebaute Welt- und Himmelsschau. Nicht zuletzt stellte das Kalendermachen für Kepler eine willkommene Aufbesserung seines an sich geringen Gehaltes dar.

Kepler erwarb sich Freunde und Gönner in allen Lagern: unter den Ständemitgliedern, von denen „gerade die Klügsten ihn gern hatten und häufig seine Unterhaltung bei den Mahlzeiten suchten“, wie unter den Jesuiten. Den Herren und Rittern evangelischer und calvinistischer Richtung widmete er seine Werke (66) ebenso wie dem Bischof Chrön von Laibach. Seine menschlichen und wissenschaftlichen Beziehungen waren nicht durch Grenzpfähle nach Standes- und Konfessionszugehörigkeit eingeengt.

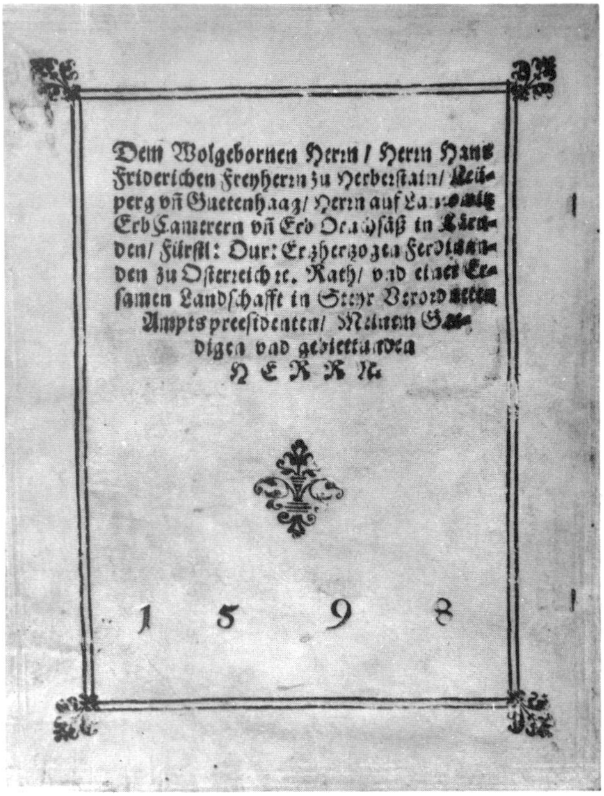

66 · Pergamenteinband des „Mysterium Cosmographicum“ mit aufgepreßter Widmung Keplers an Hans Friedrich v. Herberstein in vergoldeten Buchstaben (1598)

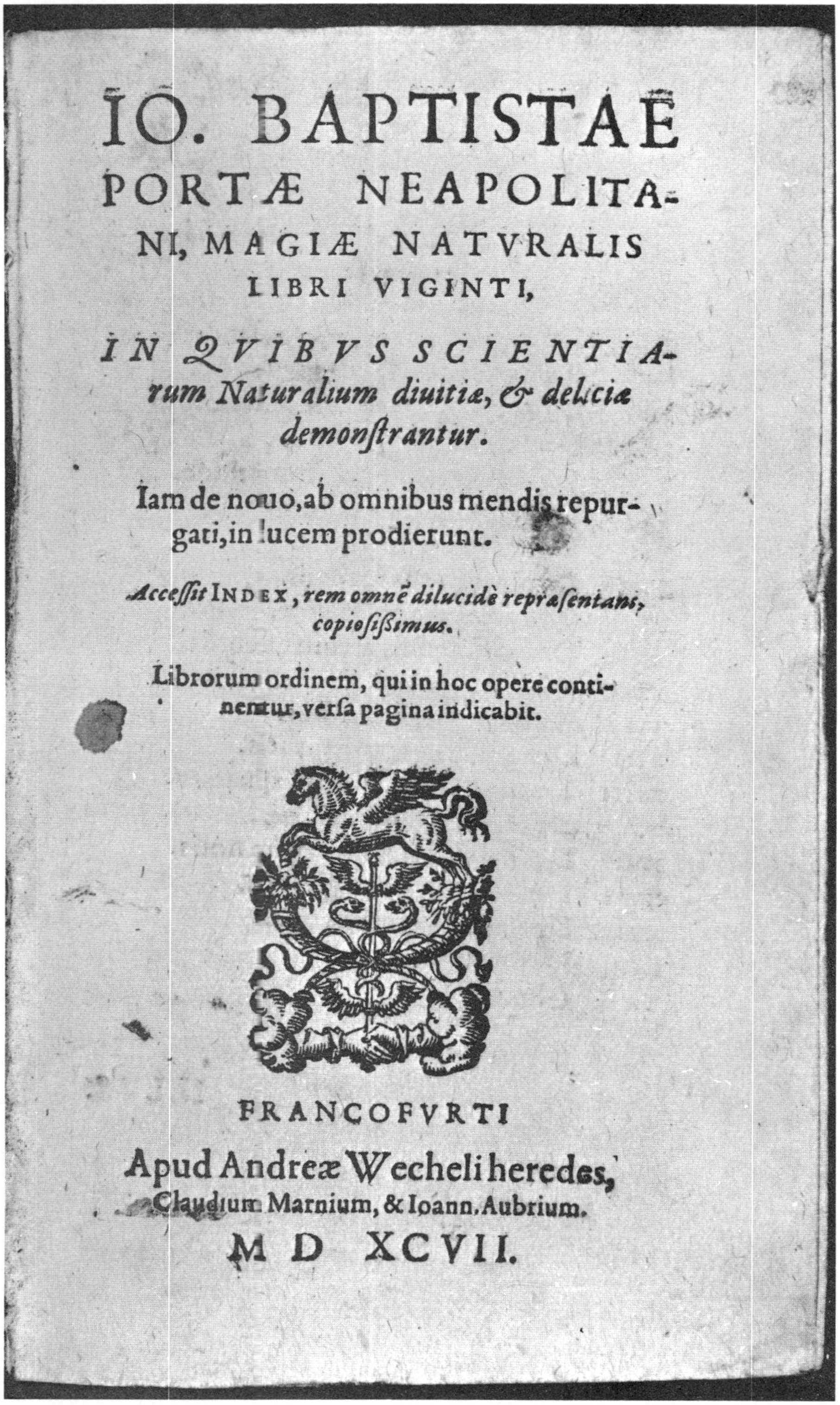

IO. BAPTISTAE
PORTÆ NEAPOLITA-
NI, MAGIÆ NATVRALIS
LIBRI VIGINTI,

*IN QVIBVS SCIENTIA-
rum Naturalium diuitiæ, & deliciæ
demonstrantur.*

Iam de nouo, ab omnibus mendis repur-
gati, in lucem prodierunt.

Accessit INDEX, *rem omnē dilucidè repræsentans,
copiosissimus.*

Librorum ordinem, qui in hoc opere conti-
nentur, versa pagina indicabit.

FRANCOFVRTI
Apud Andreæ Wecheli heredes,
Claudium Marnium, & Ioann. Aubrium.
M D XCVII.

67 · Titelseite der Schrift „Magia naturalis“ von J. B. Porta (Frankfurt, 1597)

68 · Keplers Darstellung eines pneumatischen Wasserhebers (Zeichnung, um 1597)

Zu hydraulischen Versuchen angeregt wurde Kepler durch die 1597 in Frankfurt erschienene Schrift von Joh. Bapt. Porta: „Magia naturalis“, deren 19. Buch von pneumatischen Experimenten handelt (67).
In Gesprächen mit dem Kammerpräsident und Bergwerksbesitzer Ludwig von Dietrichstein sowie dem Bergwerkspräfekt Adler entwickelte er seine Gedanken darüber, wie man durch Verbesserungen der Porta'schen Vorschläge einen Apparat entwickeln könnte, der mittels Saugwirkung das Wasser aus den Bergwerksstollen heben sollte. Seine Versuche zum automatischen Betrieb einer solchen Anlage verliefen jedoch erfolglos (68).

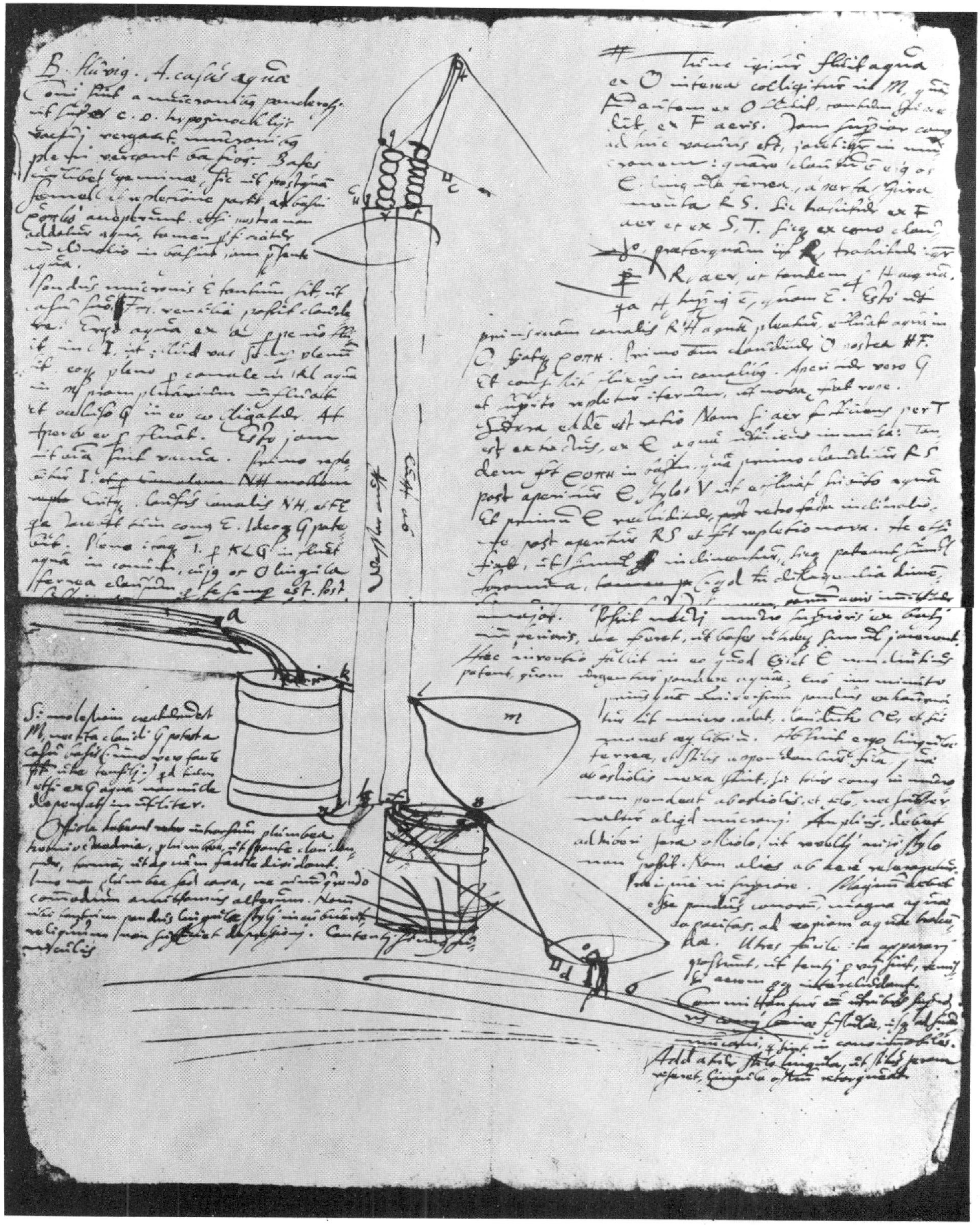

Doch schon bald danach kam ihm ein glänzender Einfall, der sich beim Experimentieren bewährte: 2 in einem engen Kasten angebrachte „Wellen mit je 6 Hohlkehlen" – wir sagen heute Zahnräder – werden mit einer Kurbel so angetrieben, daß die ineinander greifenden Zähne über die halbhohlen Rundungen das Wasser befördern.

Ventile waren keine mehr nötig. Damit hat Kepler die Zahnradpumpe sofort in der grundsätzlich endgültigen Form gebaut, die sie heute noch z.B. als Ölpumpe im Automotor aufweist (69).

Wohl durch Vermittlung Adlers kam Kepler um ein Privileg für seine „Invention" ein. Der Schutz für seine Pumpe ohne Ventile sollte sich erstrecken auf „bergwerckhe, schiffe, brunwerckhe, zu wasser oder zu lufft treiben, oder wetter in die schacht zubringen, dan es auch zu grossen plasbälgen sehr dienstlich" (70).

Die geschickte Hand von Jost Bürgi fertigte 1604 ein für den Kaiser bestimmtes Modell der Keplerschen Pumpe in Form eines „lustigen Kunstbrünnleins".

In der Folgezeit kam Keplers „Wasserkunst" – so nannte man die Maschine – im Betrieb von Brunnen und Entwässerungsanlagen in Gebrauch, der Name des Erfinders jedoch geriet in Vergessenheit. Schließlich tauchte die Zahnradpumpe als „Machina Pappenheimiana" auf, ohne daß gesagt werden könnte, wie sie zu diesem Namen gekommen ist.

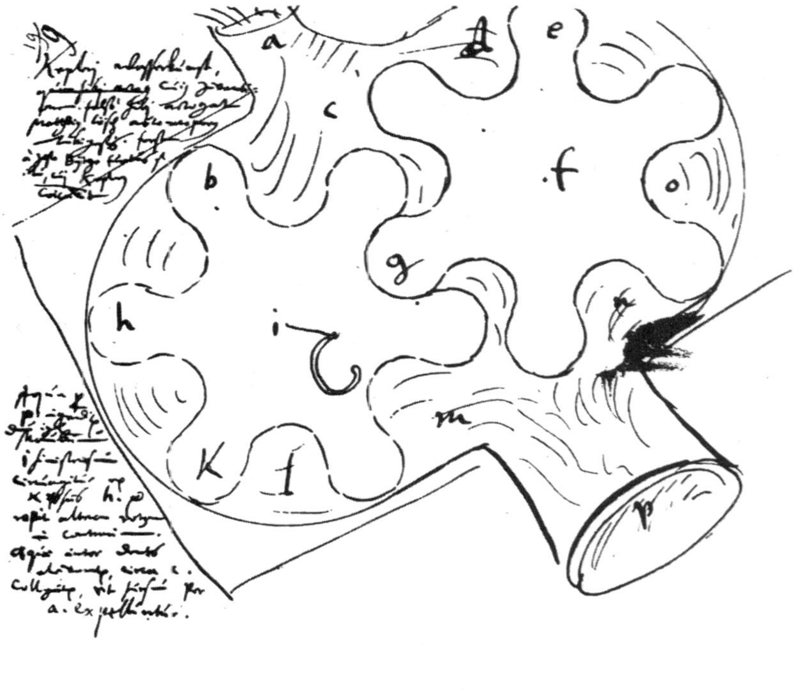

69 · Skizze von Keplers Zahnradpumpe (angefertigt von W. Schickard um 1617)

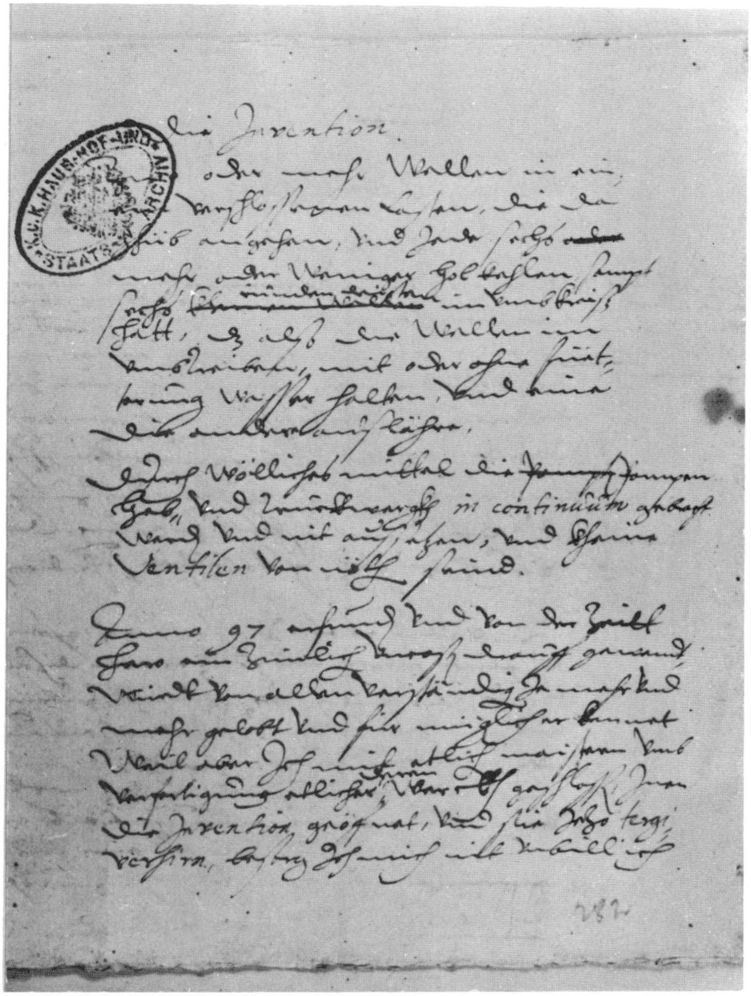

70 · Erste Seite aus der Eingabe Keplers um ein Privileg für die von ihm erfundene Pumpe ohne Ventile (um 1604)

Kepler beabsichtigte, die Idee seines „Weltgeheimnissis" in Gestalt eines Kredenzbechers für die Kunstkammer des württembergischen Herzogs herstellen zu lassen. In der Freude an seinem astronomischen „Inventum" dachte er an Pythagoras, der, „da er die vergleichung subtensae et laterum rectanguli, die da einen Grund der ganzen Geometriae in sich helt, erdacht, hundert Ochsen geopfert" habe. In diesem Modell sollten die Planeten aus verschiedenen Edelsteinen geschnitten werden und aus 7 mit den Planetenbildern verdeckten Zapfen 7 verschiedene Getränke entnommen werden können. Der Herzog fand Gefallen an dem Vorschlag, den er auf seine Kosten in Stuttgart auszuführen befahl.

Im weiteren Verlauf trat an die Stelle des Trinkbechers ein kunstvolles Planetarium, in dem neben der Darstellung der Abstandsverhältnisse der Planeten mit Hilfe der Vielflächner vor allem die Bewegung der Planeten um die Sonne ersichtlich gemacht und dazu ein Triebwerk angebracht werden sollte. In verschiedenen Skizzen zeichnete Kepler auf, wie er sich den Einbau der Bewegungsmechanismen verwirklicht dachte (71). Die technischen Schwierigkeiten der Ausführung jedoch, vor die sich die Stuttgarter Goldschmiede gestellt sahen – z. B. die Herstellung von Rädern mit einer so riesigen Zahl von Zähnen –, aber auch die ungenauen Angaben Keplers über die Gestaltung des Werks vereitelten den Plan. Die Verhandlungen zogen sich von 1596 bis 1600 hin.

71 · Zeichnung Keplers mit Beschreibung zum „Planetarium“ (6. Januar 1598)

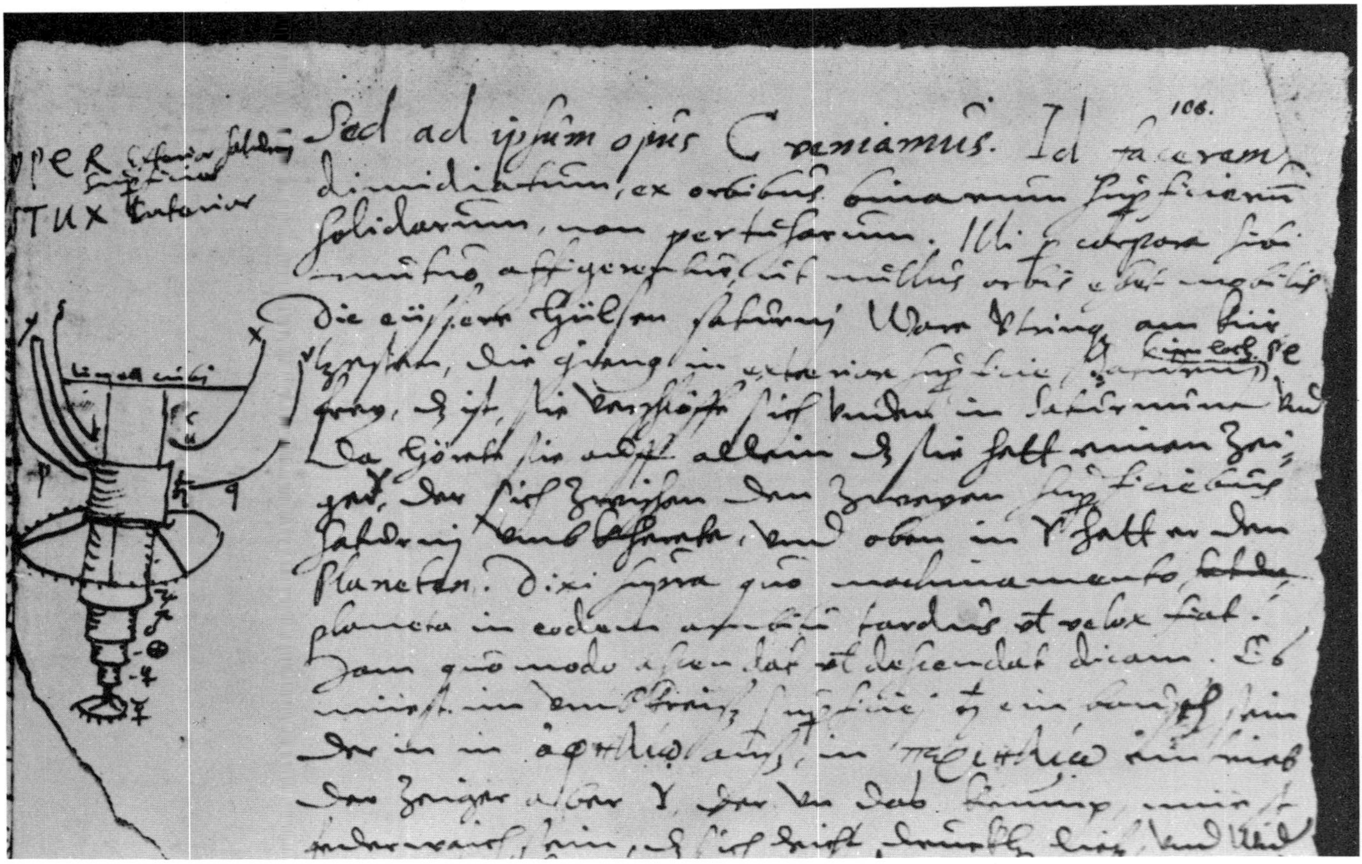

Eine neue Entdeckung glückte Kepler anläßlich der Beobachtung der Sonnenfinsternis vom 10. Juli 1600: Konnte man bis dahin keine Ursache für die scheinbare Verkleinerung des Monddurchmessers bei Sonnenfinsternissen herausfinden, so lieferte Kepler nach Beseitigung einer alten Unklarheit aus der Optik den Nachweis, daß nicht der Mond kleiner wird, sondern daß der Bereich der leuchtenden Sonne wegen der unscharfen Lochabbildung sich über den Schattenrand des Mondes erstreckt. Aus dieser ersten Beschäftigung mit optischen Problemen entwickelte sich der Gedanke zu seiner 1604 erschienenen „Optik".

Statt der bis dahin üblichen Projektion des Sonnenbildes auf einem Schirm mit der „Camera obscura" hatte Kepler zur Beobachtung der Sonnenfinsternis ein neues Instrument konstruiert und auf dem Marktplatz in Graz aufgebaut: an einem festen Gestell ist ein langer Stab so gehaltert, daß er durch Neigung und Drehung jeweils in die Richtung auf die Sonne eingestellt werden kann. Er trägt am oberen Ende eine undurchsichtige Scheibe mit einem feinen Loch, am unteren Ende eine mit weißem Papier bedeckte Scheibe, auf welcher das Lochbild der Sonne erscheint und ausgemessen oder nachgezeichnet werden kann. Abzulesen waren Azimut und Höhe der eingestellten Richtung.

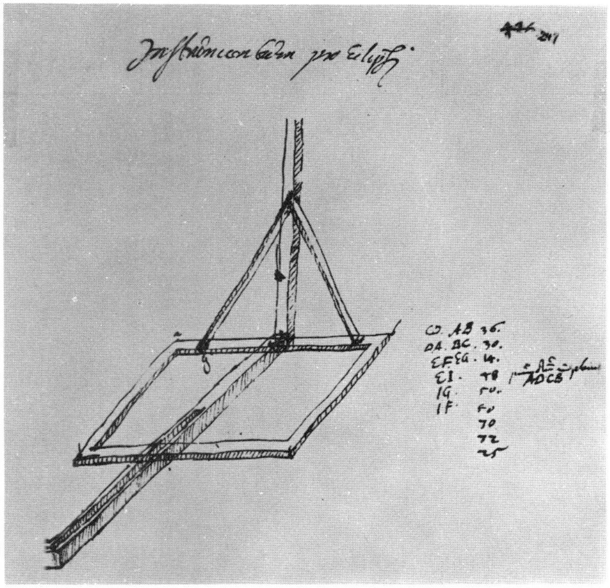

72 · Eigenhändige Skizze Keplers zu seinem „Ekliptik-Instrument" (1600)

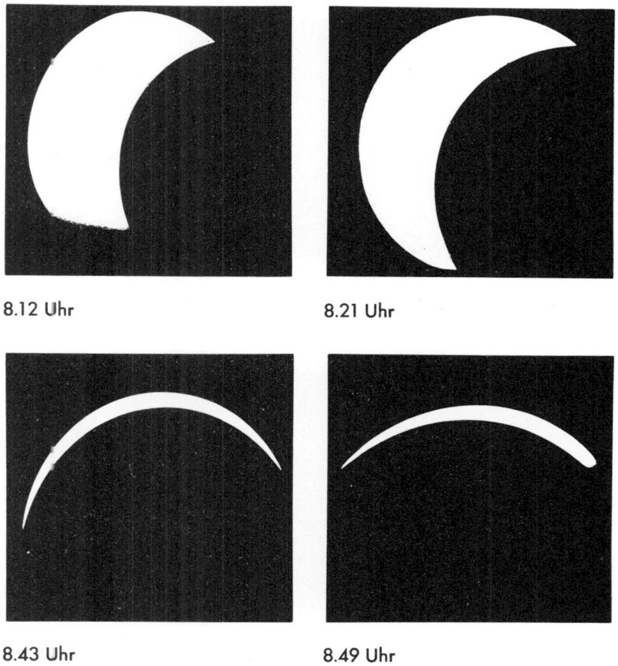

73 · Beobachtung der Sonnenfinsternis vom 15. Februar 1961

Ebenso ließ sich der Zeitpunkt jeder Aufnahme durch eine Marke am Rahmen des Instruments festhalten (72).
Im Prinzip findet das Verfahren Keplers heute noch Anwendung, wenn hinter das Fernrohrokular ein Schirm gesetzt wird; das auf ihm entstehende Bild der Verfinsterung wird während ihres Verlaufs photographiert (73).
Launig berichtet Kepler zu dieser Finsternis: „Während ich auf die Herstellung eines Instruments und auf die Errichtung des Gestells unter freiem Himmel bedacht war, hat ein anderer ebenfalls die Gelegenheit wahrgenommen, um eine andere Finsternis zu erforschen; er hat zwar nicht bei der Sonne, aber in meinem Geldbeutel ein Schwinden verursacht, indem er mir 30 Gulden weggenommen hat. Wahrlich eine teure Finsternis!“ (74).
Anfang Juli 1600 überreichte Kepler Erzherzog Ferdinand eine kleine Denkschrift über die bevorstehende Finsternis. Mit dieser astronomischen Gabe wollte er dem Fürsten nahelegen, ihn in einer ähnlichen Stellung wie sie Brahe bei Kaiser Rudolph innehatte, in Dienst zu nehmen.

74 · Kepler an Michael Mästlin (9. September 1600)

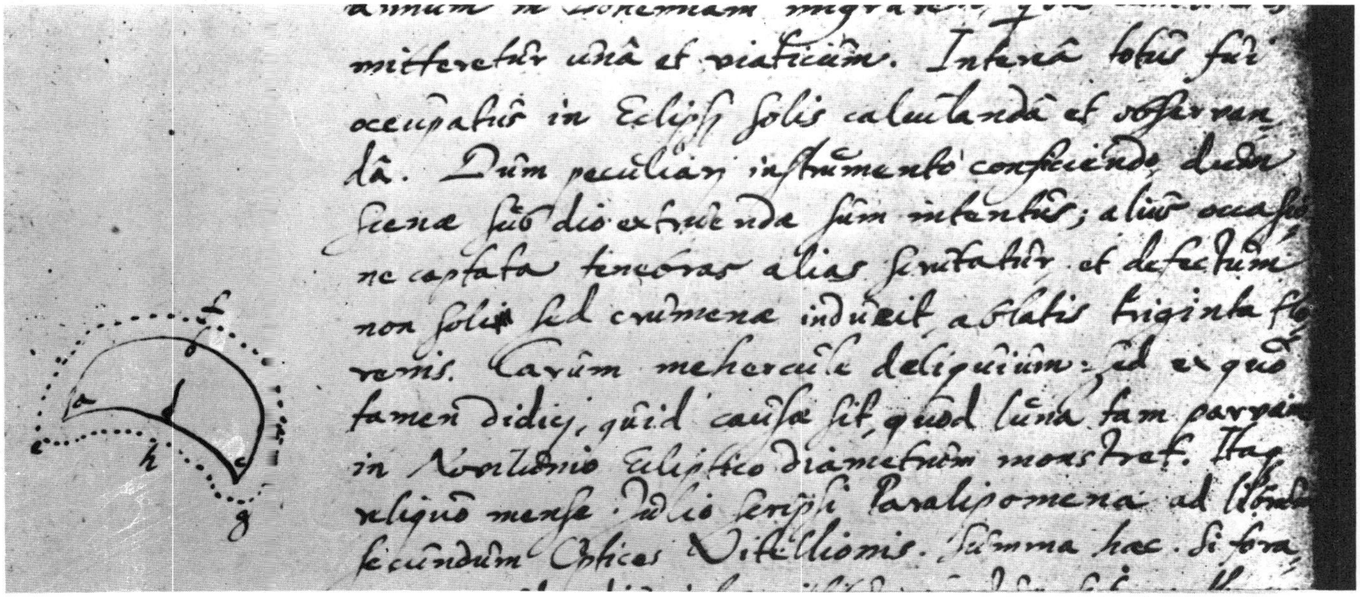
mitteretur unâ et viaticum. Interea totus fui
occupatus in Eclipsi Solis calculanda et observan-
dâ. Dum peculiari instrumento conficiendo, deinde
Scena sub dio extruenda sum intentus; alius occasio-
ne captata tenebras alias scrutatur et defectum
non solis sed crumenae induxit ablatis triginta flo-
renis. Carum mehercule deliquium: sed ex quo
tamen didici, quid causae sit, quod Luna tam parvam
in Novilunio Ecliptico diametrum monstret. Itaque
reliquo mense Julio scripsi Paralipomena ad librum
secundum Opticae Vitellionis. Summa haec. Si fora

Dies war die Zeit, da der Fürst bereits die Auflösung des evangelischen Kirchen- und Schulministeriums in Graz verfügt hatte. Zwar blieb „der Mathematiker“ von der Entlassung ausdrücklich ausgenommen; doch bei der eigentlichen Durchführung der Gegenreformation unter den Bürgern der Stadt hätte Kepler nur mit einem bedingungslosen Übertritt zum katholischen Glauben bestehen können. Diesen um eines Vorteils willen und gegen seine innere Überzeugung vorzunehmen, widersprach seiner aufrechten Gesinnung.
Am 7. August wurde Kepler endgültig aus Graz ausgewiesen. Er nahm das schwere Los auf sich ohne Auflehnung gegen seinen fürstlichen Herrn, dem als territoriale Obrigkeit das Recht zustand, das Bekenntnis seiner Untertanen zu bestimmen. Der gleiche Fürst, 1619 zum Kaiser erhoben, bestätigte Kepler als kaiserlichen Mathematiker.
Auf Grund der mit Tycho Brahe zu Beginn des Jahres 1600 getroffenen Abmachungen begab sich Kepler nach Prag, wo er am 19. Oktober 1600 mit Frau, Stieftochter und der ganzen Haushaltung eintraf.

76 · Erzherzog-Ferdinand-Taler (Münzstätte Graz 1617)

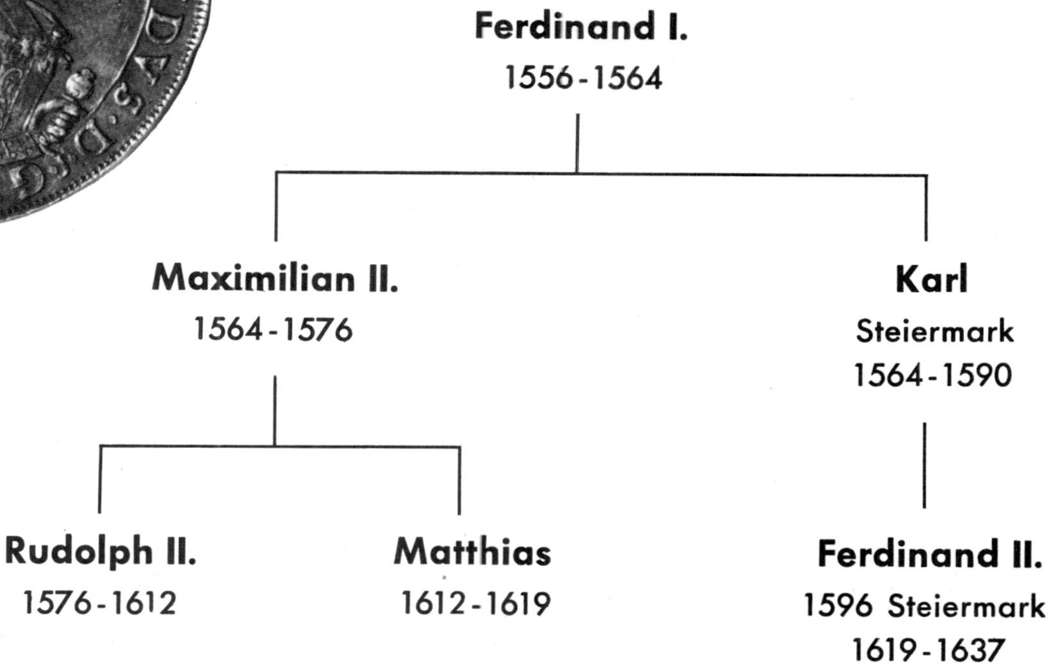

75 · Stammbaum der österreichischen Kaiser

77 · Ansicht von Prag. Philipp van den Bossche: Ausschnitt aus dem Prospekt von Prag von Egidius Sadeler, 1606 (Stich von J. Wechter)

PRAGA
MVLTAVIA FLVVIVS

78 · Initiale aus der „Astronomia Nova“ (1609)

Prag, Hauptstadt des Reiches und Residenz des Kaisers, präsentierte sich Kepler als Mittelpunkt regen Kunstschaffens, kommerzieller Betriebsamkeit und politischer Aktivität. Daß die Stadt an der Moldau zur Wiege der „Neuen Astronomie“ wurde, verdankt sie Kaiser Rudolf II., der mit Brahe und Kepler die Männer an seinen Hof rief, deren gemeinsames Wirken eine Sternstunde in der Geschichte der Astronomie genannt werden kann.

79 · Ausschnitt aus J. G. Doppelmaiers „Atlas coelestis“ (Nürnberg, 1742)

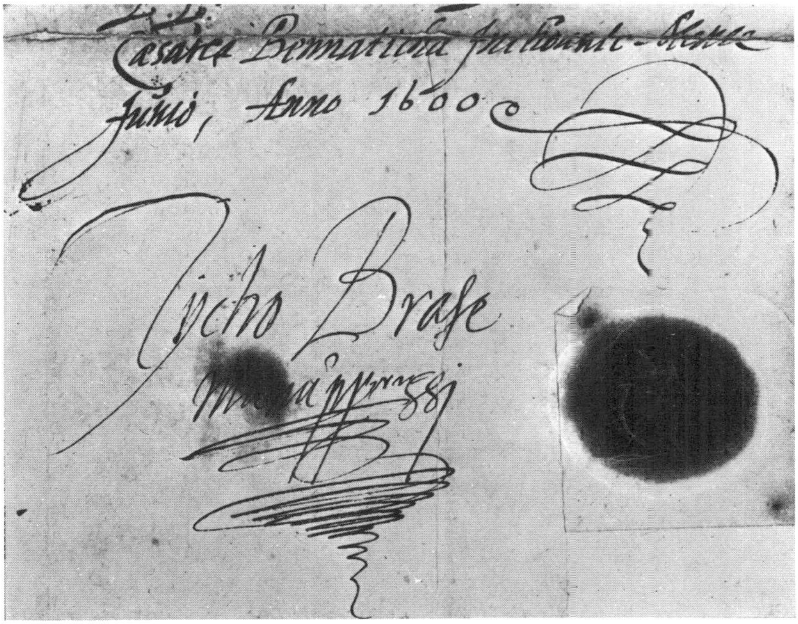

80 · Unterschrift von Tycho Brahe

Als Tycho Brahe im Juni 1599 nach Prag kam, hatte er die Höhe des Lebens überschritten und war dabei, die Ernte eines ertragreichen Schaffens einzubringen. Hinter ihm lagen 20 Jahre im Dienste der Astronomie auf der Insel Hven.

Ähnlich wie Kepler interessierte sich der Kopenhagener Student Brahe schon während der Vorsemester zum Studium der Jurisprudenz für die Astronomie. Am 30. November 1560 erwarb er für 2 Joachimstaler die Werke von Ptolemaeus (81). Bald benützte er auch die auf dem ptolemäischen Planetensystem beruhenden Alphonsinischen, sowie die auf Kopernikus gegründeten Prutenischen Tafeln. Dabei stellte er fest, daß die mit diesen Tafeln berechneten Örter der Planeten beträchtlich von den beobachteten abwichen. Er gelangte zu der Überzeugung, daß richtige Tafeln der Planetenbewegung nur aus einer langen Reihe systematischer Beobachtungen abgeleitet werden könnten, ein Gedanke, auf den vor ihm noch niemand gekommen zu sein scheint.

81 · Titelseite der „Opera“ von Claudius Ptolemaeus, Basel, 1551 (aus dem Besitz von Tycho Brahe)

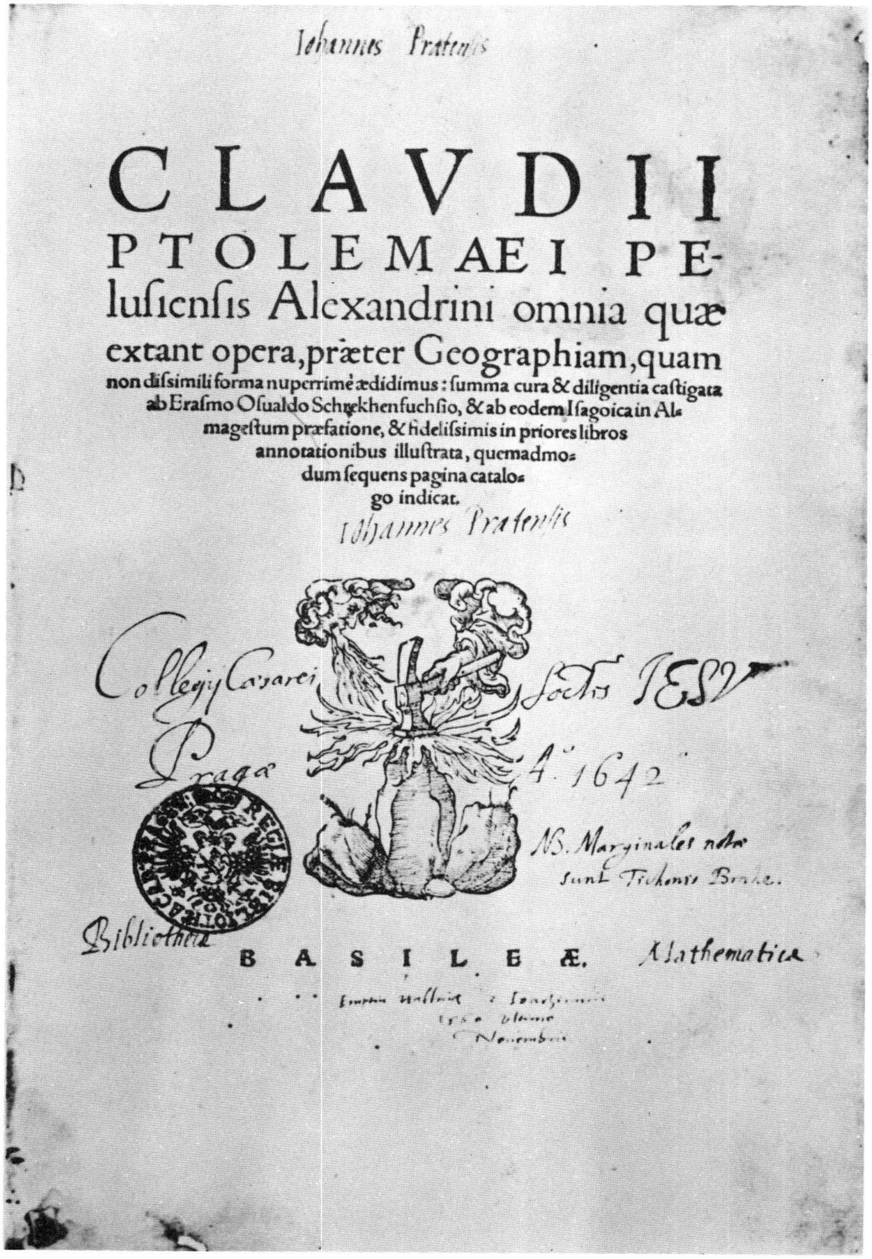
Iohannes Pratensis

CLAVDII PTOLEMAEI PE-
lusiensis Alexandrini omnia quæ
extant opera, præter Geographiam, quam
non dissimili forma nuperrimè ædidimus: summa cura & diligentia castigata
ab Erasmo Osualdo Schrekhenfuchsio, & ab eodem Isagoica in Al-
magestum præfatione, & fidelissimis in priores libros
annotationibus illustrata, quemadmo-
dum sequens pagina catalo-
go indicat.

Iohannes Pratensis

Collegij Caesarei Soc.tis IESV
Pragae A.o 1642

NB. Marginales notae
sunt Tichonis Brahe.

Bibliotheca Mathematica

BASILEÆ.

Zu seiner ersten Beobachtung — einer Konjunktion von Saturn und Jupiter im August 1563 — benützte Brahe einen Zirkel, dessen Drehpunkt er ans Auge hielt, während er je einen Schenkel auf je einen Planeten richtete. Nicht lange danach beobachtete er mit einem Jakobstab (82). Am Abend des 11. November 1572 erblickte Brahe erstmals den sehr hellen neuen Stern im Sternbild der Cassiopeia. Die Entfernung der Nova von den 9 hellsten Sternen dieses Sternbildes maß er mit einem Sextanten. Dabei gelangte er zu der das aristotelische Dogma von der Unveränderlichkeit des Himmels erschütternden Feststellung, daß die Erscheinung ein Gebilde eben jener Region und nicht unseres als unveränderlich geltenden sublunaren Bereichs sei.

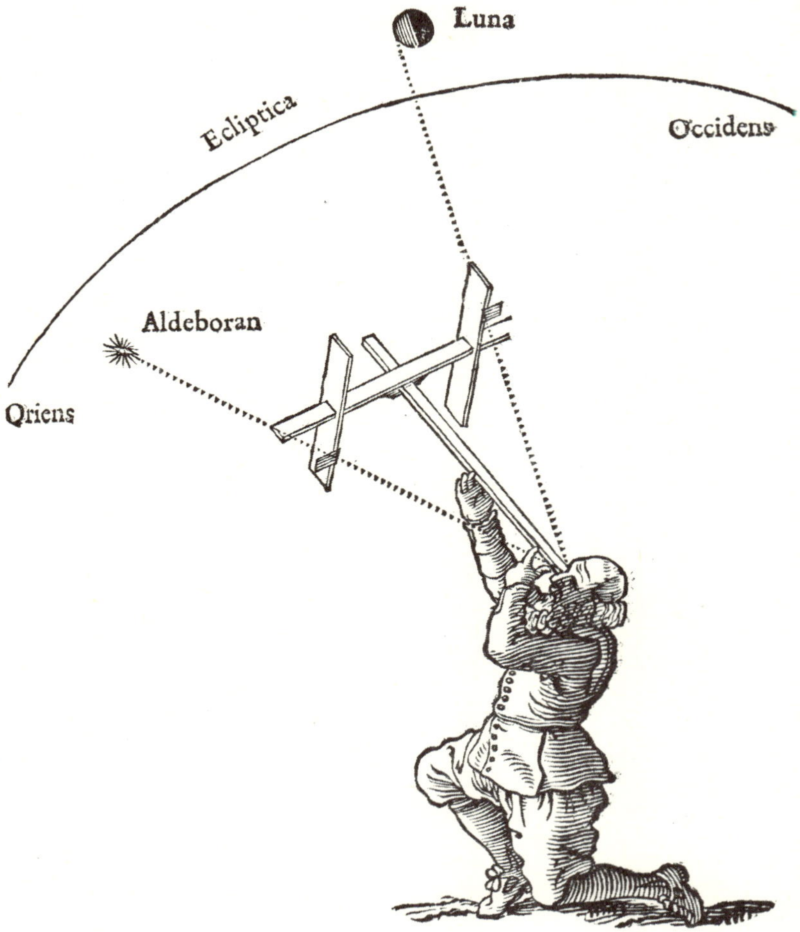

82 · Beobachtung mit dem Jakobstab (aus der „Astronomia Danica" von Ch. S. Longomontanus (Amsterdam, 1622)

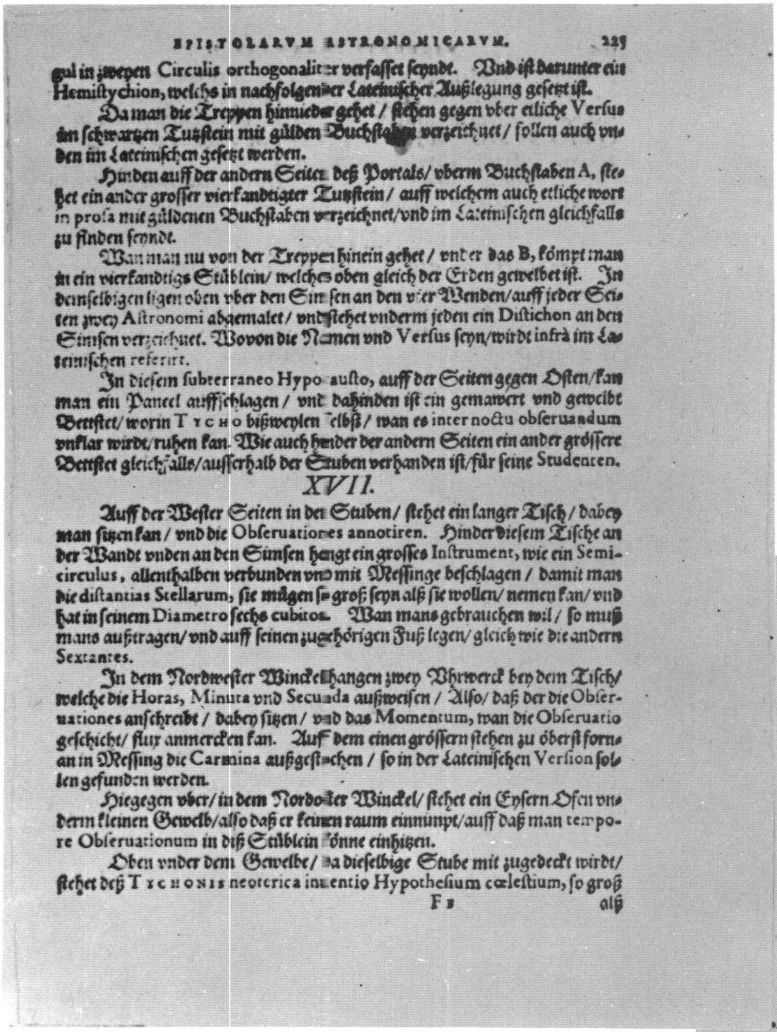

EPISTOLARVM ASTRONOMICARVM. 225

gal in zweyen Circulis orthogonaliter verfasset seyndt. Vnd ist darunter ein Hemistychion, welchs in nachfolgender Lateinischer Außlegung gesetzt ist.

Da man die Treppen hinnieder gehet / stehen gegen vber etliche Versus im schwartzen Tutzstein mit gülden Buchstaben verzeichnet / sollen auch vnden im Lateinischen gesetzt werden.

Hinden auff der andern Seiten deß Portals / vberm Buchstaben A, stehet ein ander grosser vierkandtigter Tutzstein / auff welchem auch etliche wort in prosa mit güldenen Buchstaben verzeichnet / vnd im Lateinischen gleichfalls zu finden seyndt.

Wan man nu von der Treppen hinein gehet / vnder das B, kömpt man in ein vierkandtigs Stüblein / welches oben gleich der Erden gewelbet ist. In demselbigen ligen oben vber den Simsen an den vier Wenden / auff jeder Seiten zwey Astronomi abgemalet / vnd stehet vnderm jeden ein Distichon an den Simsen verzeichnet. Wovon die Namen vnd Versus seyn / wirdt infrà im Lateinischen referirt.

In diesem subterraneo Hypocausto, auff der Seiten gegen Osten / kan man ein Paneel auffschlagen / vnd dahinden ist ein gemawert vnd gewelbt Bettstet / worin TYCHO bißweylen selbst / wan es inter noctu obseruandum vnklar wirdt / ruhen kan. Wie auch hinder der andern Seiten ein ander grössere Bettstet gleichfalls / ausserhalb der Stuben verhanden ist / für seine Studenten.

XVII.

Auff der Wester Seiten in der Stuben / stehet ein langer Tisch / dabey man sitzen kan / vnd die Obseruationes annotiren. Hinder diesem Tische an der Wandt vnden an den Simsen hengt ein grosses Instrument, wie ein Semicirculus, allenthalben verbunden vnd mit Messinge beschlagen / damit man die distantias Stellarum, sie mögen so groß seyn alß sie wollen / nemen kan / vnd hat in seinem Diametro sechs cubitos. Wan mans gebrauchen wil / so muß mans außtragen / vnd auff seinen zugehörigen Fuß legen / gleich wie die andern Sextantes.

In dem Nordwester Winckel hangen zwey Vhrwerck bey dem Tisch / welche die Horas, Minuta vnd Secunda außweisen / Also / daß der die Obseruationes anschreibt / dabey sitzen / vnd das Momentum, wan die Obseruatio geschicht / flux anmercken kan. Auff dem einen grössern stehen zu öberst fornan in Messing die Carmina außgestochen / so in der Lateinischen Version sollen gefunden werden.

Hiegegen vber / in dem Nordoster Winckel / stehet ein Eysern Ofen vndern kleinen Gewelb / also daß er keinen raum einnimpt / auff daß man tempore Obseruationum in diß Stüblein könne einhitzen.

Oben vnder dem Gewelbe / da dieselbige Stube mit zugedeckt wirdt / stehet deß TYCHONIS neoterica inuentio Hypothesium cœlestium, so groß

F 2 alß

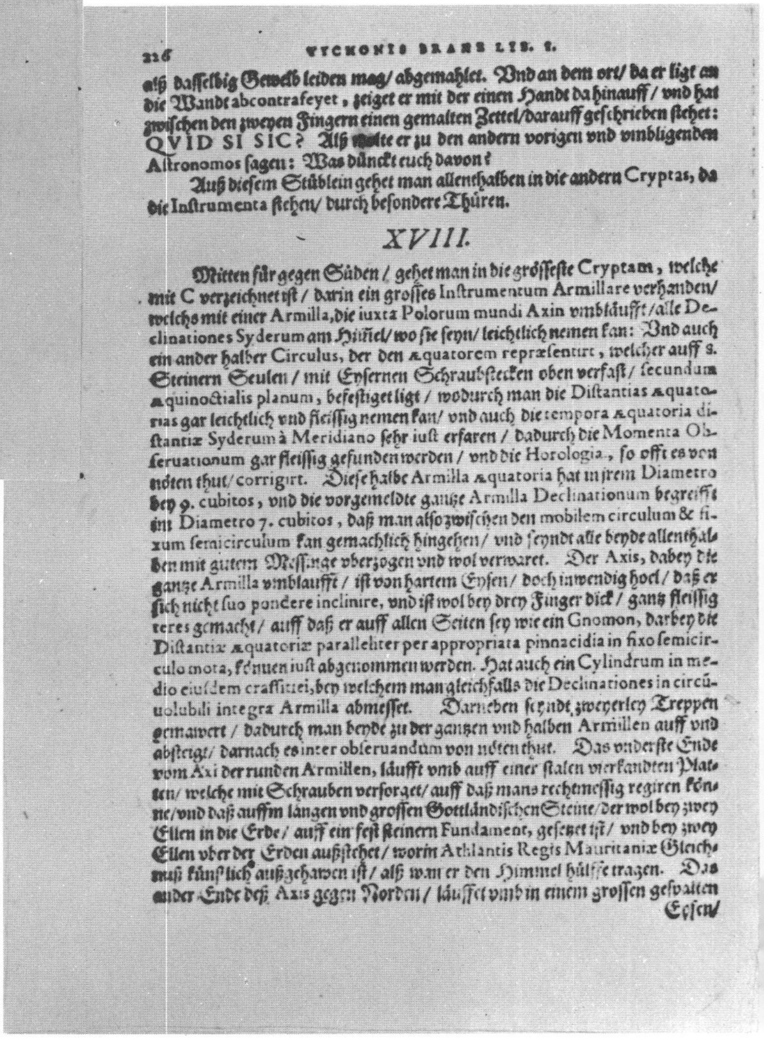

226 TYCHONIS BRAHE LIB. I.

alß dasselbig Gewelb leiden mag / abgemahlet. Vnd an dem ort / da er ligt an die Wandt abcontrafeyet, zeiget er mit der einen Handt da hinauff / vnd hat zwischen den zweyen Fingern einen gemalten Zettel / darauff geschrieben stehet: QVID SI SIC? Alß wolte er zu den andern vorigen vnd vmbligenden Astronomos sagen: Was dünckt euch davon?

Auß diesem Stüblein gehet man allenthalben in die andern Cryptas, da die Instrumenta stehen / durch besondere Thüren.

XVIII.

Mitten für gegen Süden / gehet man in die grösseste Cryptam, welche mit C verzeichnet ist / darin ein grosses Instrumentum Armillare verhanden / welchs mit einer Armilla, die iuxta Polorum mundi Axin vmbläufft / alle Declinationes Syderum am Himmel / wo sie seyn / leichtlich nemen kan: Vnd auch ein ander halber Circulus, der den æquatorem repræsentirt, welcher auff 8. Steinern Seulen / mit Eysernen Schraubstecken oben verfast / secundum æquinoctialis planum, befestiget ligt / wodurch man die Distantias æquatorias gar leichtlich vnd fleissig nemen kan / vnd auch die tempora æquatoria distantiæ Syderum à Meridiano sehr iust erfaren / dadurch die Momenta Obseruationum gar fleissig gefunden werden / vnd die Horologia, so offt es von nöten thut / corrigirt. Diese halbe Armilla æquatoria hat in jrem Diametro bey 9. cubitos, vnd die vorgemeldte gantze Armilla Declinationum begreifft im Diametro 7. cubitos, daß man also zwischen den mobilem circulum & fixum semicirculum kan gemachlich hingehen / vnd seyndt alle beyde allenthalben mit gutem Messinge vberzogen vnd wol verwaret. Der Axis, dabey die gantze Armilla vmblaufft / ist von hartem Eysen / doch inwendig hoel / daß er sich nicht suo pondere inclinire, vnd ist wol bey drey Finger dick / gantz fleissig teres gemacht / auff daß er auff allen Seiten sey wie ein Gnomon, darbey die Distantiæ æquatoriæ paralleliter per appropriata pinnacidia in fixo semicirculo mota, können iust abgenommen werden. Hat auch ein Cylindrum in medio eiusdem crassitiei, bey welchem man gleichfalls die Declinationes in circulo volubili integra Armilla abmesset. Darneben seyndt zweyerley Treppen gemawert / dadurch man beyde zu der gantzen vnd halben Armillen auff vnd absteigt / darnach es inter obseruandum von nöten thut. Das vnderste Ende vom Axi der runden Armillen, läufft vmb auff einer stalen vierkandten Platten / welche mit Schrauben versorget / auff daß mans rechtmessig regiren könne / vnd daß auffm langen vnd grossen Gottländischen Steine / der wol bey zwey Ellen in die Erde / auff ein fest steinern Fundament, gesetzet ist / vnd bey zwey Ellen vber der Erden außstehet / worin Athlantis Regis Mauritaniæ Gleichnuß künstlich außgehawen ist / alß wan er den Himmel hülffe tragen. Das ander Ende deß Axis gegen Norden / läufft vmb in einem grossen gespalten

Eysen/

83 · Zwei Seiten aus Brahes Beschreibung der Einrichtung in Uranienburg (1596)

Die Beobachtung des Neuen Sterns von 1572 gab Brahe den entscheidenden Anstoß, sein Leben ganz der Astronomie zu widmen. Landgraf Wilhelm IV. von Kassel vermittelte ihm bei König Friedrich II. von Dänemark ein Benefizium, das dem jungen Astronomen die Mittel abwarf, ganz seiner Wissenschaft leben zu können: die Belehnung mit der etwa 22 km nördlich von Kopenhagen gelegenen Insel Hven. Dort begann Brahe 1576 mit dem Bau seiner Sternwarte, der Uranienburg, in gotischer Renaissance, anscheinend aus rotem Backstein mit Sandsteinornamenten.
In diesem ersten Observatorium der Neuzeit beschäftigte Brahe zahlreiche Schüler und Assistenten, oft mehrere nebeneinander und über viele Jahre hinaus, die ihm beim Beobachten und Berechnen, in der eigenen Druckerei oder auch in seinem „chymischen" Laboratorium bei der Bereitung von Medikamenten halfen. Unter ihnen war Ch. S. Longomontanus der bekannteste. Eine ausgedehnte Korrespondenz, Besuche von Fürsten und Fachgelehrten förderten den Gedankenaustausch über wissenschaftliche Probleme.
Zuverlässigere Beobachtungen, davon war Brahe schon früh überzeugt, erhielt man nur dann, wenn man anstelle der bisher gebrauchten „kindlichen Werkzeuge" bessere Instrumente herstellte. Dieser Forderung kam er selbst insofern nach, als seine Instrumente solide gebaut, fest aufgestellt und mit genauigkeitssteigernden Vorrichtungen versehen waren. Sie wurden ständiger Kontrolle unterzogen. Um sie möglichst gegen Wind zu schützen, stellte Brahe sie in unterirdischen Räumen seiner zweiten, Stellaeburgum genannten Sternwarte auf und zwar so, daß nur die Dächer aus dem Boden ragten.

Die Bilder hierzu stehen auf den Farbtafeln (85–88, 98–99).

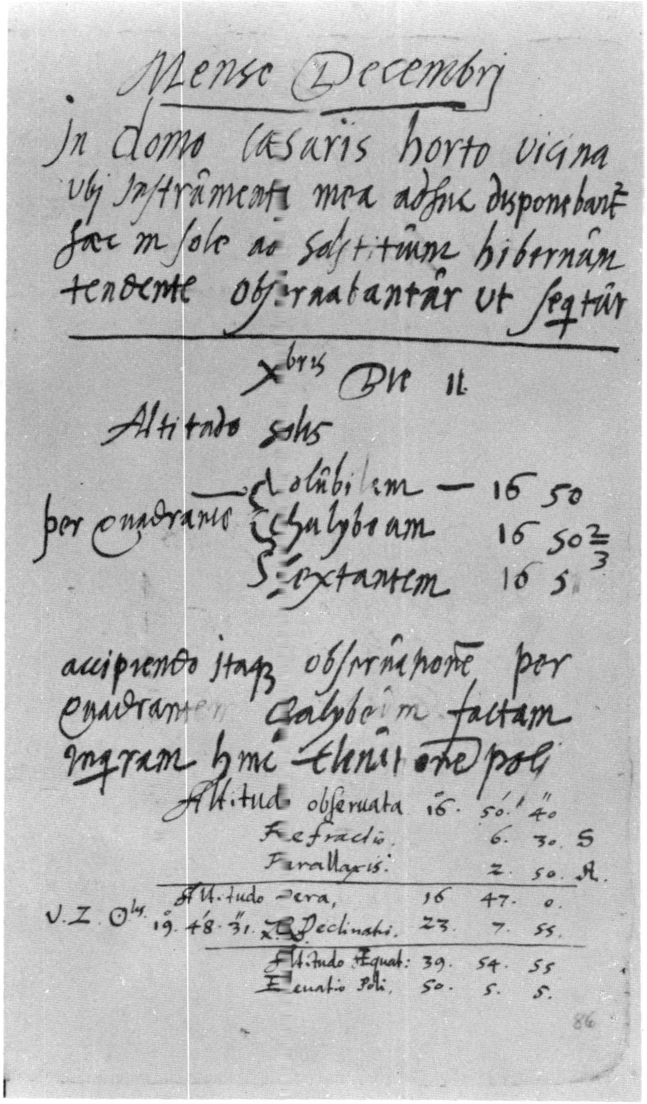

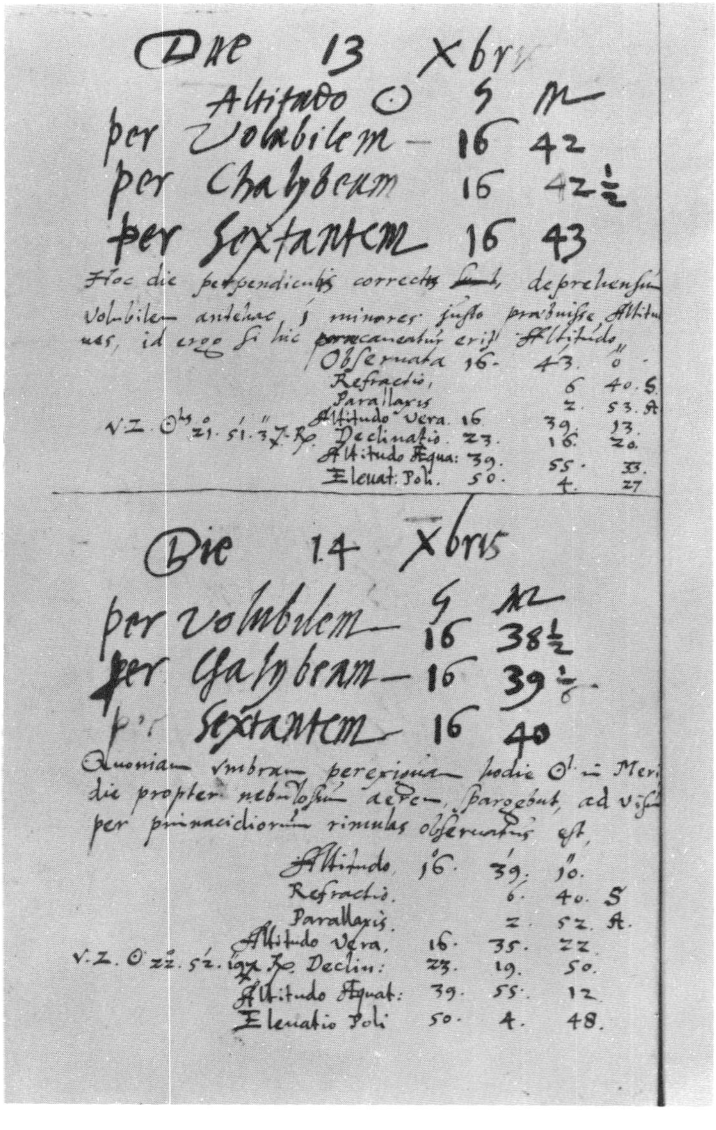

84 · Auszug aus Brahes Eintrag der Sonnenbeobachtungen vom 10. bis 14. Dezember 1600

85 · Tycho Brahe (Portrait von J. de Geyn, Holzschnitt, 1586)

EXPLICATIO HVIVS TOPOGRAPHIÆ.

COnſtituitur hæc Inſula in celeberrimo freto inclyti Regni Daniæ, quod Scaniam dividit à Zelandiâ, & videt MetropolinHaffniam verſus Lybanotum in diſtantiâ trium milliarium; Helſingoram, ubi Telonium eſt Regium, verſus Circium in remotione duorum milliarium; quæ duo in Zeelandiâ ſunt; Helſingburgo, quod exactè verſus Septentrionem eſt, etiam duobus diſtat, Landſcroniâ verſus Eurum ſaltem unico, quæ duo in Scaniâ ſita ſunt. Eſtque Inſula per ſe admodũ alta, ac ſi quis in montem aliquem aſcenderet, ſuperiùs tamen tota plana, habetq; in circuitu 8160. paſſus majores: Circa ejus meditullium, ubi Arcem Vraniburgum exædificavi, Poli elevatio; ſive, quod idem eſt, latitudo ab Aequatore G. 55. M. 54½. ſummâ accuratione à nobis ſæpius eſt deprehenſa. Longitudinem ejus aſſumpſimus partium 36. M. 45. habito nimirum reſpectu differentiæ Meridianorum, quibus uſi ſunt Ptolemæus & Copernicus; ac hujus, quâ fieri potuit, diligentiâ; quemadmodum in hac quadratâ quoq; figuratione Inſulæ delineationem comprehendente, hæc in unius Gradus Minutiis ſecundis ſubdiviſa ſunt. Cætera quæ in ipſâ Inſulâ cernuntur, ſic intelligenda: A. Arx Vraniburgum. B. Stellæburgum. C. Prædium Oeconomiæ deſtinatum. D. Officina artificum, Aſtronomica Inſtrumenta, & alia fabricantium. E. Mola alata. F. Pagus 40. circiter ruſticorum habitationes continens. G. Moletrina papyro conficiendæ inſerviens, ſimulq; frumentum terens, & inſuper pelles varias præparans: quæ tria opera unica eademq; maxima rota tam ſimul quàm diſiunctim perficit. H. Templum. I. Forum judiciale Ruſticorum. K. L. M. Piſcinæ majores, quarum L. Moletrinæ appropriata profundæ altitudinis eſt, & aggere incredibilis molis fundata, ut aquarum in copiâ, moletrinæ inſervientium ſit receptaculum. Hæ reliquæq; piſcinæ 60. circiter numero, magnam copiam piſcium diverſi generis continentes, in uſum dictæ moletrinæ facili negotio, quando opus fuerit, pro majori parte exonerantur. O. Pratum paluſtre, alnis aliquot aſſurgens. T. Paſcua arbuſtis nonnullis in locis conſita. N. Sylvula Corylorum littore Boreo opacata. P. Q. R. S. veſtigia 4. Arcium, quæ ibi olim extiterunt. Hanc Inſulam cùm laudatiſsimæ memoriæ Rex FRIDERICVS II. mihi ad vitam conceſsiſſet, idq; literis in membrana datis confirmaſſet, quò iſthic Aſtronomica competente otio peragerem (veluti & prius quoq; innuimus) ingentes labores & ſumptus in eam expendi, ut optimi illius Regis voluntati & Patriæ honori inſervirem, non ſolùm ædificiis ſplendidis & ſolidis in eâ, prout indicatum eſt, extructis; ſed & aquis quàm plurimis (ubi nihil tale anteà erat) hinc inde coàcervatis, quò moletrinam Papyro parandæ idoneam unâ iſthic ad littus maris conſtituerem, quæ papyrum Typographiæ meæ ibidem excultæ ſuppeditaret, nè è Germaniâ non ſine difficultate

86 · Die Insel Hven bei Kopenhagen (Holzschnitt, 1596)

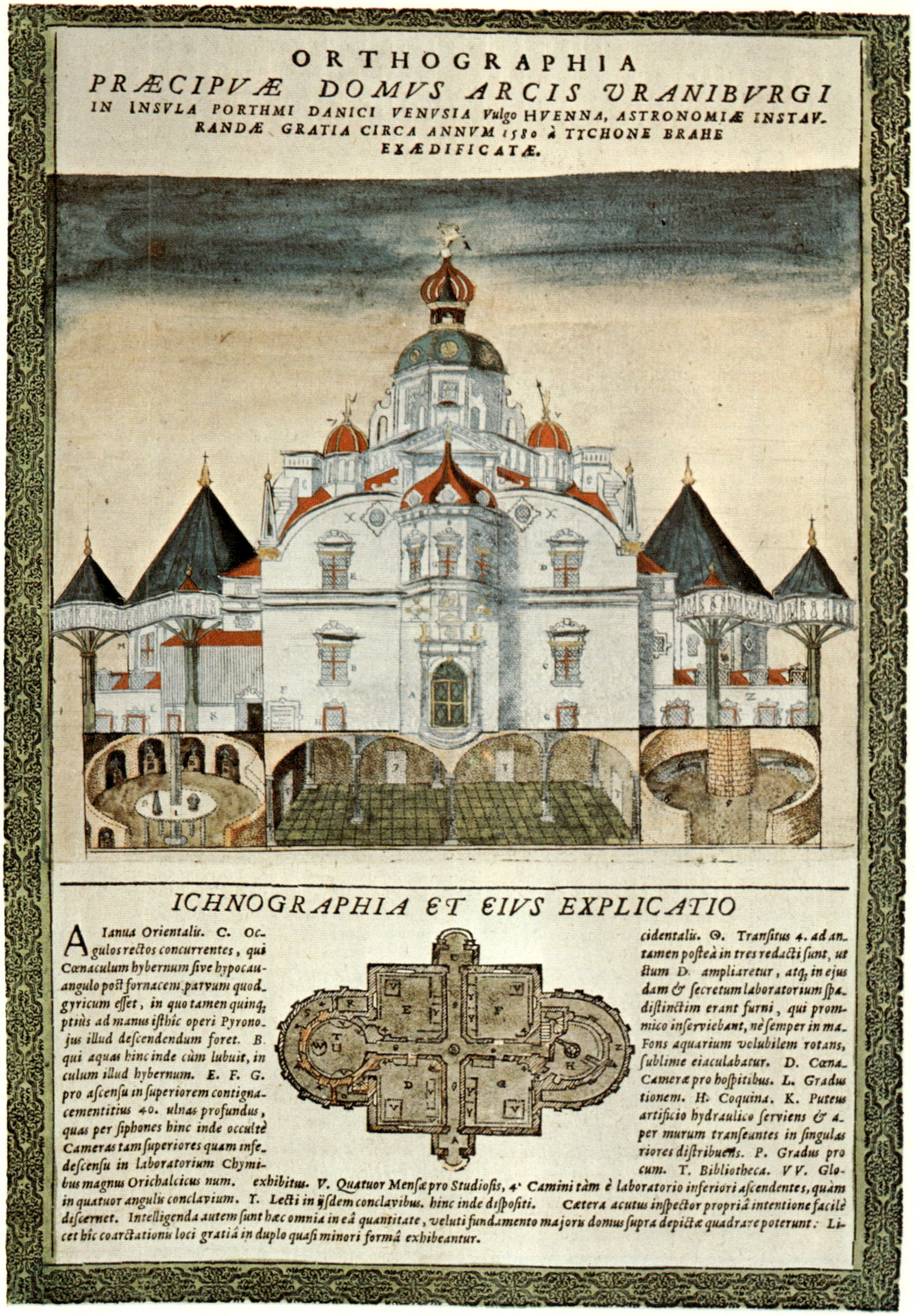

87 · Brahes Sternwarte „Uranienburg“ auf der Insel Hven (Holzschnitt, 1596)

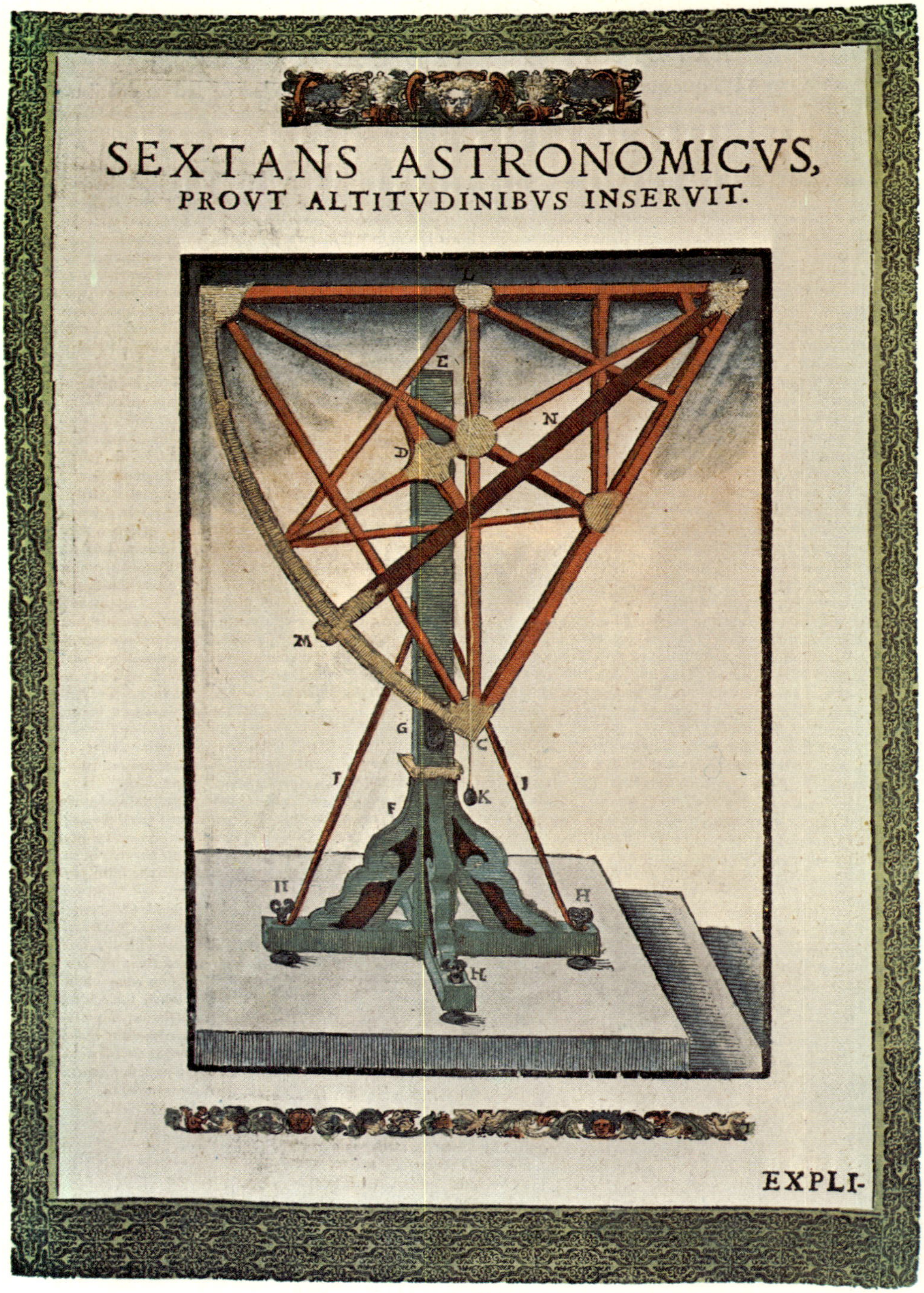

88 · Beobachtungs-Instrument Brahes: der astronomische Sextant (Holzschnitt, 1596)

Eines der wichtigsten Instrumente Brahes war der von ihm erfundene Mauerquadrant, der mit starken Schrauben an einer Wand befestigt war. Die Beobachtungsrichtung zu Sonne oder Stern wird erreicht durch das längs des Bogens verschiebbare Visier und einen genau im Mittelpunkt des Kreisbogens in einer Wandöffnung angebrachten vergoldeten Zylinder mit Visiermarke. Gemessen wurden Sonnen- oder Sternhöhe sowie Zeitpunkt des Durchgangs durch den Meridian (Mittagslinie). Die Abbildung zeigt Brahe in wirklichkeitsnaher Darstellung mit 3 Assistenten beim Beobachten an diesem Gerät; die Mitte des Bildes gewährt Einblick in das Laboratorium, die Bibliothek und in die Sternwarte (98).

Die Himmelsbeobachtungen wurden von Brahe oder einem seiner Assistenten sofort in Journale eingetragen. Diese Bände enthalten Brahes Lebensarbeit, einen Schatz, der nach Keplers Worten wert war, an der Seite der kaiserlichen Kleinodien aufbewahrt zu werden. Sie sollten die Grundlage bilden für die Erneuerung der Astronomie (84).

Nach dem Tod König Friedrichs II. verlor Brahe 1597 sein dänisches Lehen. Kaiser Rudolf nahm den „Fürsten unter den Astronomen“ freudig auf, so daß Brahe hoffte, in Prag wiederum mit einem Mitarbeiterstab die astronomische Arbeit fortsetzen zu können. Dazu war ihm schließlich das Curtius'sche Haus überlassen worden. Vor allem aber hatte Brahe in Johannes Kepler den Assistenten gefunden, dessen außerordentliche Begabung er sofort erkannte. Kepler dagegen schätzte Brahe ebenso richtig ein, wenn er schreibt: „Tycho besitzt die besten Beobachtungen und damit gleichsam das Material zur Aufführung eines neuen Gebäudes; er hat auch Arbeiter und alles, was man sonst wünschen mag. Es fehlt ihm nur der Architekt, der dies alles nach eigenem Plan benützt.“ Er selbst fühlte sich dieser Aufgabe durchaus gewachsen.

Auf der Suche nach einem brauchbaren Weltmodell, da das ptolemäische System Brahe zu verwickelt, das System des Kopernikus aber der Bibel zu widersprechen und mit den physikalischen Gesetzen nicht in Einklang zu stehen schien – die schwere und träge Erde könne sich unmöglich bewegen – entwarf er ein Weltsystem, das diese Mängel nicht aufwies: die Erde ruht im Mittelpunkt des Weltalls, umkreist von Sonne, Mond und Sternenhimmel, während die 5 Planeten die Sonne umkreisen. Dann würde die Bahn der Sonne die von Merkur, Venus und Mars je zweimal schneiden. Das wäre nach herrschenden Vorstellungen von festen, die Planeten tragenden Sphären unmöglich. Aber die von Brahe gemessene Parallaxe des Kometen 1577 hatte die Nichtexistenz fester Sphären nachgewiesen: der Komet lief durch die Venusbahn (89).

89 · Tychonisches Weltsystem (1583)

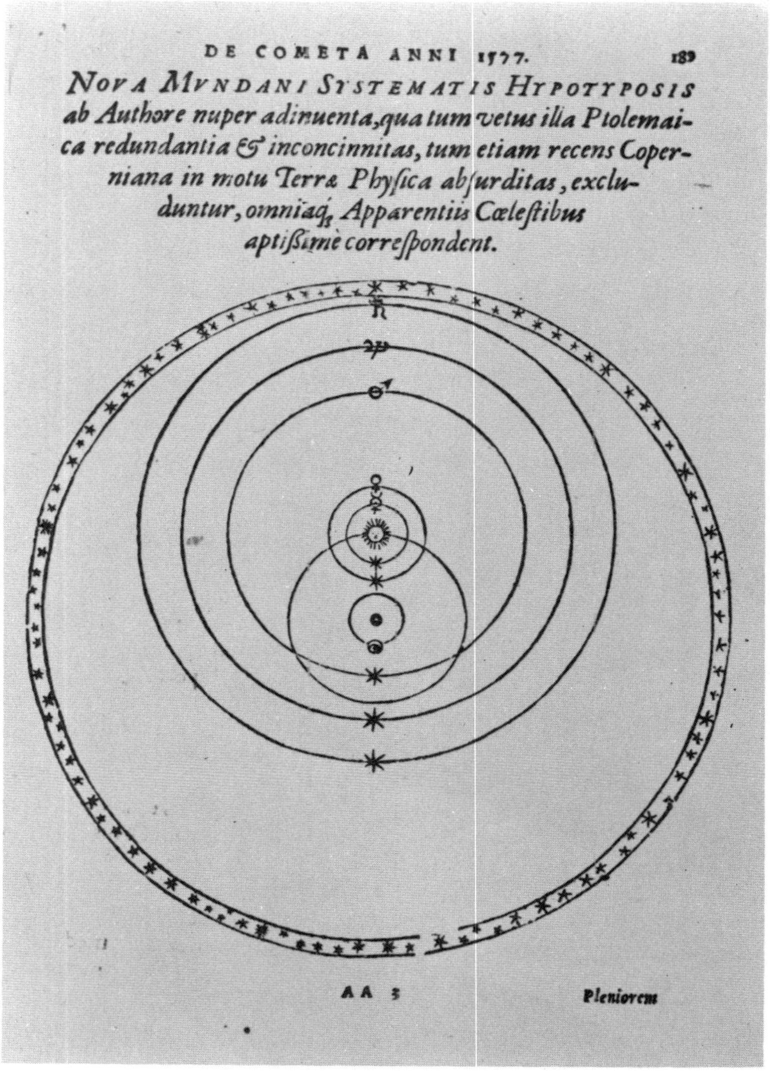
DE COMETA ANNI 1577. 189

NOVA MUNDANI SYSTEMATIS HYPOTYPOSIS ab Authore nuper adinuenta, qua tum vetus illa Ptolemaica redundantia & inconcinnitas, tum etiam recens Coperniana in motu Terræ Physica absurditas, excluduntur, omniaq; Apparentiis Cœlestibus aptißime correspondent.

AA 3 Pleniorem

Das tychonische Weltsystem wurde von denjenigen angenommen, deren Parole lautete: weg von Ptolemäus, aber nicht zu Kopernikus hin. Kepler hat es nie akzeptiert, obwohl der sterbende Brahe ihm die Verteidigung desselben ans Herz gelegt hatte.

Auf dem Titelbild der „Rudolphinischen Tafeln" wiederholt sich die Szene, wie sie auch in Brahes Arbeitszimmer auf Hven dargestellt war: Brahe weist mit dem Finger auf sein an die Decke gezeichnetes Weltsystem, fragend: „Quid si sic?" – wie, wenn es so wäre? An der mit „Copernicus" bezeichneten Säule hängt der Dreistab des Kopernikus, der 1584 Brahe geschenkt worden war (90).

90 · Ausschnitt aus dem Titelbild zu den „Rudolphinischen Tafeln“ (Stich, 1627)

91 · Grabmal von Tycho Brahe in der Teynkirche zu Prag

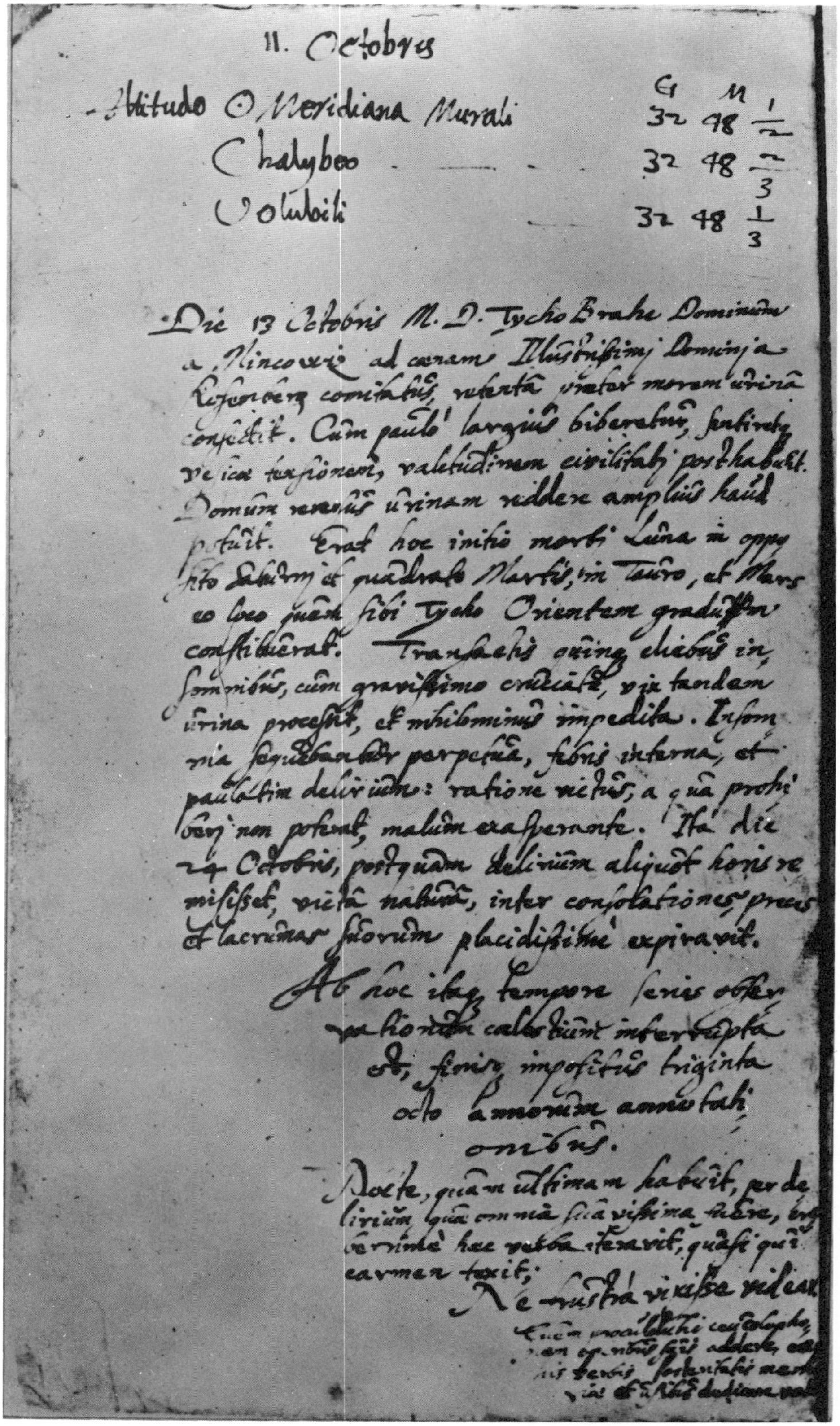

11. Octobris

Altitudo ☉ Meridiana Murali 32 48 1/2

Chalybeo 32 48 2/3

Volubili 32 48 1/3

Die 13 Octobris M. D. Tycho Brahe Dominum a Mincowiz ad caenam Illustrissimi Domini a Rosenberg comitatus, retenta praeter morem urina consedit. Cum paulo largius biberetur, sentiretque vesicae tensionem, valetudinem civilitati posthabuit. Domum reversus urinam reddere amplius haud potuit. Erat hoc initio morbi Luna in opposito Solis et quadrato Martis, in Tauro, et Mars eo loco quem sibi Tycho Orientem gradus fin constituerat. Transactis quinque diebus insomnibus, cum gravissimo cruciatu, vix tandem urina processit, et nihilominus impedita. Insomnia sequebantur perpetua, febris interna, et paulatim delirium: ratione victus, a qua prohiberi non poterat, malum exasperante. Ita die 24 Octobris, postquam delirium aliquot horis remisisset, victa natura, inter consolationes, preces et lacrimas suorum placidissime expiravit.

Ab hoc itaque tempore series observationum caelestium interrupta est, finisque impositus triginta octo annorum annotationibus.

Nocte, quam ultimam habuit, per delirium, qua omnia sua vissima fuere, crebrius haec verba iteravit, quasi qui carmen texit;

Ne frustra vixisse videar.

92 · Eintrag Keplers in Brahes Beobachtungsjournal von 1601

93 · Der sog. Tychonische Sextant der Sternwarte zu Kremsmünster

Brahe, seit 1599 kaiserlicher Mathematiker mit dem Auftrag, neue astronomische Tafeln auf der Grundlage der von ihm gesammelten Beobachtungen zu berechnen, stellte Kepler im September 1601 dem Kaiser vor. Er bat, ihn als Mitarbeiter aufnehmen und die gemeinsam zu bearbeitenden Tafeln die „Rudolphinischen“ nennen zu dürfen.
Wenige Wochen später starb Brahe im Alter von 55 Jahren. Er wurde in der Teynkirche in Prag beigesetzt (91). Mit einem Bericht über Brahes letzte Krankheit und Tod setzte Kepler die letzte Hand in die Beobachtungsjournale des Meisters (92).

Kepler stellte seiner schlechten Augen wegen wenig Himmelsbeobachtungen an. Um 1602 überließ ihm Baron Hoffmann einen Azimutalquadranten und einen eisernen Sextanten. Es wird angenommen, daß der heute in Kremsmünster aufbewahrte Sextant (Hersteller unbekannt) – ein Gegenstück zu dem Prager Sextant aus Brahes Besitz – identisch ist mit dem von Kepler benützten (93).

Zeittafel

1596 – 1650	Descartes
1598 – 1621	Philipp III. v. Spanien
1598 – 1606	Boris Godunow in Rußland
1599 – 1658	Cromwell
1599 – 1660	Velasquez
1599 – 1641	van Dyck
1600	Giordano Bruno in Rom als Ketzer verbrannt
1600	Gilbert begründet u.a. die Lehre vom Erdmagnetismus
1600 – 1681	Calderon
1601	Shakespeare: Hamlet
1603 – 1625	Jakob VI. v. Schottland besteigt den Thron v. England (als Jakob I.)
1605	Pulververschwörung in England
1605	Cervantes: Don Quichotte
1606 – 1669	Rembrandt
1608	Protestantische Union deutscher Fürsten und Städte
1609	Katholische Liga deutscher Fürsten
1609	Vertreibung der Mauren aus Spanien
1609	Hugo Grotius: „Freiheit der Meere“
1610	Entdeckungen Galileis mit dem Fernrohr
1612 – 1619	Kaiser Matthias

Gleich nach Brahes Tod bestellte Kaiser Rudolf Kepler zu dessen Nachfolger; er wurde kaiserlicher Mathematiker mit dem Auftrag, die hinterlassenen Instrumente und die unvollendeten Arbeiten Brahes zu übernehmen sowie die „Rudolphinischen Tafeln“ auszuarbeiten. Dazu lieferten ihm die Erben Brahes nach und nach die Beobachtungsbände ihres Vaters aus gegen Keplers Zusicherung, jedem Band einen Zettel anzuheften mit Verhaltensmaßnahmen für seine Erben im Falle seines Todes (99).

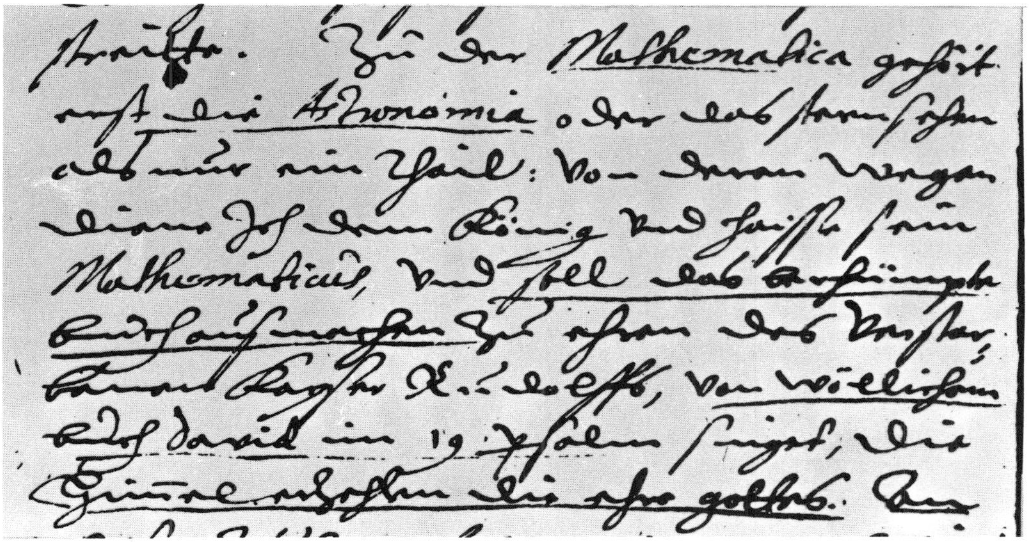

94 · Kepler an eine anonyme Frau (ohne Datum, 1612)

Verbesserte Planetentafeln setzten eine genauere Kenntnis der wahren Bewegung eines jeden Wandelsterns voraus. Die Bearbeitung der Marstheorie übertrug Brahe seinem Mitarbeiter Kepler. Dieser sah die Notwendigkeit, zunächst das optische Problem der Brechung der Lichtstrahlen in der Atmosphäre zu lösen. Brahe hatte es bereits angegangen, die systematische Behandlung des ganzen Gebietes jedoch blieb nach wie vor ein Desiderat.
Kepler schloß diese Lücke in so vorbildlicher Weise, daß er zum Begründer der neuzeitlichen Optik wurde. Das darüber 1604 veröffentlichte Werk trägt den Titel: „Ad Vitellionem Paralipomena, quibus Astronomiae Pars Optica traditur“, kurz seine „Optik“ genannt. Sie zerfällt in 2 Teile; der erste ist der Darstellung von Keplers Forschungen über die geometrische Strahlenoptik gewidmet, während sich der zweite Teil als Lehrbuch der astronomischen Optik darstellt. Das Buch brachte für die Physik „die grundlegende Erklärung des optischen Bildes, die in ihren wesentlichen Zügen endgültige Theorie des Sehvorganges und das Grundgesetz der Photometrie, für die Astronomie die rechnerische Auswertung

95 · Kaiser Rudolf II. (Stich von Egidius Sadeler, 1609)

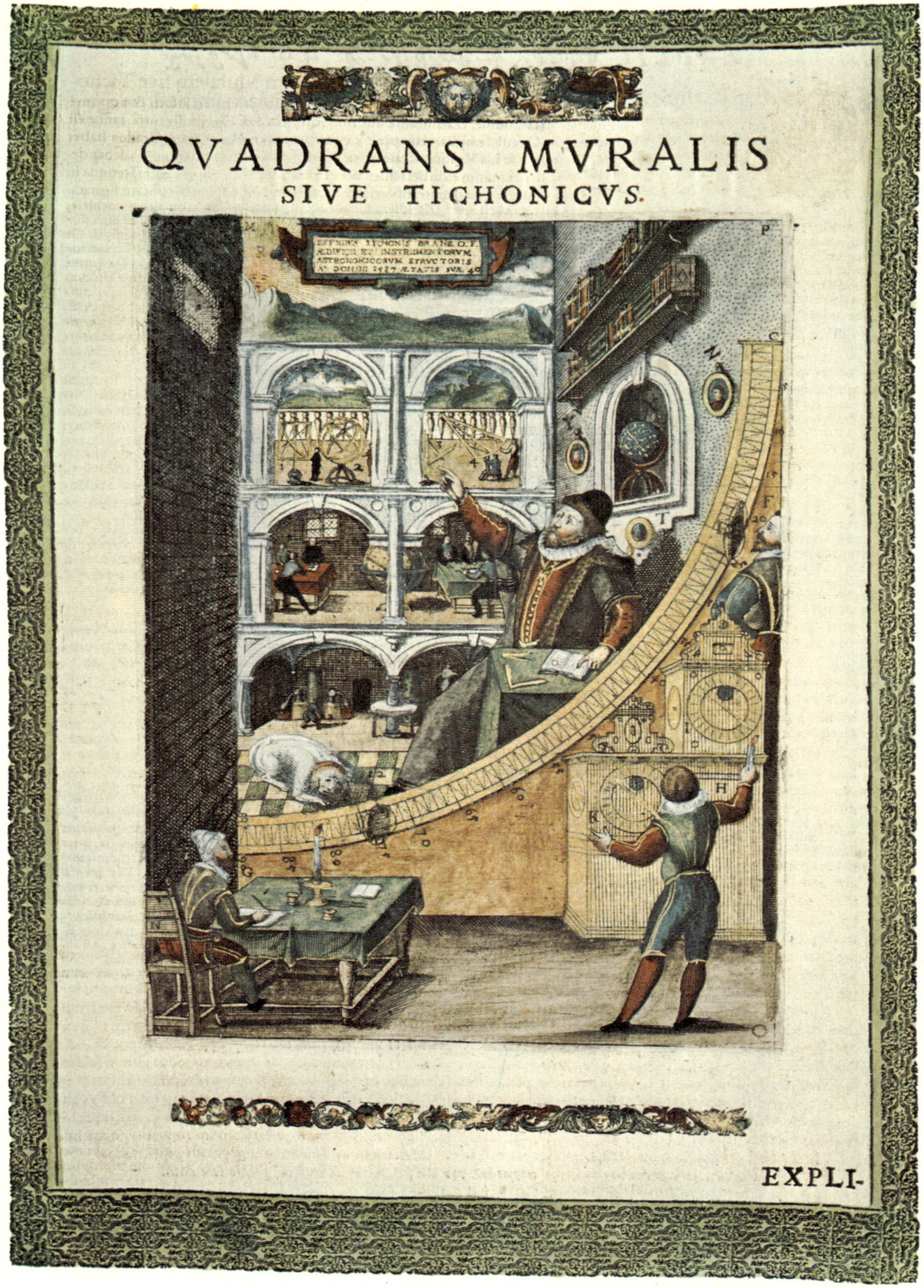

98 · Tycho Brahe am Mauerquadrant (Holzschnitt, 1596)

99 · Tycho Brahe, Beobachtungen der Jahre 1596/97. Pergamenteinband mit Anweisungen Keplers für seine Erben

der Finsternisse sowie eine rein theoretisch gewonnene verbesserte Refraktionstafel und für die Geometrie endlich eine neue Betrachtungsweise der Kegelschnitte. Methodisch hat die „Optik“ zum Durchbruch der Induktion beigetragen, doch zeigt sich Kepler in einzelnen Proben auch als Meister der Deduktion“ (F. Hammer).

96 · Titelvignette von Keplers „Optik“ (Frankfurt, 1604)

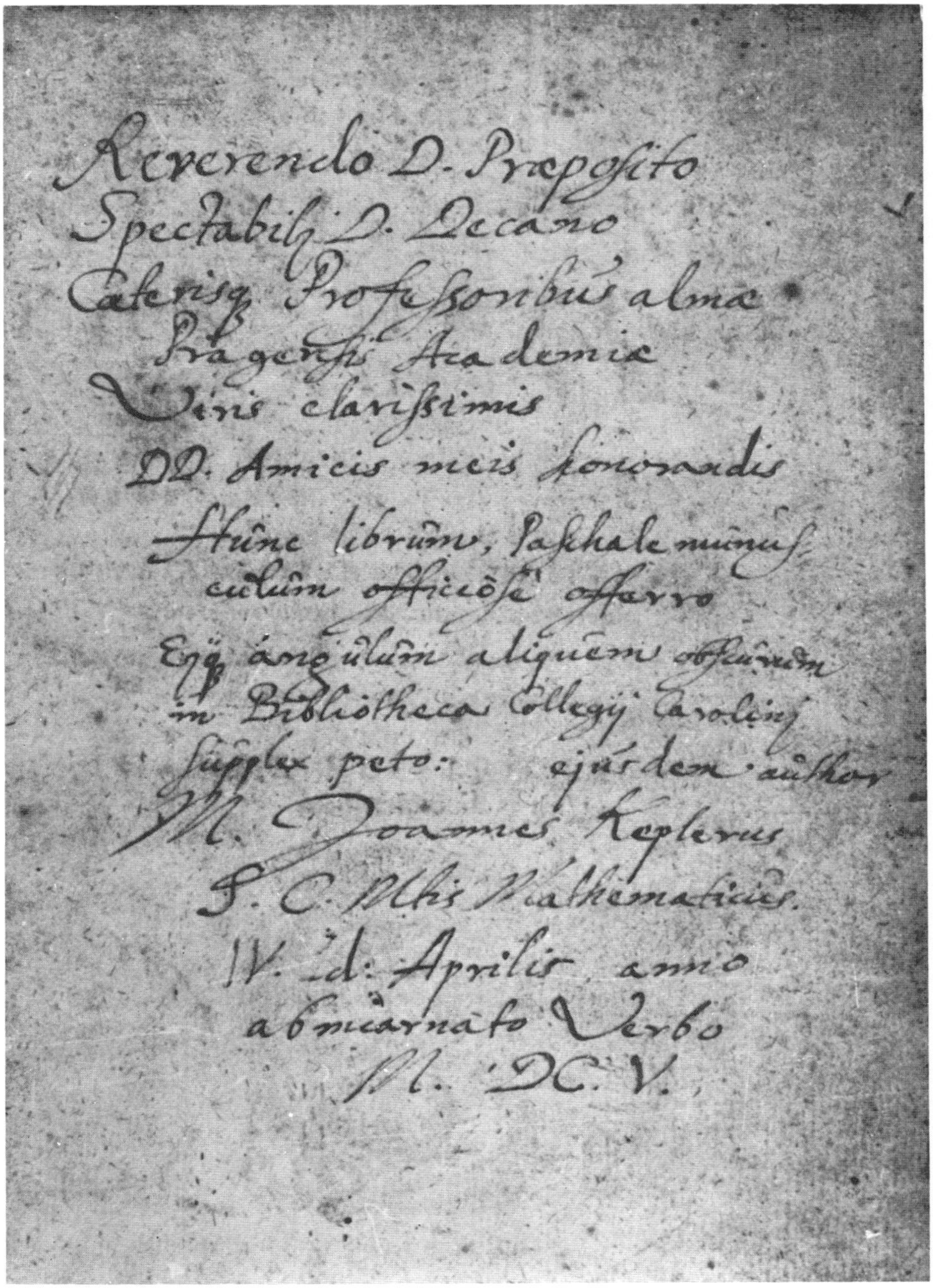

Reverendo D. Præposito
Spectabili D. Decano
Cæterisq. Professoribus almæ
Pragensis Academiæ
Viris clarissimis
DD. Amicis meis honorandis
Hunc librum, Paschale munus
culum officiose offerro
Ejusq. angulum aliquem obscurum
in Bibliotheca Collegii Carolini
supplex peto: ejusdem author
M. Joannes Keplerus
S. C. Mtis Mathematicus.
IV. id. Aprilis anno
ab incarnato Verbo
M. DC. V.

97 · Kepler widmet den Professoren der Karlsuniversität in Prag als Ostergeschenk seine „Optik“ (10. April 1605)

100 · Astronomische Uhr am Altstädter Rathaus in Prag (Magister Hanusch, um 1490)

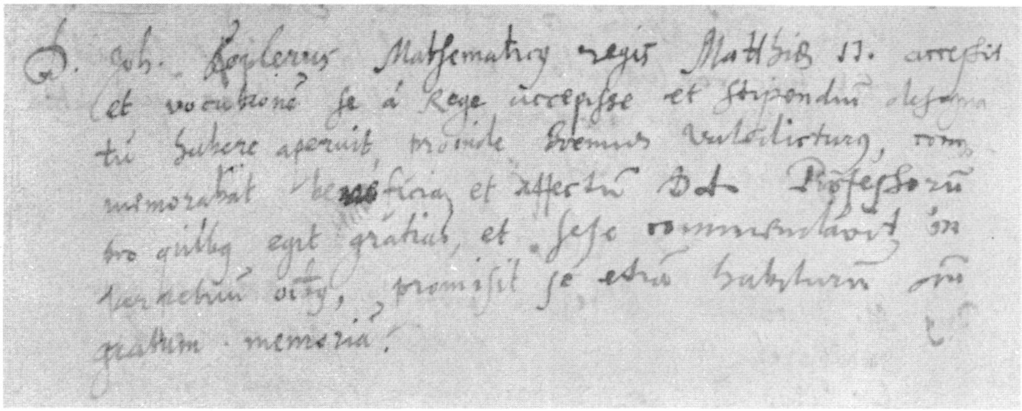

101 · Protokoll der Karlsuniversität: Kepler wird der mathematische Lehrstuhl angeboten (6. April 1612)

102 · Planetenstellung am 25. Dezember 1603 (Holzschnitt aus Keplers „De Stella Nova“, Prag, 1606)

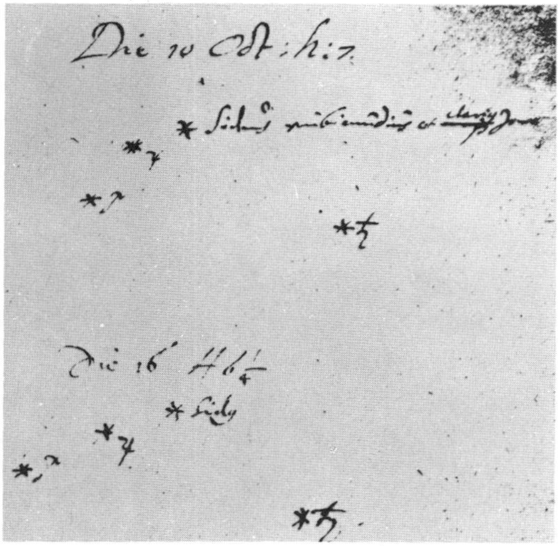

103 · Keplers Zeichnung der Stellung der Nova zu den 3 oberen Planeten am 10. und 16. Oktober 1604

Gründtlicher Bericht
Von einem vngewohnlichen
Newen Stern/ wellicher im October diß
1604. Jahrs erstmahlen erschienen
Gestelt
Durch Johan Khepplern/ Röm: Kay:
May: Mathematicum.
Gedruckt in der alten Stat Prag/
in Schumans Druckerey.

104 · Keplers „Bericht vom Neuen Stern“ (Prag, 1604)

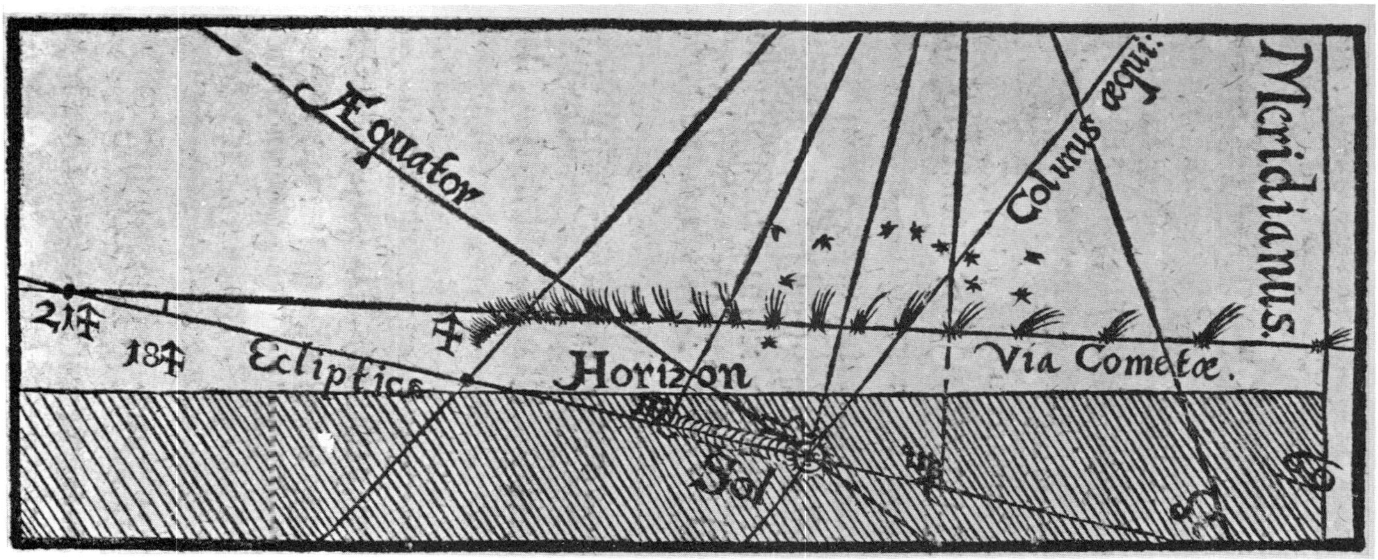

105 · Weg des Kometen von 1607 (Holzschnitt aus Keplers „Bericht vom Kometen 1607“, Halle, 1608)

Der Kaiser nahm die Dienste Keplers für Auskünfte verschiedenster Art in Anspruch. Von jeder außergewöhnlichen Erscheinung am Himmel erwartete er den Bericht seines Mathematikers. Kepler publizierte meist darüber kleine populäre Schriften in deutscher Sprache, denen größere wissenschaftliche Darstellungen in lateinischer Sprache folgten. Dazu gaben Anlaß die Sonnenfinsternis vom 12. Oktober 1605, der Komet von 1607 (105) und die große Konjunktion, d.h. die Konjunktion von Jupiter und Saturn, die bei den Sterngläubigen seit ältester Zeit eine wichtige Rolle spielte (102), Ende 1603. Diese Konstellation wurde noch bedeutsamer, als im Herbst 1604 in unmittelbarer Nähe von Saturn und Jupiter, zu denen inzwischen noch Mars gekommen war, im Sternbild Ophiuch ein heller neuer Stern auftrat (103 u. 104). Kepler vermutete sofort einen Zusammenhang zwischen dieser Nova und dem Stern der Weisen vermittels der 800jährigen Periode der großen Konjunktionen. Seine Gedanken darüber bilden den Ausgangspunkt für seine späteren Schriften zur Chronologie des Lebens Jesu.

Nicht anders wie seine sterngläubigen Untertanen verlangte auch der Kaiser von seinem Mathematiker vor allem astrologische Deutungen der Himmelserscheinungen. Hier nun, wie auch in seinen Kalendern und in anderer astrologischer Praxis, sah Kepler die Aufgabe des Forschers gerade darin, das, was ihm durch Erfahrung sicher begründet schien, auf Ursachen zurückzuführen; auch die Astrologie, das „närrische Töchterlein der Mutter Astronomie“, wollte er nach Zielsetzung und Methode wissenschaftlich einwandfrei aufbauen. Zwar ist ihm das Horoskopstellen „ein unannemlich und diser zeit übel besudelt werck“, doch meint er: „Niemandt soll für ungläublich halten, daß auß der Astrologischen Narrheit und Gottlosigkeit nicht auch eine nützliche Witz und Heyligthumb, auß dem unsaubern Schleym nicht auch ein Schnecken, Müschle, Austern oder Aal zum Essen dienstlich, auß dem grossen Hauffen Raupengeschmeyß nicht auch ein Seydenspinner und endtlich auß einem übelriechenden Mist nicht auch etwan von einer embsigen Hennen ein gutes Körnlin, ja ein Perlin oder Goldtkorn herfür gescharret und gefunden werden köndte“ (106). Ein andermal schreibt er einem astrologische Auskunft heischenden Bittsteller:

„Freund Eckhard laß dein Klügeln sein,
witz ist frawn Fürwitz Töchterlein;
O Sorgen groß o Nutzen klain“ (107).

106 · Titelvignette von Keplers „De Stella Nova“ (Prag, 1606)

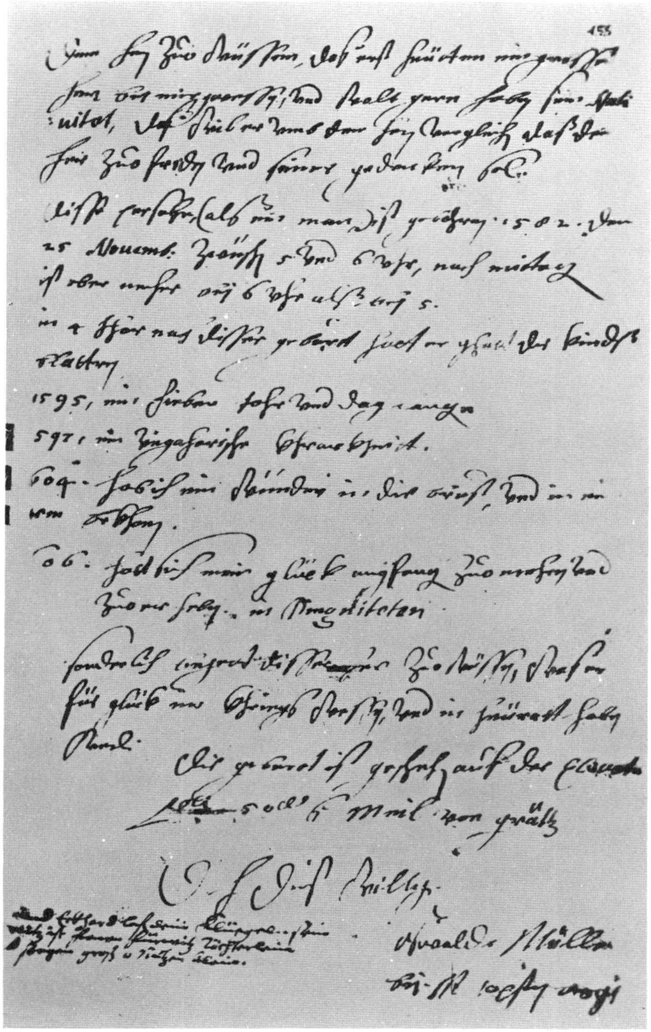

107 · O. Müller an Kepler. Links unten Keplers Antwort

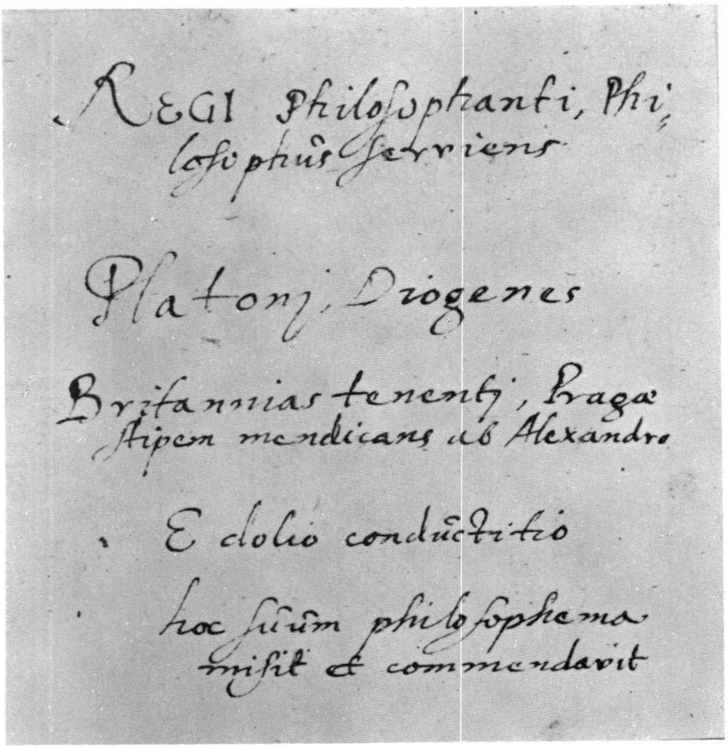
REGI Philosophanti, Phi-
losophus Serviens
Platoni, Diogenes
Britannias tenenti, Pragae
stipem mendicans ab Alexandro
E dolio conductitio
hoc suum philosophema
misit & commendavit

108 · Keplers Widmung von „De Stella Nova“ an König Jakob I. von England (1606)

Mit den Entdeckungsfahrten eines Kolumbus und Magellan vergleicht Kepler sein 1601–1605 unternommenes Bemühen, die den Naturvorgängen entsprechende Bahn- und Bewegungsform des Planeten Mars aus den Tychonischen Messungen zu ermitteln.

Den von Keplers Vorgängern aufgestellten Planetentheorien lag das auf Aristoteles gestützte Axiom zugrunde, die „natürliche“ Bewegung der Himmelskörper sei ein mit konstanter Geschwindigkeit durchlaufener Kreis. Aber die beobachteten Bewegungen der Planeten – bezogen auf die Erde (Ptolemäus) oder die Sonne (Kopernikus) als Mittelpunkt – schwankten zwischen einem kleinen und einem großen Abstand (den Apsiden) von diesem Bezugspunkt. So mußte Ptolemäus (bzw. Kopernikus) annehmen, daß der Mittelpunkt der Erde (bzw. der Sonne) nicht auf der Apsiden-(verbindungs)linie mit dem Mittelpunkt der angenommenen Kreisbahnen zusammenfalle; ihr Abstand hieß die Exzentrizität des Exzenters. Jedoch rechtfertigten diese Vorstellungen noch nicht die Annahme einer Kreisbahn. Um – wie man sagte – „die Erscheinungen zu retten“, entwarf man komplizierte Epizykel (Aufkreis)-Systeme.

Auch Kepler begann mit der Bestimmung von Apsidenlinie und Exzentrizität des Mars aus Tychos Oppositionsbeobachtungen. Nach verschiedenen Ansätzen zur Ermittlung der Exzentrizität ergaben sich für eine Kreisbahn des Mars Differenzen zwischen den berechneten und den beobachteten Örtern in bestimmten Stellungen von maximal 8 Winkelminuten. „Diese acht Minuten wiesen den Weg zur Erneuerung der ganzen Astronomie"; denn eine Hypothese müßte quantitativ mit den Beobachtungen übereinstimmen und deren Genauigkeit ließ jene Differenz nicht mehr zu. Mit dieser in aller Deutlichkeit für

109 · Vignette aus Keplers „Astronomia Nova" (1609)

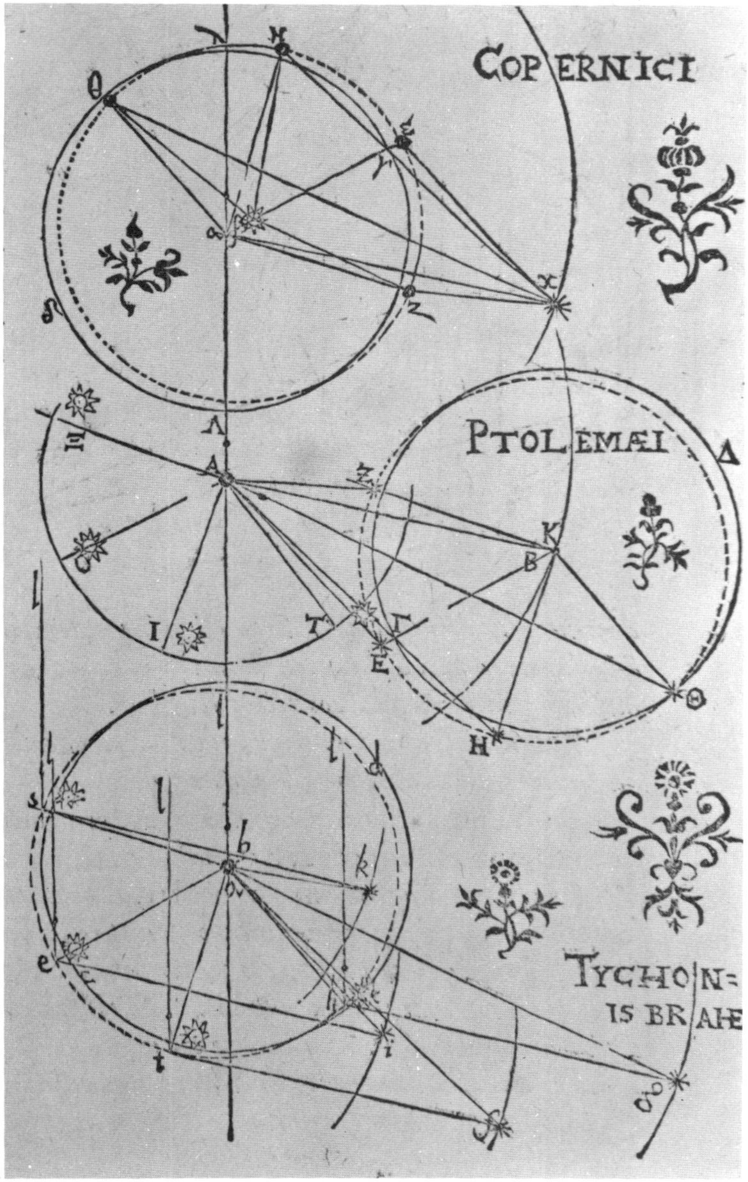

110 · Darstellung der mathematischen Gleichwertigkeit der Hypothesen von Ptolemäus, Kopernikus und Tycho Brahe (aus „Astronomia Nova")

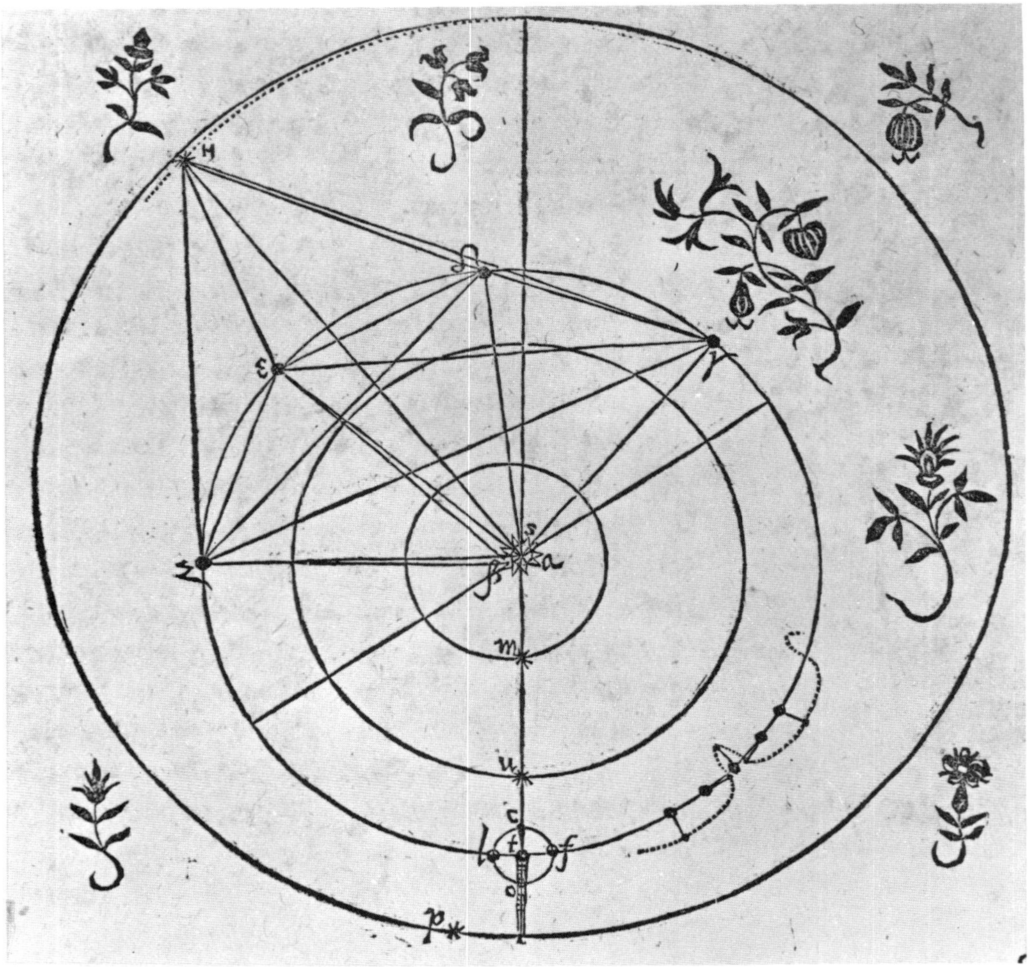

111 · Figur aus Keplers „Astronomia Nova“ (1609)

die Naturwissenschaften aufgestellten Forderung schloß Kepler, daß in den Voraussetzungen – Kreisbahn und konstante Geschwindigkeit – der Fehler steckt. Als neuen Grundsatz nahm er an, daß alle Größen auf die wahre Sonne als beherrschendes Zentrum des Planetensystems bezogen werden müssen, nicht auf einen masselosen Bahnmittelpunkt. Hiermit führt Kepler die erste moderne physikalische Betrachtung in die Astronomie ein.

Zuerst stellte er fest, daß die Erde ihre Bahn um die Sonne mit ungleichförmiger Geschwindigkeit zurücklegt. Diese hat, bezogen auf die exzentrische Sonne, ihren größten bzw. kleinsten Wert in ihrem kleinsten bzw. größten Abstand von ihr; quantitativ verhalten sich die Bahngeschwindigkeiten im Aphel und Perihel – so benennt Kepler diese Stellungen – umgekehrt wie ihre Abstände von der Sonne.

Auf entsprechende Geschwindigkeitsänderungen führt ihn die Analyse der Marsbeobachtungen. Er entwickelt den Flächensatz: die Bewegung der Planeten erfolgt so, daß der Radiusvektor oder der Fahrstrahl, d.h. die Verbindungslinie von Sonne und Planet, *in gleichen Zeiten* immer die gleiche Fläche überstreicht; dann durchläuft bei kleinem Sonnenabstand – im Perihel – der Planet ein größeres Bahnstück als im Aphel. *Dieser Flächensatz heißt heute das zweite Keplersche Gesetz.*

Nachdem die konstante Geschwindigkeit der Planeten aufgegeben werden mußte, prüft Kepler die zweite traditionelle Voraussetzung: ihre Kreisbahn. Mit dem von ihm aufgestellten Grundsatz, daß alle Bewegungen auf die wahre Sonne bezogen werden müssen, hätte sich immer die gleiche Marsbahn ergeben müssen, welche Beobachtungswerte aus der Bahn des Planeten auch zugrunde gelegt werden. Das war aber nicht der Fall, er fand ein Oval.

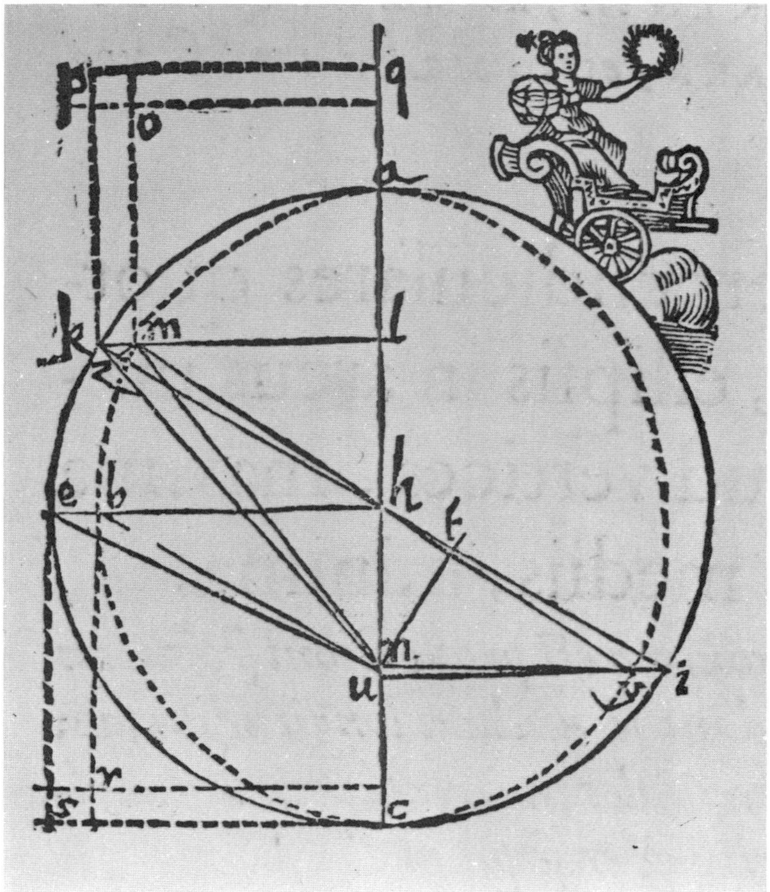

112 · Figur aus Keplers „Astronomia Nova“ (1609)

Nach großen Schwierigkeiten, über welche auch seine Briefe von 1603–1605 Aufschluß geben, kam er zu dem Ergebnis, daß die Marsbahn eine *Ellipse* ist, in deren einem Brennpunkt die Sonne steht. Das traf auch für die anderen Planeten einschließlich Erde zu. Mit diesem *ersten Keplerschen Gesetz* war der zweitausend Jahre alte Grundsatz der „natürlichen“ Kreisbewegung der Himmelskörper umgestoßen: „Ich gebe eine Himmelsphilosophie oder Himmelsphysik anstelle der Himmelstheologie oder Himmelsmetaphysik des Aristoteles“, schreibt er am 4. Oktober 1607 an den Kaufbeurer Arzt Brengger.
Bei der Lösung dieser Aufgaben standen überall *physikalische Vorstellungen* im Hintergrund. „Ich habe“, schreibt Kepler 1605, „seit 5 Jahren mindestens die Hälfte der Zeit, die mir die Geschäfte bei Hof übrig ließen, auf physikalische Überlegungen verwandt“, Überlegungen, die er schon als Student in sich trug. Die Sonne ist der Sitz einer Kraft, welche die Planetenbewegung regelt. Nach Keplers Vorstellung setzt sich diese Bewegung aus zwei Komponenten zusammen: 1. Die Sonne bewirke den Umlauf, die Revolution des Planeten um dieselbe. Die von der Sonne ausgehende Kraft breite sich in der Bahnebene der Planeten aus und werde mit der Entfernung schwächer. Deshalb sei die Umlaufgeschwindigkeit der äußeren Planeten kleiner. Ihre quantitative Änderung mit dem Abstand von der Sonne – das *dritte Keplersche Gesetz* – fand er erst 1618. Die rotierende Sonne – eine ad hoc etliche Jahre vor der Entdeckung ihrer Rotation um eine Körperachse gemachte Annahme Keplers – reiße mit rotierenden Kraftstrahlen oder immateriellen Kraftarmen die Planeten um sich herum; zugleich bewirke die von der Sonne ausgehende Kraft, daß die Planeten ihre Bahn nicht verlassen. Hiermit will Kepler erklären, daß die Planeten frei im Raum sich bewegende Kugeln sind; die alte Annahme von festen, die Planeten tragenden oder führenden Sphären ist ja für Ellipsenbahnen nicht mehr haltbar.

2. Die Größe der Kraft der Sonne in der Richtung des Fahrstrahls auf den Planeten schwankte periodisch zwischen Perihel und Aphel. Zur physikalischen Erklärung griff Kepler auf die Untersuchungen von William Gilbert über die anziehenden und abstoßenden Kräfte zwischen Magneten zurück, die von der Lage ihrer Pole zueinander abhängen. Diese Vorstellung bestätigte sich nicht; aber man muß bedenken, daß die Wirkung von Magneten aufeinander damals die einzige bekannte und im Laboratorium analysierte, von Körper zu Körper durch den Raum wirkende ponderomotorische, d.h. massenbewegende Kraft war.
Wir wissen heute, daß auch Keplers erste Annahme fehlging. Er folgte noch der allgemeinen Vorstellung, daß zur Aufrechterhaltung einer reibungsfreien Bewegung konstanter Geschwindigkeit eine dauernd wirkende Kraft erforderlich sei und daß eine Kraft nur eine Bewegung in Richtung der Kraft erzeuge.

113 · Ausschnitt aus dem Titelbild von Keplers „Tabulae Rudolphinae“
(Stich, 1627)

Es fehlten noch der Begriff der Trägheit und auch die Theorie der Zentralkraft.
Kepler ging aber noch weiter. Er übertrug seine Grundvorstellung einer durch den Raum wirkenden Kraft auf den Vorgang des freien Fallens der Körper auf die Erde: „Wenn man einen Stein hinter die Erde setzen und den Fall anneh-

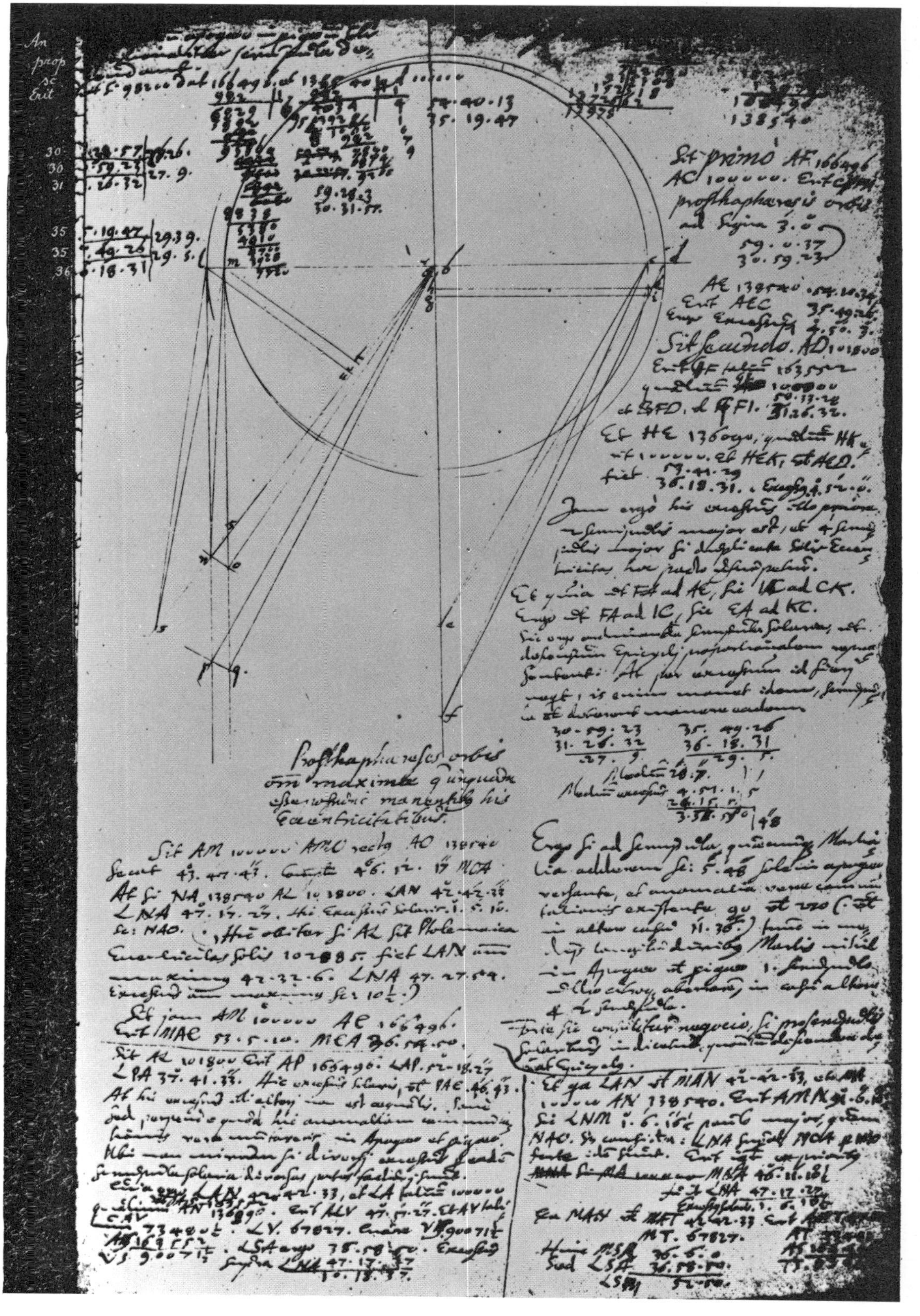

114 · Eine Seite aus Keplers Vorarbeiten zur „Astronomia Nova" (um 1603)

men würde, daß beide von jeder anderen Bewegung frei sind, so würde nicht nur der Stein auf die Erde zueilen, sondern auch die Erde auf den Stein; sie würden den dazwischen liegenden Raum im umgekehrten Verhältnis ihrer Gewichte teilen". Diese wechselseitige Anziehung beruhe auf einer Eigenschaft der „körperlichen Materie", ihrer „gravitas", der Schwere: „Schwere ist keine Tätigkeit, ich nenne sie ein Prinzip." Hier formuliert Kepler den Grundgedanken eines Gravitationsgesetzes, dessen quantitative Formulierung erst 1687 Isaac Newton in seiner „Philosophiae naturalis principia mathematica" gab: zwischen zwei Massen wirkt eine Kraft; sie ist proportional dem Produkt der Größe dieser Massen und umgekehrt proportional dem Quadrat ihres Abstands; als Abstand ist der Abstand der Mittelpunkte der Massen zu nehmen. Damit war auch Keplers Auffassung des freien Falls quantitativ erfaßt, aber das Problem der Dynamik des Planetensystems noch nicht gelöst. Den Weg bereitete das Huygenssche Gesetz der Zentralkraft.

Galilei hatte gezeigt, daß eine ursprünglich gradlinig mit konstanter Geschwindigkeit bewegte Masse unter der Wirkung einer zu ihrer Bahn geneigten, überall gleichgerichteten Kraft die „Wurfparabel" durchläuft. Huygens erkannte die Bedingung für eine Kreisbahn: die bewegte Masse unterliegt einer von einem Zentrum radial ausgehenden Kraft; wenn ein mathematisch bestimmbares Verhältnis zwischen ihrem Abstand vom Zentrum, ihrer Geschwindigkeit und der Größe der „Zentralkraft" besteht, so durchläuft sie einen Kreis. Newton hatte gefunden, daß die nach seinem Gravitationsgesetz berechnete anziehende „Zentralkraft" der Erde auf den Mond gerade so viel kleiner ist als die von ihr auf den fallenden Stein wirkende „Schwerkraft", wie das Quadrat des Mondabstandes vom Erdmittelpunkt größer ist als das Quadrat des Steinabstandes.

Nach der mathematischen Verallgemeinerung der Wirkung der Zentralkraft der Sonne auf eine bewegte Masse wird deren Bahn ein „Kegelschnitt", entweder eine Ellipse – Beispiel: die Planetenbahnen – oder eine Parabel oder eine Hyperbel – Beispiel: die Kometenbahnen. Gravitationsgesetz und Zentralkraft treten an die Stelle der beiden Keplerschen Hypothesen und bestimmen die Keplerschen Planetengesetze als Sonderfall der Himmelsmechanik.

Kepler ist sich von Anfang an der Folgen seiner Ergebnisse für das religiöse und weltanschauliche Denken voll bewußt. Soweit die Lehre von der bewegten Erde in Widerspruch zu Worten der Bibel steht, verweist er ähnlich wie Galilei darauf, daß diese Naturerscheinungen als sinnfällige Gleichnisse benutzt, nicht aber naturwissenschaftliche Fakten darlegt – wer aber an ihr wörtlich festhalten wolle, „der möge die Schule der Astronomie verlassen und ruhig seinen Geschäften nachgehen". Ernster ist ihm die Änderung der Stellung des Menschen: er ist mit der Erde aus dem Mittelpunkt der Welt auf einen der sechs, die Sonne umlaufenden Planeten versetzt. Denen, die unter diesem Gedanken leiden, weiß er manchen Trost. Die Sonne ist ja doch das „treibende Herz“ der Welt, Quelle des Lichts und der Wärme, Ursprung des Lebens und – wie der Mensch jetzt erkennt – der Bewegung im Kosmos. Dieser Funktionen wegen muß sie in seiner Mitte stehen, „wahrhaftig der Apollo“, womit Kepler Giordano Bruno zitiert! Der Mensch aber hat seinen Wohnsitz nicht auf einem beliebigen, sondern auf dem mittleren, also dem bevorzugten Planeten und fährt auf ihm mitten durch den Kosmos. So kann er alle Planeten beobachten, den sonnennächsten Merkur und den sonnenfernsten Saturn: der Geist des Menschen ist in dem neuen Weltbild Herr über die ganze Welt geworden.

115 · Initiale aus Keplers „Astronomia Nova“ (Heidelberg, 1609)

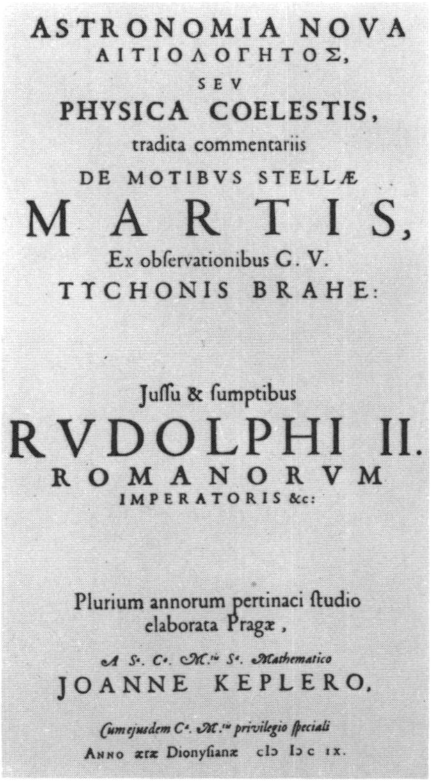

ASTRONOMIA NOVA
ΑΙΤΙΟΛΟΓΗΤΟΣ,
SEV
PHYSICA COELESTIS,
tradita commentariis
DE MOTIBVS STELLÆ
MARTIS,
Ex obſervationibus G. V.
TYCHONIS BRAHE:

Juſſu & ſumptibus
RVDOLPHI II.
ROMANORVM
IMPERATORIS &c:

Plurium annorum pertinaci ſtudio
elaborata Pragæ,
A S. C. M.tis S. Mathematico
JOANNE KEPLERO,
Cum ejusdem C. M.tis privilegio ſpeciali
Anno æræ Dionyſianæ cIↄ Iↄ c ix.

116 · Titelseite der „Astronomia Nova“ (1609)

1609 führte Kepler Kaiser Rudolf den Planeten Mars als „Gefangenen“ vor. Er hatte die Ergebnisse seiner Marsuntersuchungen, aber auch die Wege und Umwege, die zu seinem Erfolg führten, in einem stattlichen Folioband niedergelegt, der den stolzen Titel trägt: „Astronomia Nova seu Physica coelestis“ (116). Die „Neue Astronomie“ zählt zu den großen Werken der Weltliteratur; sie ist das erste Astronomiebuch, in dem die Beschränkung auf kinematische Planetenbewegung „more Ptolemaico“ aufgegeben und der Weg in die Himmelsmechanik gewiesen wurde.

117 · Grabstein von David Fabricius in der Kirche von Osteel

118 · David Fabricius an Kepler (12. März 1609 a. St.)

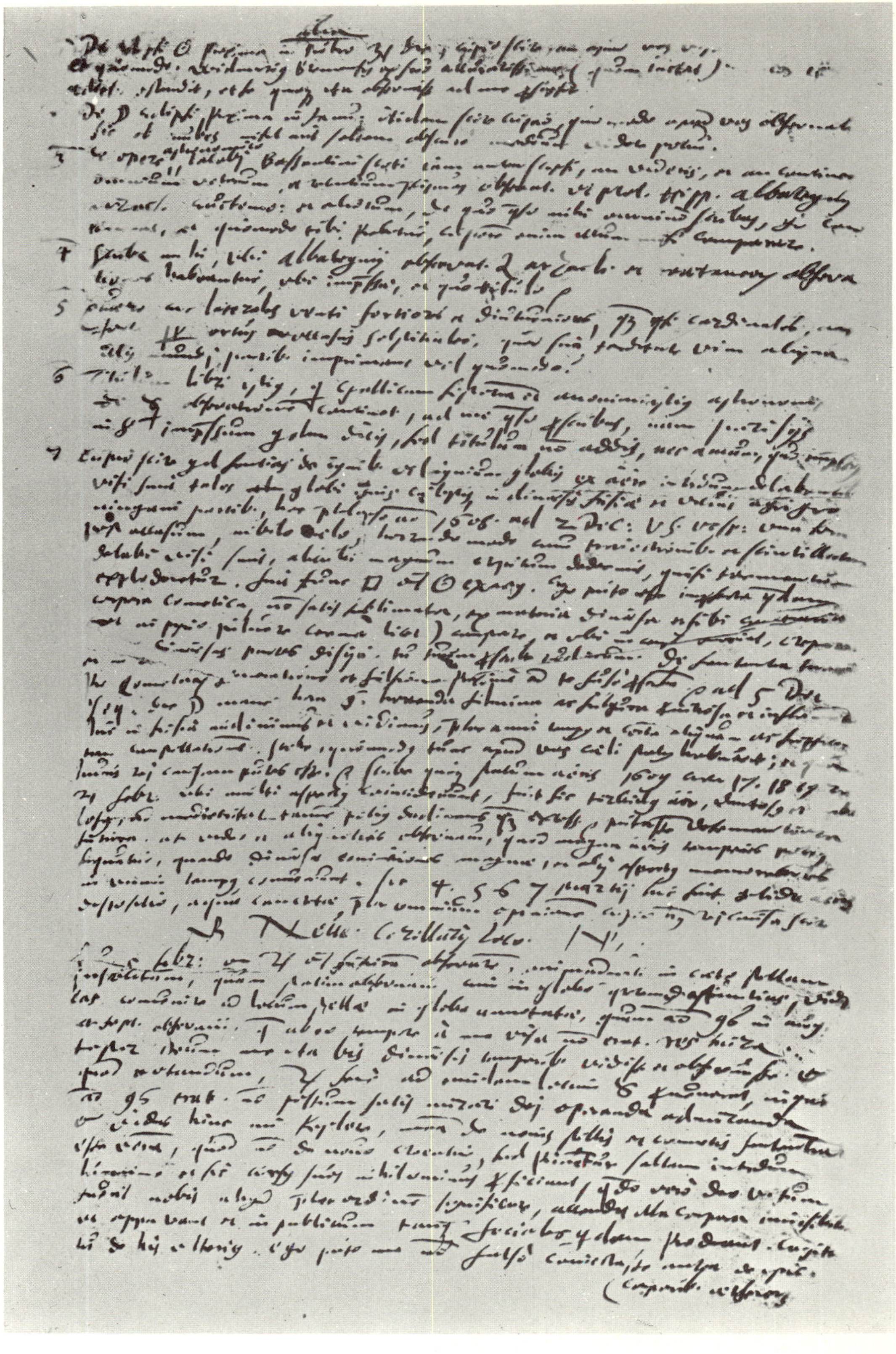

119 · Kepler bei der Arbeit. Porträt aus dem Titelbild zu den Rudolphinischen Tafeln (Stich, 1627)

120 · Siegel von Johannes Kepler (1594)

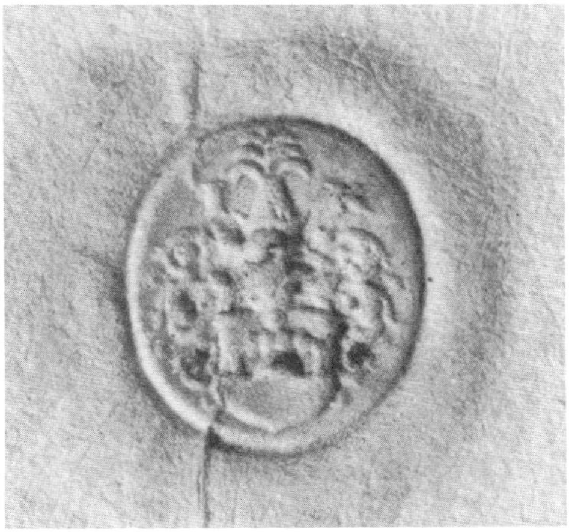

Über die Entdeckung der beiden ersten Planetengesetze und die Entstehung der „Astronomia Nova“ gibt der Briefwechsel mit David Fabricius besten Aufschluß. Der friesische Pastor-Astronom, bekannter Entdecker der „Mira Ceti“ (als „res mira“ wird das Verschwinden und Wiederauftauchen des Sterns im Walfisch in dem Brief an Kepler vom 12. März 1609 bezeichnet), erwies sich insofern als ein die Sache fördernder Gesprächspartner, als er, ein selbständiger Denker, seinen Widerspruch gegen Keplers neue Ideen mit Gründen zu stützen wußte; Kepler dagegen war in der Erwiderung gezwungen, seine Überlegungen in verständlicher Form zu entwickeln. Im übrigen hielt er Fabricius nach dem Tod Brahes für den besten beobachtenden Astronomen seiner Zeit, eine Einschätzung, die durch neuere Untersuchungen seiner Beobachtungsgenauigkeit noch an Gewicht gewonnen hat. Über die rein geometrische Marstheorie, der Fabricius eine größere, heute verschollene Arbeit widmete, äußert sich Kepler: „Ich sah sie an; sie ist schön, aber sie wird eine recht schlimme Dirne werden, die den vielen Töchtern, die mir die Physik geschenkt hat, ihre Männer entführen wird ... Mich hat die bloße Natur geleitet, frei von jeglichem Gewand einer Hypothese.“

121 · Vladislav-Saal in der Prager Burg (Kupferstich von Egidius Sadeler, 1607)

Die 12 Jahre, die Kepler in Prag verbrachte, sind als der bedeutendste Abschnitt seines Lebens anzusehen. Hier blieb er seines Glaubens wegen unbehelligt, hatte Freunde unter den Augsburger Konfessionsverwandten wie unter den Katholiken und den Böhmischen Brüdern. Der Reichtum seines Geistes entfaltete sich an dem Widerhall, den seine neuen Ideen und Entdeckungen bei vielen wissenschaftlich interessierten hohen Hofbeamten und Männern vom Adel fanden. Man traf ihn in den kaiserlichen Vorzimmern ebenso wie bei den Gastmählern der Hofräte, lebhaft von seinen Forschungen berichtend, so wie es Goldast 1612 in sein Tagebuch eintrug (122).

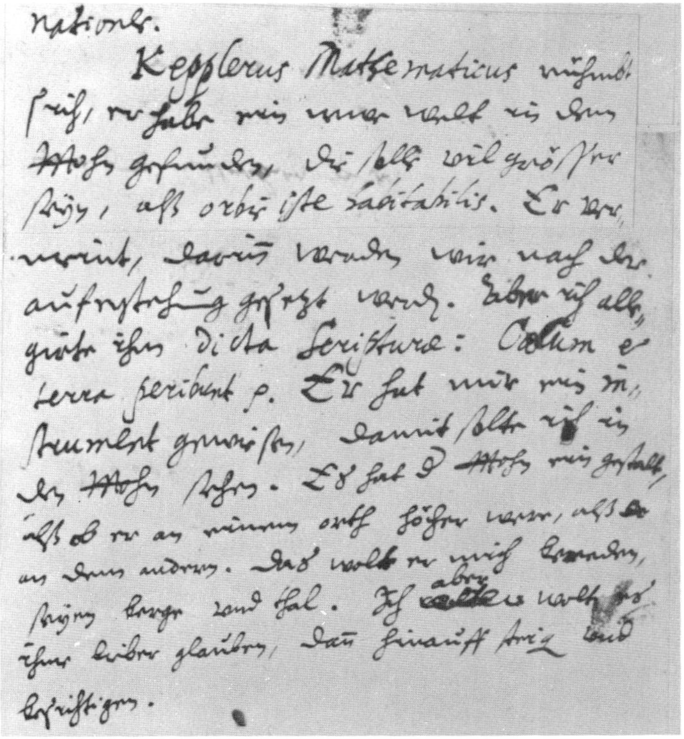

122 · Tagebucheintrag von Melchior Goldast über eine Unterhaltung mit Kepler (1612)

123 ··Keplers Wohnhaus in der Karlsgasse in Prag. Das ehemalige Krammersche Haus ging 1607 in den Besitz des Hektor Udart über.

Fremde Fürsten und Gesandte zogen Kepler gern ins Gespräch, das dieser seinerseits umso mehr suchte, als diese Gäste häufig die Überbringer wissenschaftlicher Neuigkeiten waren; man denke an die ersten Berichte über Galileis Fernrohrbeobachtungen. Ging er durch die Gassen der Stadt, so wich er einem Gespräch mit einfachen Leuten, „deren allzeit alhie ein gute anzahl, die mir nit vil Cramantzens machen“, über seine astrologischen Anschauungen und Wetterprognosen nicht aus. Einer unter diesen erinnerte sich bei einem Unwetter daran, wie richtig es der Hofmathematiker prophezeit hatte und sagte: „Der Keppler kömpt“.

124 · Blick durch die Karlsgasse in Prag: rechts das Jesuitenkolleg, links als 2. Haus vom Altstädter Brückenturm aus das Wohnhaus Keplers

Keplers Prager Wohnstätten

2. Dezember 1601
In weylund herrn Jacob Kurtzen vnnd Tychonis Brahe behausung.
Herwart v. Hohenburg an Kepler

15. Februar 1602
Im Kurtzischen lust hauß.
J. Memhard an Kepler

9. Juli 1602
Baptisata in aedibus a me conductis in Novae urbis foro Boario, e regione Emmauntis.
Kepler zur Taufe der Tochter Susanna

5. November 1603
In casa sua apresso Emaus nella Città noua.
E. Bruce an Kepler

26. Dezember 1603 a. St.
In der Niestadt bim alten Sloß.
D. Fabricius an Kepler

14. Februar 1604
In der Newstadt, bey St. Emaus.
P. Virdung an Kepler

9. November 1604
In deß Khönigs Wenzeßlai Collegio bey der Metzg zu findten.
Herwart v. Hohenburg an Kepler

3. Dezember 1604
Baptisatus in Collegio Wenceslai in areâ seu auditorio, ibi enim eram inquilinus D. Bachatii Rectoris.
Kepler zur Taufe des Sohnes Friedrich

2. März 1605
S. K. Gn. Mathematicus Johannes Keplerus wohnt bei mir.
M. Bachacek an A. Hofmann

24. November 1607
Ex aedibus olim Cramerianis e regione Jesuitarum ad pontem.
Kepler an Herwart v. Hohenburg

1. Dezember 1607
Recepi (literas) in aedibus Cramerianis e regione Jesuitarum in quas nuper commigravi.
Kepler an J. Fersius

25. März 1611 a. St.
In der alten stadt gegen der Jesuiter Collegium vber
N. Vicke an Kepler

24. November 1611 a. St.
Bey Hern Langbruckhen wonhafft gegen Jesuiten vber.
C. Odontius an Kepler

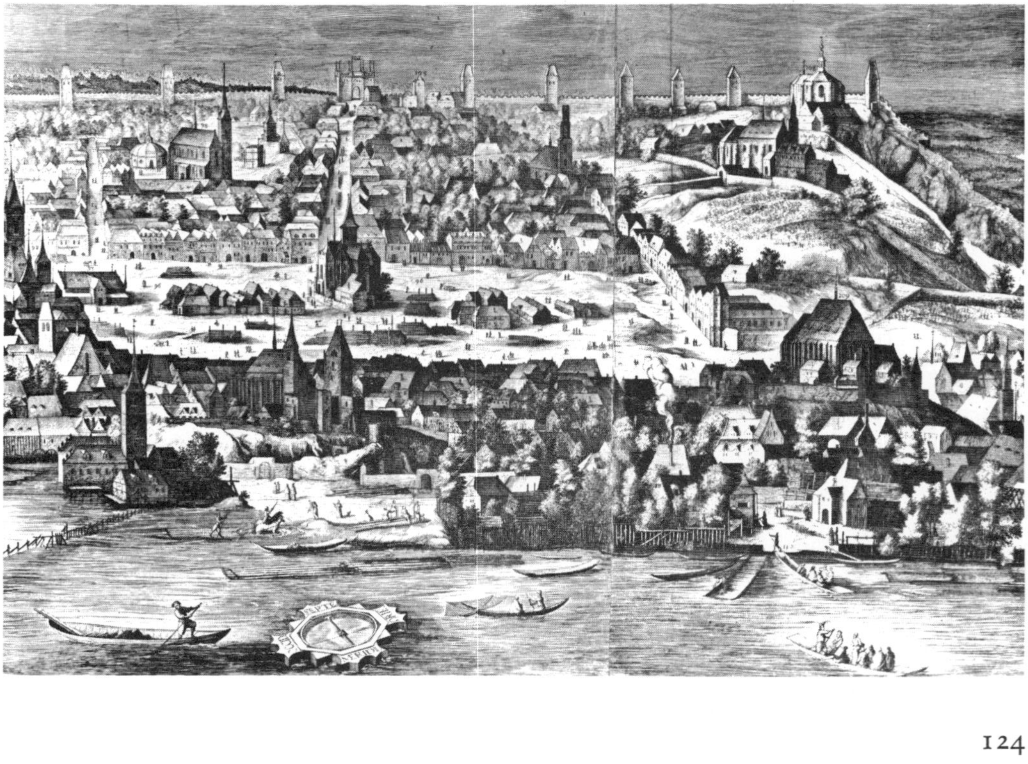

125 · Prag, obere Neustadt mit Karlsplatz (früher Viehmarkt), rechts in der Mitte Kloster Emaus (Philipp van den Bossche, Detail aus dem Prospekt von Egidius Sadeler, 1606. Stich von J. Wechter)

126 · Äquatoriale Tischsonnenuhr aus vergoldetem Kupfer von Erasmus Habermel (ohne Jahreszahl)

Kepler faßt seine Stellung in Prag in beispielhafter Überlegenheit auf, wenn er bekennt:
„Hohe Ehren und Würden gibt es bei mir nicht. Ich lebe hier auf der Bühne der Welt als einfacher Privatmann. Wenn ich einen Teil meines Gehalts bei Hof herauspressen kann, bin ich froh, nicht ganz aus Eigenem leben zu müssen. Im übrigen stelle ich mich so, wie wenn ich nicht dem Kaiser, sondern dem ganzen Menschengeschlecht und der Nachwelt diente. In dieser Zuversicht verachte ich mit geheimem Stolz alle Ehren und Würden und dazu, wenn es nötig ist, auch jene, die sie verleihen. Als einzige Ehre rechne ich es mir an, daß ich durch göttliche Fügung an die Tychonischen Beobachtungen gesetzt worden bin."

127 · Jost Bürgi (Kupferstich nach einer Zeichnung von Egidius Sadeler, 1619)

Unter den Mechanikern am Kaiserhof schätzte Kepler neben Erasmus Habermel, dem Hersteller astronomischer und geometrischer Instrumente (126), vor allem den Uhrmacher Jost Bürgi (127). Das Verhältnis zu letzterem bestand in gegenseitigem Nehmen und Geben: Bürgi stellte 1604 ein Modell von Keplers „Wasserkunst“ her, während Kepler dem Freund mit dem aushalf, was er an wissenschaftlicher Bildung voraus hatte. Es verstimmte Kepler jedoch, daß Bürgi mit der Veröffentlichung seiner „Progreß-Tabulen“, in denen er als erster Logarithmen berechnete, die Kepler als Hilfsmittel für seine vielen Rechnungen sehr begrüßt hätte, solange – bis 1620 – zögerte, sodaß ihm Neper 1614 mit der ersten Veröffentlichung logarithmischer Tafeln zuvorkam.

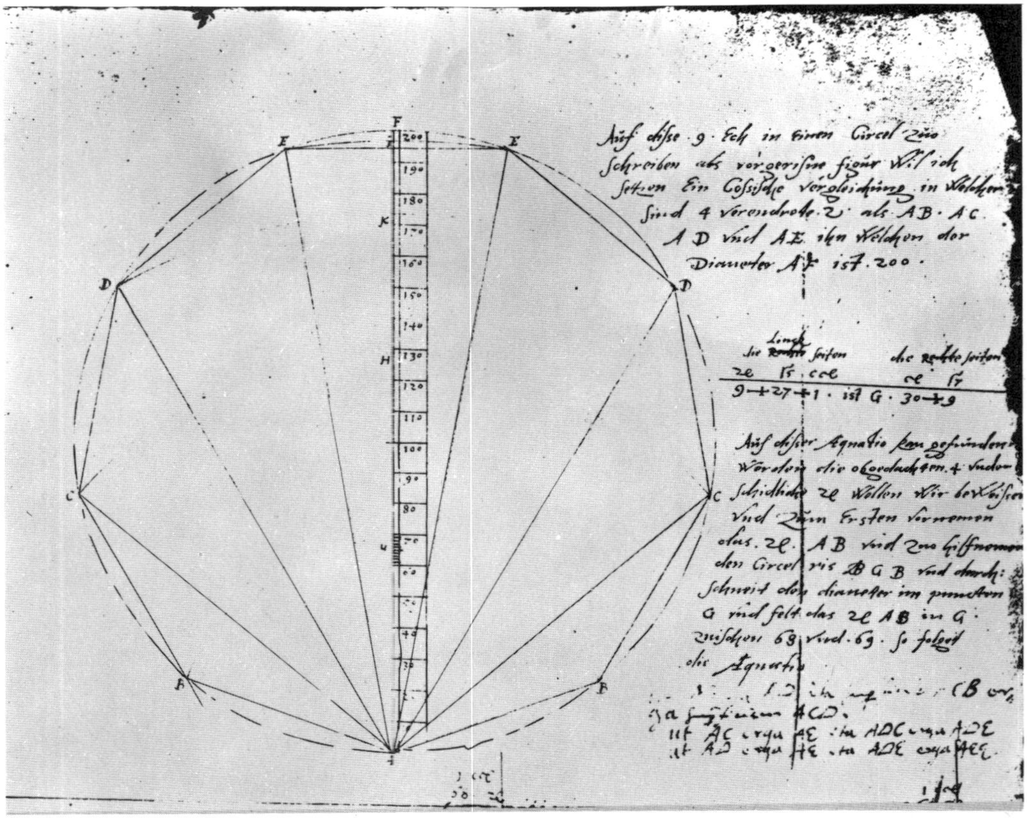

128 · Manuskript aus einer Arbeit von Jost Bürgi (aus Keplers Nachlaß)

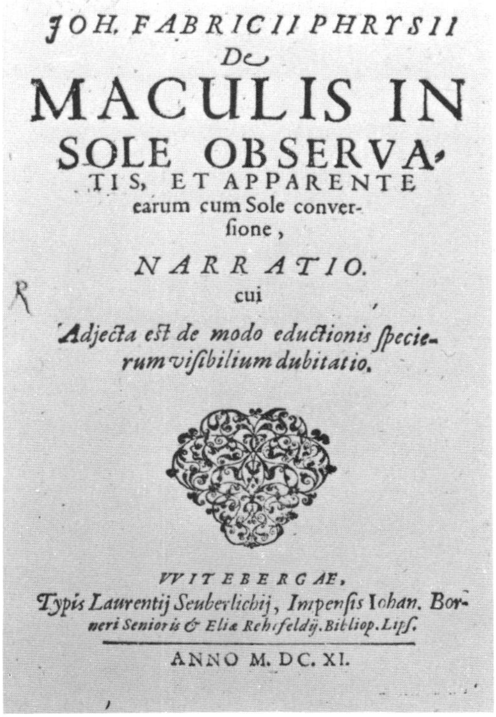

JOH. FABRICII PHRYSII

De

MACULIS IN SOLE OBSERVATIS, ET APPARENTE earum cum Sole conversione,

NARRATIO.

cui

Adjecta est de modo eductionis specierum visibilium dubitatio.

VVITEBERGAE,

Typis Laurentij Seuberlichij, Impensis Iohan. Borneri Senioris & Eliae Rehefeldij. Bibliop. Lips.

ANNO M. DC. XI.

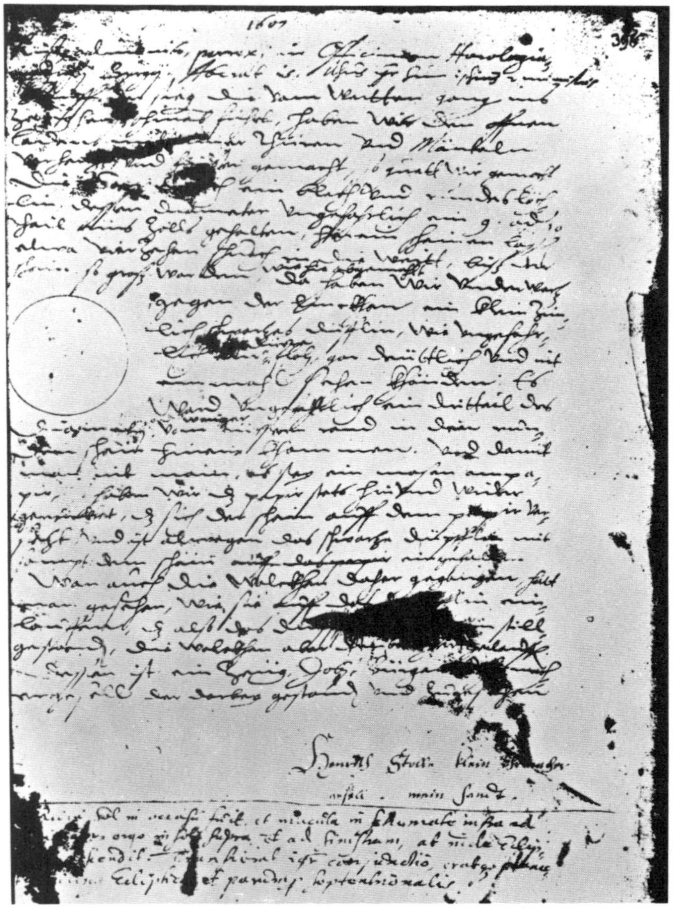

129 · Keplers Beobachtungsprotokoll vom 28. Mai 1607 mit der Unterschrift von Heinrich Stolle

130 · Titelseite von Johann Fabricius „De maculis in Sole observatis" (Wittenberg, 1611)

Am 28. Mai 1607 glaubte Kepler, glücklicher Beobachter eines Merkurdurchgangs zu sein. Als Zeugen seiner Wahrnehmung rief er den Rektor der Karlsuniversität, Martin Bachacek, mit dem zusammen er im Wenzelskolleg wohnte, sowie den Uhrmachergesellen des Jost Bürgi, Heinrich Stolle, auf den Bühnenraum des Hauses. Das auf einem Schirm entworfene Lochbild der Sonne zeigte „ein klein zimlich schwartzes Düpflin, wie ungefahrlich ein dürre floh", worüber Kepler ein Protokoll aufsetzte, das beide Zuschauer unterschrieben (129). Als sich später herausstellte, daß er nicht den Merkur vor der Sonne, sondern einen Sonnenflecken gesehen hatte, rief er aus: „Ich Glücklicher, der ich als erster in diesem Jahrhundert die Flecken beobachtet habe."

1611 gab Johann, Sohn des David Fabricius, erste Kunde von den „durch die Holländische Brill" am 9. März 1611 beobachteten Sonnenflecken (130).

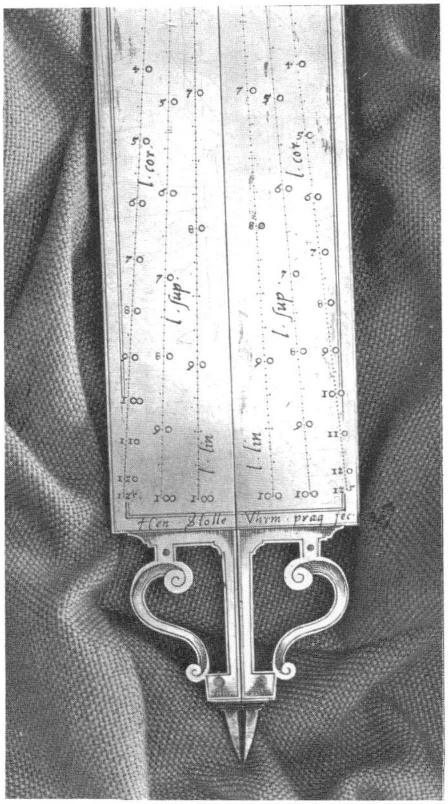

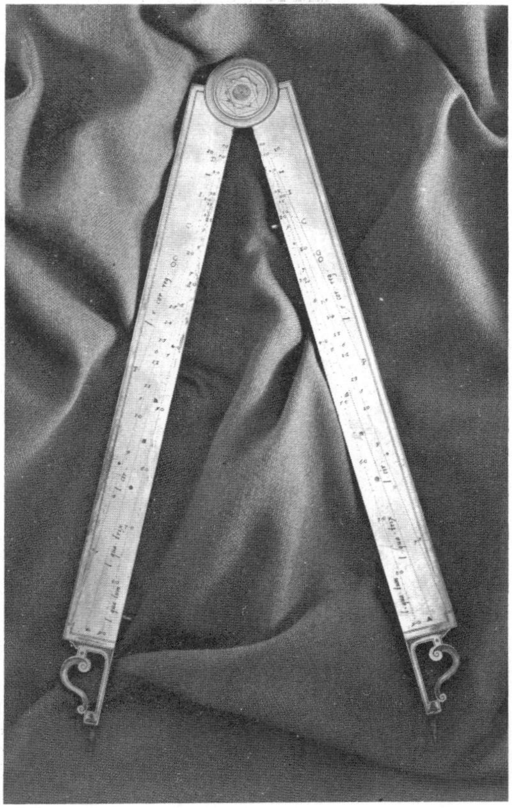

131 · Proportionalzirkel von Heinrich Stolle (nach 1607)

132 · Planetenuhr von Jost Bürgi (1600)

Heinrich Stolle machte sich als Hersteller von Proportionalzirkeln, einem um 1600 entwickelten Rechengerät, einen Namen (131).

Unter den zahlreichen Instrumenten, die Jost Bürgi verfertigte, zieht eine kunstvolle, für Kaiser Rudolf 1600 gebaute Uhr die besondere Aufmerksamkeit auf sich. Sie stellt die Planetenbewegung nach den Systemen von Ptolemäus (unten) wie von Kopernikus–Brahe (oben) dar (132).

Zwischen den Jahren 1601 und 1612 veröffentlichte Kepler eine Reihe kleinerer und mittlerer Schriften, wie sie die Gelegenheit gerade erforderte. Zu ihnen zählt die 1611 erschienene „Strena seu de Nive sexangula“, das „Neujahrsgeschenk“ für den mit ihm befreundeten Reichshofrat Matthäus Wackher (133).

Kepler stellt als erster die Frage: „Warum fällt der Schnee beim ersten Fallen, bevor er sich zu größeren Flocken ballt, immer sechseckig?“ Die Ursache ist nach ihm nicht in der Materie, sondern in einem Wirken (Agens) zu suchen. Ob dieses Wirken die Sechseckform aus einer necessitas materiae oder aus eigener Natur (als facultas formatrix) heraus hervorbringt, darauf weiß er letztlich keine klare Antwort. Als damals bekannte Vergleichsmöglichkeiten für die immer wiederkehrende Symmetrie des Schnees zieht er die Bienenwaben, Granatapfelkerne und Kugelpackungen heran. Aus den Untersuchungen über letztere gewinnt Kepler Vorstellungen, die der späteren Wissenschaft vom Aufbau der Kristalle nahekommen (134).

133 · Matthäus Wackher von Wackhenfels (Stich von Egidius Sadeler, 1614)

134 · Schneekristalle (aus Victor Goldschmidts „Atlas der Krystallformen“, 1916)

Zu Keplers Freunden aus dem böhmischen Adel zählte der auch Brahe nahestehende Peter Wok von Rosenberg, dem Kepler seine erste in Prag veröffentlichte Schrift widmete. Wenceslaus Budowecz a Budowa gehörte ebenfalls zu seinen Gönnern (135). Eine Tafel an dessen Haus vor dem Teynhof (136) hält die Erinnerung an ihn wach mit den Worten: „Er ist 1547 geboren und war zweiter unter den hingefallenen 27 böhmischen Herrn, welche auf dem Richtplatz am 21. Juni 1621 für die Freiheit ihres Glaubens und die Landesrechte bluteten.“

135 · Wenceslaus Budowecz a Budowa (Stich, 1780)

136 · Gedenktafel am Haus Wenceslaus Budowecz in Prag

Bei der „Prager Exekution“ verlor noch ein anderer langjähriger Freund Keplers das Leben: Johannes Jessenius a Jessen (138). Diesem bekannten Prager Anatom verdankte Kepler viele Kenntnisse über den anatomischen Bau des Auges, deren er zur Erklärung des Sehvorgangs in seiner „Optik“ bedurfte.

137 · Friedrich V. von der Pfalz, der „Winterkönig“ (Stich)

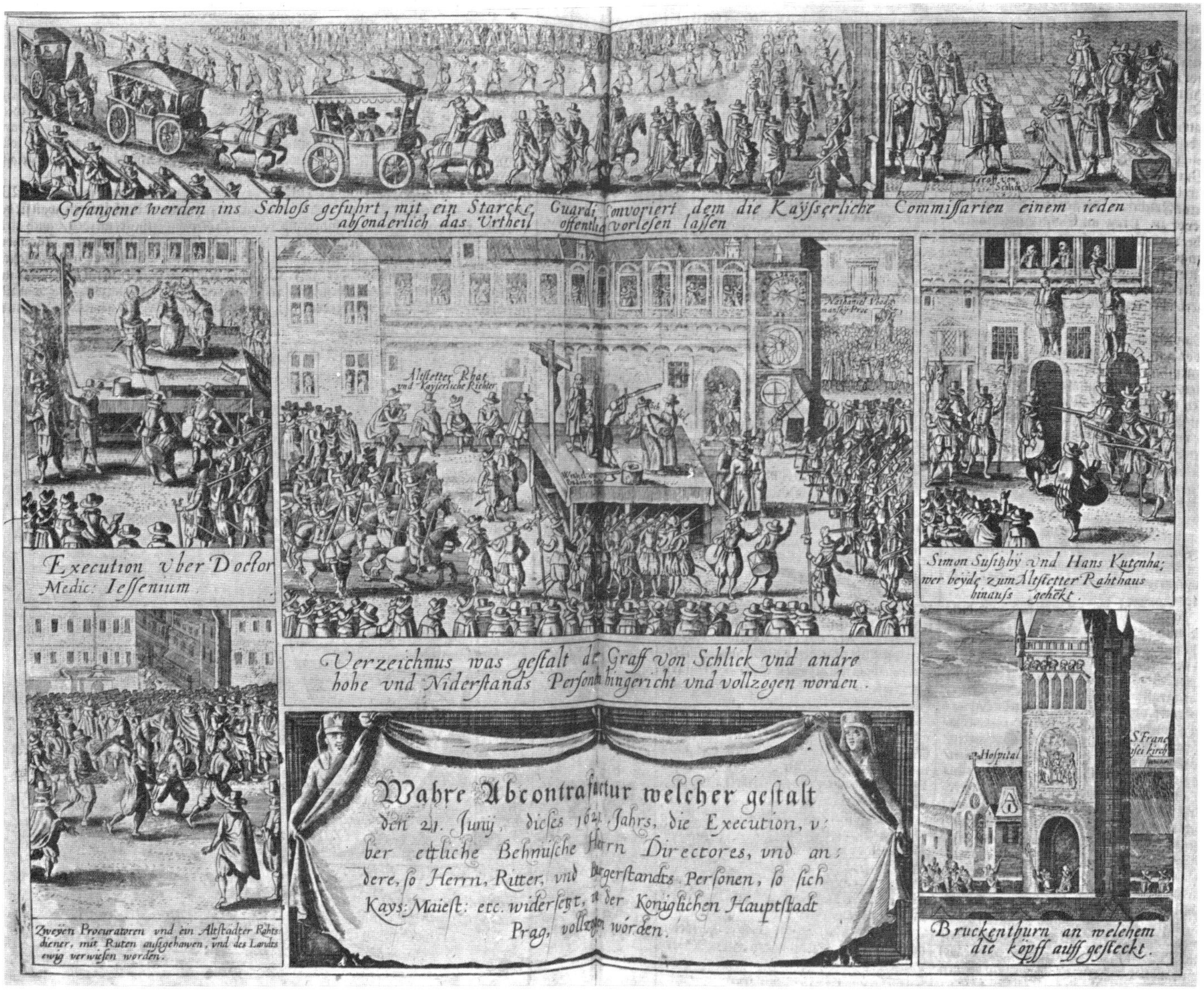

138 · „Prager Exekution“ vom 21. Juni 1621 (Stich, 1627)

Es war ein Glück für Kepler, daß er um jene Zeit nicht mehr in Prag weilte. Wohl bildeten sich Gerüchte um seine Person, da er nie einen Hehl aus seiner ausgesprochenen Sympathie für König Jakob I. von England machte. Der Schwiegersohn dieses Monarchen, Friedrich V. von der Pfalz (137), hatte als Führer der böhmischen Erhebung in der Schlacht am Weißen Berg im Jahre 1620 eine entscheidende Niederlage erlitten; seine Parteigänger, unter ihnen die oben erwähnten Freunde Keplers, traf die unerbittliche Rache Kaiser Ferdinands II.; 27 von ihnen wurden auf dem Marktplatz in Prag am 21. Juni 1621 hingerichtet (138).

139 · Grabmal David Gans (Prag 1613)

Der Prager jüdische Gelehrte David Gans, mehrmals Gast im Hause von Tycho Brahe, übersetzte für diesen die astronomischen Tafeln Pedros IV. von Spanien aus dem Hebräischen ins Deutsche. Kepler benützte ebenfalls diese Übersetzung; es darf angenommen werden, daß er seine Kenntnis der hebräischen Astronomie großenteils den freundschaftlichen Beziehungen zu Gans verdankt.

Als Nachrichtenvermittler gab es zu Keplers Zeit bereits Wochenzeitungen. Die ersten noch erhaltenen Exemplare zweier Wochenzeitungen in vollständigen Jahrgängen sind die „Relation" und der „Aviso" aus dem Jahr 1609. Während die „Relation" nur einmal im Jahr eine Titelei lieferte (wie etwa eine Jahreseinbanddecke), erschien der „Aviso" wöchentlich mit einem ganzseitigen Titelblatt, das unserem heutigen Zeitungskopf entspricht.

140 · Titelseite der Wochenzeitung „Relation" von 1609

Relation:

Aller Fürnemmen, vnd gedenckwürdigen Historien / so sich hin vnnd wider in Hoch vnnd Nieder Teutschland / auch in Franckreich / Italien / Schott vnd Engelland / Hisspanien / Hungern / Polen / Siebenbürgen / Wallachey / Moldaw / Türckey / ꝛc. Inn diesem 1609. Jahr verlauffen vnd zutragen möchte.

Alles auff das trewlichst wie ich solche bekommen vnd zu wegen bringen mag / in Truck verfertigen will.

141 · Nachricht aus Venedig vom 4. September aus der „Relation" von 1609

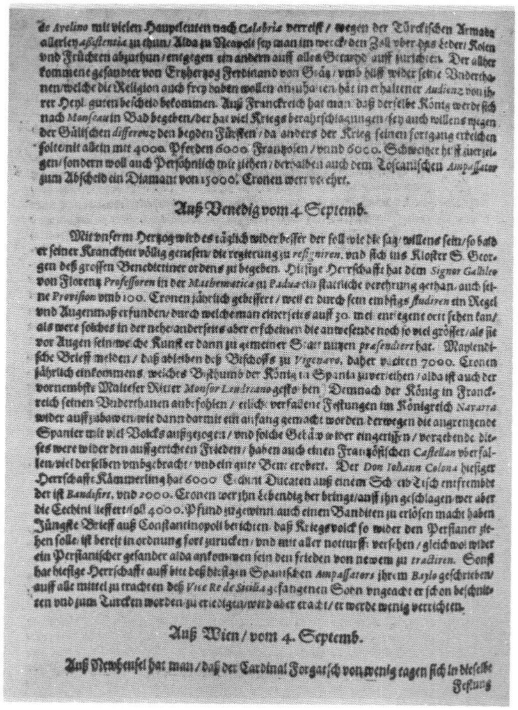

de *Avelino* mit vielen Hauptleuten nach *Calabria* verreist / wegen der Türckischen Armada allerley *assistentia* zu thun / Alda zu Neapoli sey man im werck den Zoll vber das Leder / Kolen vnd Früchten abzuthun / entgegen ein andern auff alles Getrayd auff zurichten. Der alher kommene gesandter von Ertzhertzog Ferdinand von Grätz / vmb hülff wider seine Vnderthanen / welche die Religion auch frey haben wollen anzuhalten hat in erhaltener *Audienz* von ihrer Heyl. guten bescheid bekommen. Auß Franckreich hat man / daß derselbe König werde sich nach *Monseau* in Bad begeben / der hat viel Kriegs berathschlagungen / sey auch willens wegen der Gülischen *differenz* den beyden Fürsten / da anders der Krieg seinen fortgang erreichen solte / nit allein mit 4000. Pferden 6000. Frantzosen / vnnd 6000. Schweitzer hilff zuerzeigen / sondern woll auch Persöhnlich mit ziehen / derhalben auch dem Toscanischen *Ambassator* zum Abscheid ein Diamant von 15000. Cronen wert verehrt.

Auß Venedig vom 4. Septemb.

Mit vnserm Hertzog wird es täglich wider besser der soll wie die sag / willens sein / so bald er seiner Kranckheit völlig genesen / die regierung zu *resigniren*. vnd sich ins Kloster S. Georgen deß grossen Benedictiner ordens zu begeben. Hiesige Herrschafft hat dem *Signor Galileo* von Florentz *Professoren* in der *Mathematica* zu *Padua* ein stattliche verehrung gethan / auch seine *Provision* vmb 100. Cronen jährlich gebessert / weil er durch sein embsigs *studiren* ein Regel vnd Augenmoß erfunden / durch welche man einerseits auff 30. meil entlegene ort sehen kan / als were solches in der nehe / anderseits aber erscheinen die anwesende noch so viel grösser / als sie vor Augen sein / welche Kunst er dann zu gemeiner Statt nutzen *præsendiert* hat. Maylendische Brieff melden / daß ableiben deß Bischoffs zu *Vigenaro*, daher vaciren 7000. Cronen jährlich einkommens / welches Bisthumb der König in Spania zuverleihen / alda ist auch der vornembste Malteser Ritter *Monsor Landreano* gestorben. Demnach der König in Franckreich seinen Vnderthanen anbefohlen / etliche verfallene Festungen im Königreich *Navarra* wider auffzubawen / wie dann darmit ein anfang gemacht worden / derwegen die angrentzende Spanier mit viel Volcks auffgezogen / vnd solche Gebäw wider eingerissen / vorgebende dieses were wider den auffgerichten Frieden / haben auch einen Frantzösischen *Castellan* vberfallen / viel derselben vmbgebracht / vnd ein gute Beut erobert. Der *Don Iohann Colona* hiesiger Herrschafft Kämmerling hat 6000 Cechini Ducaten auß einem Schreib Tisch entfrembdet / der ist *Bandisirt*, vnd 2000. Cronen wer jhn lebendig her bringt / auff jhn geschlagen / wer aber die Cechini liffert / soll 4000. Pfund zugewinn / auch einen Banditen zu erlösen macht haben. Jüngste Brieff auß Constantinopoli berichten / daß Kriegsvolck so wider den Persianer ziehen solle / ist bereit in ordnung fort zurucken / vnd mit aller notturfft versehen / gleichwol wider ein Persianischer gesander alda ankommen sein den frieden von newem zu *tractiren*. Sonst hat hiesige Herrschafft auff bitt deß hiesigen Spanischen *Ambassators* jhrem *Baylo* geschrieben / auff alle mittel zu trachten deß *Vice Re de Sicilia* gefangenen Sohn vngeacht er schon beschnitten vnd zum Türcken worden / zu erledigen / wird aber erachtet / er werde wenig verrichten.

Auß Wien / vom 4. Septemb.

Auß Newheusel hat man / daß der Cardinal Forgatsch vor wenig tagen sich in dieselbe

Festung

Ursprünglich wurde das Wort „Zeitung“ auf jede Art mündlicher oder schriftlicher Übermittlung von Nachrichten angewandt; später gab man den handgeschriebenen oder gedruckten Blättern selbst den Namen „Zeitungen“.
Die in Straßburg erschienene „Relation“ von 1609 und gleichlautend der „Aviso“ (Erscheinungsort Wolfenbüttel) dieses Jahres brachten eine Nachricht aus Venedig vom 4. September, wonach „dem Signor Gallileo von Florentz Professoren in der Mathematica zu Padua“ eine stattliche Verehrung sowie eine Provision bewilligt wurde für ein von ihm erfundenes Gerät, mit dem man auch Entferntes wahrnehmen und Naheliegendes vergrößert sehen konnte (141).

142 · Galileo Galilei von G. Cipriani (geb. 1775). Kupferstich nach Sustermans

Ein denkwürdiges Ereignis für Kepler brachte ein Märztag 1610: der mit ihm befreundete Rat Wackher fuhr an seiner Wohnung (123) vor und verkündete ihm vom Wagen herab, Galilei habe mit einem zweilinsigen „Perspicillum“, einem Fernrohr, 4 neue Planeten entdeckt. „Mit außerordentlicher Begierde“ erwartete Kepler nun den gedruckten Bericht Galileis über seine Entdeckung. Er traf bald ein; am 8. April erhielt er durch Vermittlung des toskanischen Gesandten in Prag ein Exemplar des „Sidereus Nuncius“, zusammen mit der Aufforderung Galileis, Kepler möge sich doch bald dazu äußern.

Man nimmt an, daß die ersten Linsenfernrohre bald nach 1600 in Holland hergestellt wurden. Im April oder Mai 1609 erreichte Galilei eine unbestimmte Nachricht von deren Erfindung; höchst wahrscheinlich gelang ihm durch mühsames systematisches Probieren verschiedener Linsenkombinationen im August die Herstellung eines Fernrohrs. Es bestand aus einem Bleirohr, an dessen einem Ende eine Plankonvexlinse als Objektiv, an dessen anderem Ende eine Plankonkavlinse als Okular eingesetzt war. Galilei erreichte schließlich die erstaunliche dreißigfache (Linear-)Vergrößerung. Kepler meinte, daß ein aufmerksamer Leser seiner Optik von 1604 aus den in Abbildungen dargestellten und abgeleiteten Strahlengängen durch eine Konkav- und eine Konvexlinse schon auf den Gedanken hätte kommen können, beide zu kombinieren, vor allem wenn er den Zusammenhang seiner theoretischen Ableitung mit dem Text in Portas „Magia naturalis" (67) über „Zweilinsige Tuben" beachtet hätte. Doch hat Kepler kein Fernrohr gebaut: er sei der Meinung gewesen, die zwischen Perspicillum und Himmelsobjekt liegende Materie sei dicht und verhindere, Einzelheiten in „vollster Reinheit" zu sehen. Galilei kannte nachweislich Keplers Optik nicht.

143 · Galileisches Fernrohr (um 1612)

In seiner „Dioptrice" (155) entwickelte Kepler 1611 erstmals die Bildentstehung im Auge bei Verwendung des Galileischen Fernrohres und bei der von ihm neu vorgeschlagenen Kombination einer konvexen Objektivlinse mit einer Konvexlinse als Okular. Obgleich das Auge den Gegenstand „umgekehrt" sieht, hat dieses astronomische oder Keplersche Fernrohr den bedeutenden Vorteil eines größeren Gesichtsfeldes. Kepler zeigte auch, wie durch Einschalten einer dritten Konvexlinse zwischen Objektive und Okular ein aufrechtes Bild zu erhalten ist: mit dieser Umkehrlinse wird das astronomische zu dem terrestrischen oder Erdfernrohr. Die bei Keplers Fernrohr noch vorhandene Abhängigkeit der Größe des Gesichtsfeldes von der Größe der Augenpupille beseitigte Christian Huygens durch die Erweiterung der Keplerschen Theorie mit der Einführung der „Feldlinse"

144 · Keplersches Fernrohr (um 1613)

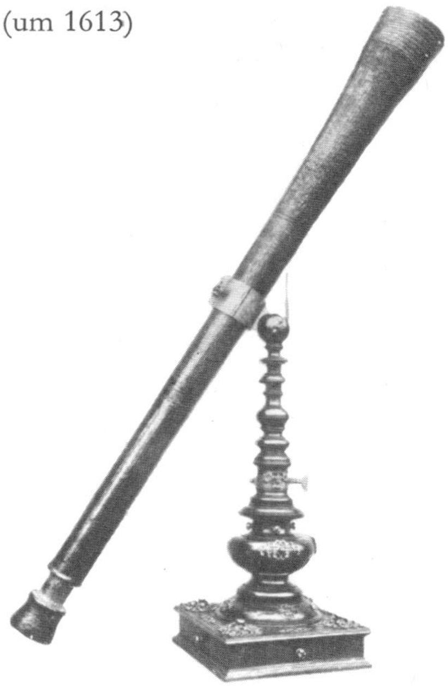

145 · Christoph Scheiner (Ölgemälde)

Kepler gelang es nicht, einen fähigen Linsenschleifer zu finden. Die ersten Keplerschen Fernrohre wurden hergestellt in Dresden 1613 (wenn nicht schon früher) und im gleichen Jahr von dem Ingolstädter Astronomen Christoph Scheiner S. J. (145), nachdem er Keplers „Dioptrik" in Händen hatte. Sie fanden bald Eingang in die nun überall errichteten Sternwarten.

146 · Optisches Gerät (1615) von Christoph Scheiner zur Betrachtung der Landschaft (terrestrisches Fernrohr)

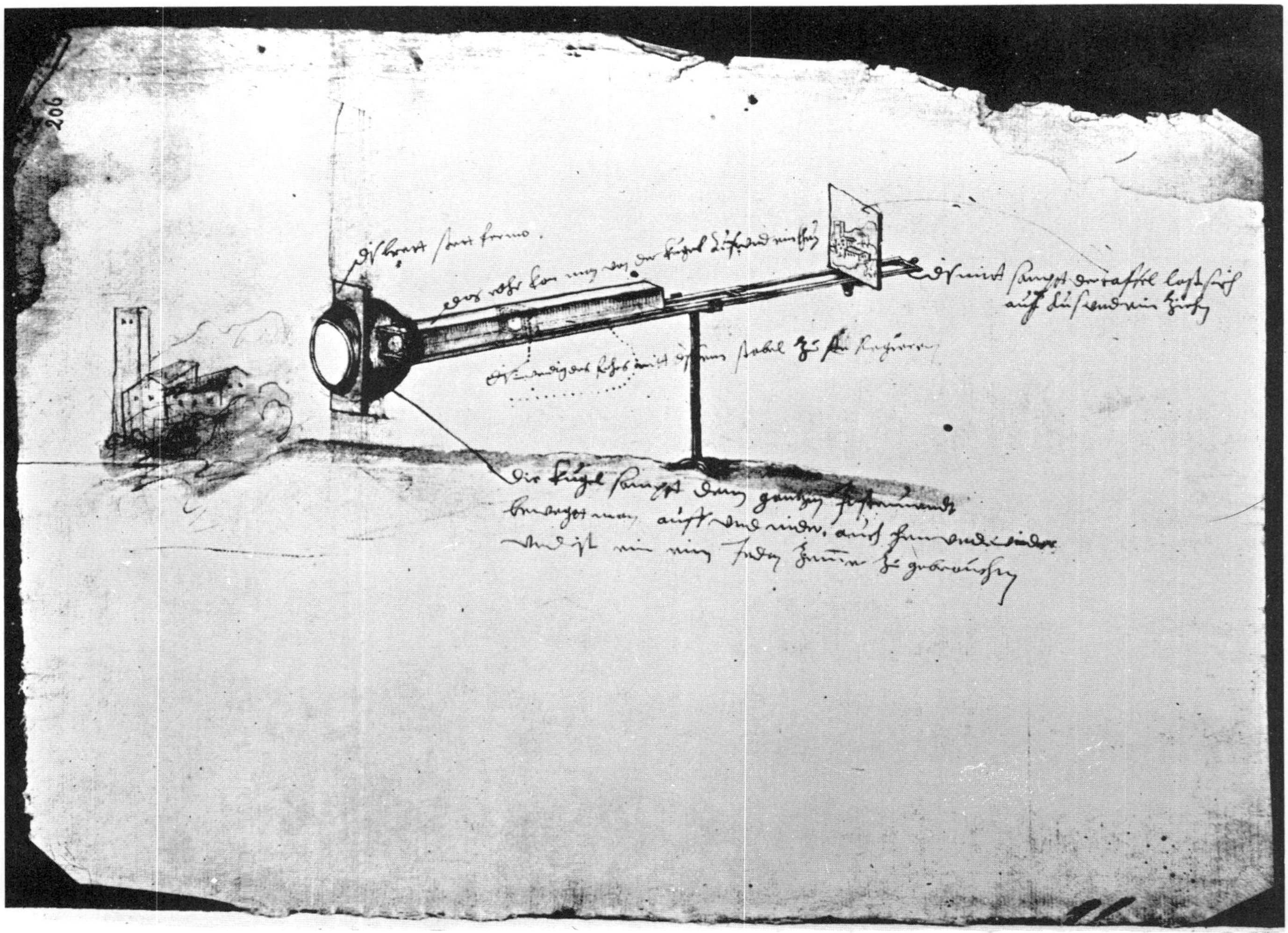

Erzherzog Maximilian in Innsbruck hatte von Scheiner ein Fernrohr erworben, das er mehr zur Betrachtung der schönen Landschaft und zur „Recreation“ als zu astronomischen Beobachtungen verwenden wollte. Offensichtlich handelte es sich aber um ein astronomisches Fernrohr, das die Gegenstände umgekehrt zeigt. Den Wunsch des Erzherzogs, aufrechte Bilder zu sehen, konnte Scheiner durch Einführung der Keplerschen Umkehrlinse in den Strahlengang erfüllen. Kepler erhielt 1615 einen Abriß dieses Geräts (146) nebst den verwendeten Linsen im Auftrag Maximilians zur Beurteilung.

Da naves, aut vela cæleſti auræ ac-
commoda, erunt qui ne ab illa quidem vaſtitate ſibi metuãt.
Adeoq; quaſi propediem affuturis, qui hoc iter tentent. Ego
Lunarem, tu Galilæe Iovialem condamus Aſtronomiam.

147 · Auszug aus Keplers „Dissertatio cum Nuncio Sidereo“ (Prag, 1610)

In dem „Sidereus Nuncius“, der „Sternenbotschaft“ (148), berichtet Galilei über seine Beobachtungen am Himmel, die er erst nach dem 7. Jan. 1610 mit dem Fernrohr gemacht hatte. Mit diesem Instrument sah sich die Wissenschaft in der Folgezeit vor neue Aufgaben bei der Erforschung der Himmelserscheinungen gestellt. Galilei sah nun mit eigenen Augen, was Gelehrte bis dahin mit wissenschaftlichen Argumenten nur gemutmaßt hatten: die Milchstraße bot sich seinen Blicken als Anhäufung zahlloser kleiner Sterne dar. Der Mond erwies sich als reichlich lohnendes Objekt; helle und dunkle Partien darauf ließen sich als Festländer und Meere deuten und zeigten die Erdähnlichkeit unseres Trabanten. In Neuland jedoch stieß die Entdeckung Galileis vor, daß der Jupiter 4 Begleiter habe; später kamen zwei weitere Entdeckungen dazu, von denen er nur brieflich und in Buchstabenrätseln versteckt erste Kunde gab: die „Drei-Gestalt des Saturn“ und die Phasen der Venus.

Keplers Antwort an Galilei ging am 19. April 1610 ab und erschien bald darauf gedruckt als „Dissertatio cum Nuncio Sidereo“ – „Unterredung mit dem Sternenboten“ (149). Ohne selbst ein Fernrohr in der Hand zu haben, untersucht Kepler darin dessen Wirkungsweise und Glaubwürdigkeit, wie im einzelnen die astronomischen Folgerungen, die sich aus Galileis Entdeckungen abzeich-

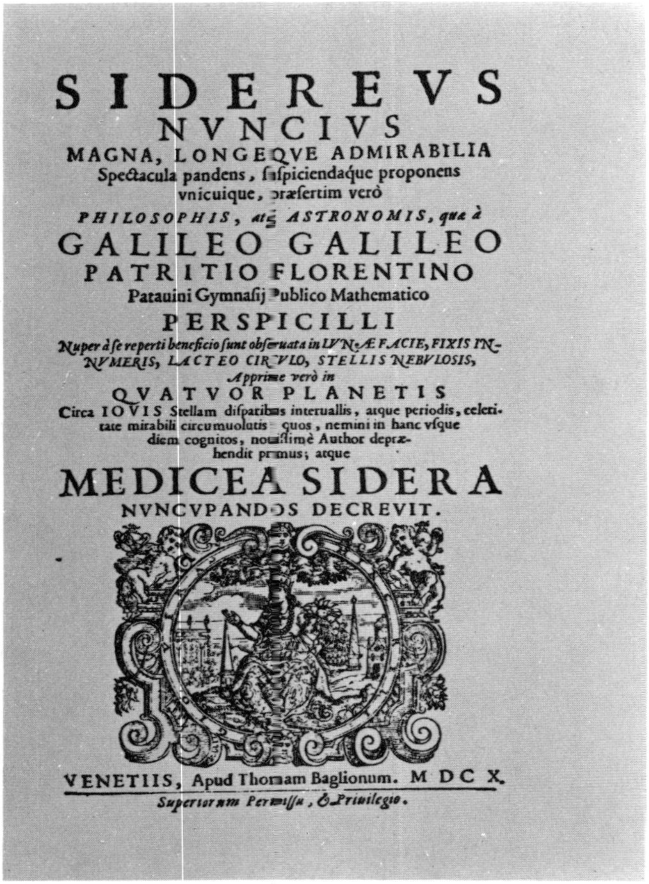

SIDEREVS
NVNCIVS
MAGNA, LONGEQVE ADMIRABILIA
Spectacula pandens, suspiciendaque proponens
vnicuique, præsertim verò
PHILOSOPHIS, atq; ASTRONOMIS, quæ à
GALILEO GALILEO
PATRITIO FLORENTINO
Patauini Gymnasij Publico Mathematico
PERSPICILLI
Nuper à se reperti beneficio sunt obseruata in LVNÆ FACIE, FIXIS INNVMERIS, LACTEO CIRCVLO, STELLIS NEBVLOSIS,
Apprime verò in
QVATVOR PLANETIS
Circa IOVIS Stellam disparibus interuallis, atque periodis, celeritate mirabili circumuolutis; quos, nemini in hanc vsque diem cognitos, nouissimè Author depræhendit primus; atque
MEDICEA SIDERA
NVNCVPANDOS DECREVIT.
VENETIIS, Apud Thomam Baglionum. M DC X.
Superiorum Permissu, & Priuilegio.

148 · Titelseite von Galileo Galileis „Sidereus Nuncius" (Venedig, 1610)

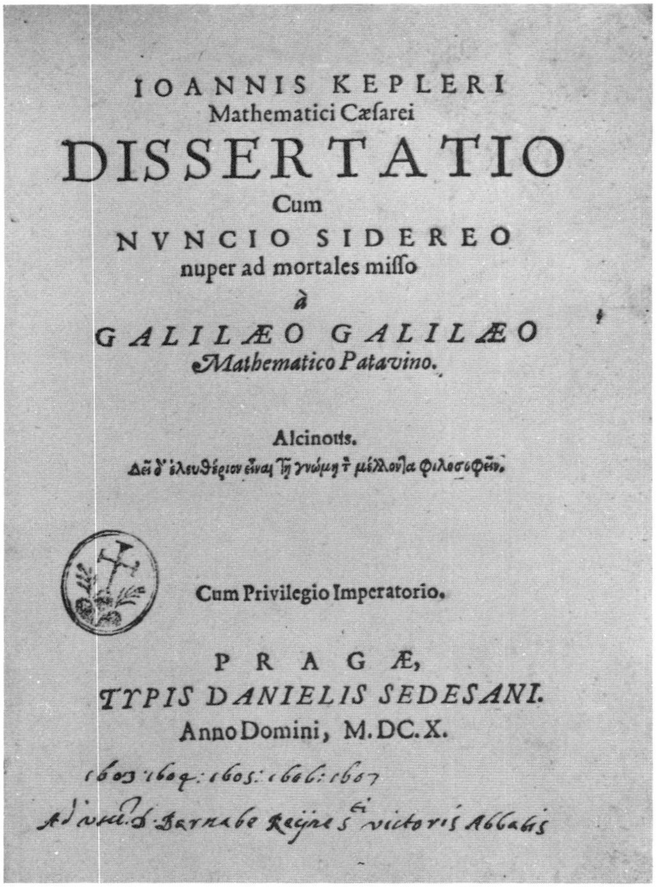

IOANNIS KEPLERI
Mathematici Cæsarei
DISSERTATIO
Cum
NVNCIO SIDEREO
nuper ad mortales misso
à
GALILÆO GALILÆO
Mathematico Patavino.
Alcinous.
Δεῖ δ' ἐλευθέριον εἶναι τῇ γνώμῃ τὸν μέλλοντα φιλοσοφεῖν.
Cum Privilegio Imperatorio.
PRAGÆ,
TYPIS DANIELIS SEDESANI.
Anno Domini, M.DC.X.
1603: 1604: 1605: 1606: 1607

149 · Titelseite von Keplers „Dissertatio cum Nuncio Sidereo" (Prag, 1610)

nen. Besonders ausführlich nimmt er Stellung zu den teleskopischen Mondbeobachtungen und deren Deutung, die später in seinem „Somnium" wieder aufgegriffen werden.

Erstaunt über das „riesige kreisrunde Loch im linken Mondwinkel", das die Figur in Galileis Schrift zeigt (die moderne Mondaufnahme (151) stellt den Mond im gleichen Alter wie im Bild (150) dar), fragt sich Kepler, ob dies ein Werk der Natur oder der Hand eines Baumeisters sei. „Gib Schiffe", ruft er aus, „oder richte Segel für die Himmelsluft her, und es werden auch die Menschen da sein, die sich vor der entsetzlichen Weite nicht fürchten. Und so, als ob die wagemutigen Reisenden schon morgen vor der Tür stünden, wollen wir die Astronomie für sie begründen, ich die des Mondes, du, Galilei, die des Jupiter" (147).

150 · Figur aus Galileis „Sidereus Nuncius“ (Venedig 1610, Holzschnitt)

151 · Mondaufnahme der Wilhelm-Foerster-Sternwarte in Berlin (18. September 1965)

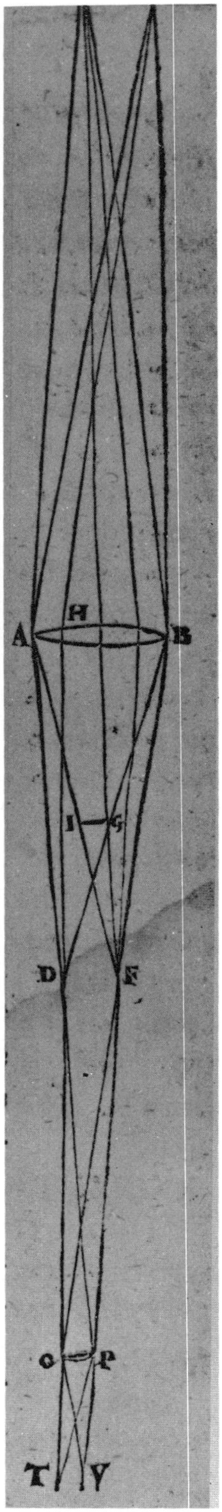

152 · Strahlengang im Keplerschen Fernrohr

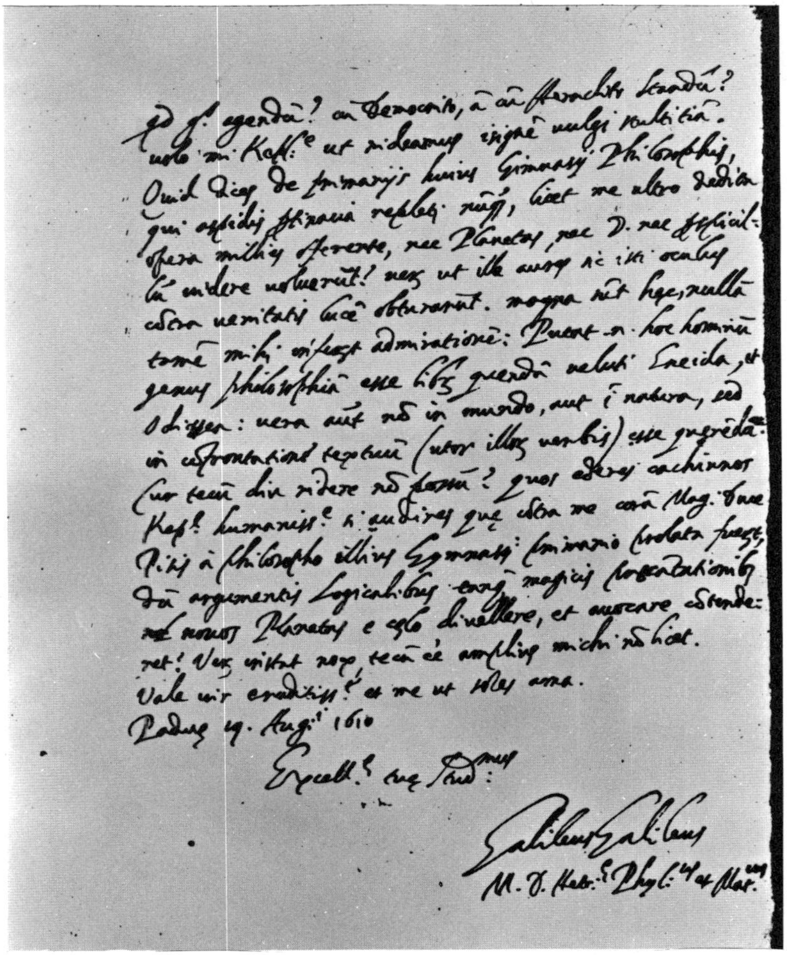

153 · Schluß des Briefes von Galilei an Kepler (19. August 1610)

Auf keinerlei eigene Erfahrung gestützt, schenkte Kepler schon bei der ersten Nachricht von Galileis Entdeckung der Jupitermonde dem Italiener vollen Glauben. Doch bat er ihn, zur besseren Widerlegung von dessen Gegnern, um Zeugnisse auch anderer Beobachter. Galilei nannte zwar einige in einem Schreiben an Kepler (153); doch sein Versuch, am 24./25. April 1610 mehr als 20 gelehrte Männer im Hause des J. A. Magini (156) in Bologna (Kepler benützte dessen Ephemeriden und plante, zusammen mit dem italienischen Mathematiker solche Ephemeriden herauszugeben) von seiner Glaubwürdigkeit zu überzeugen, scheiterte. Mangel an Übung im teleskopischen Sehen, aber auch persönliche Animosität mögen das ihre dazu beigetragen haben. Galilei sah darüber hinweg, lachend „über die ausnehmende Dummheit der Menge“ (153).

154 · Keplersches Fernrohr. Ausschnitt aus dem Titelbild von Keplers „Tabulae Rudolphinae“ (Ulm, 1627)

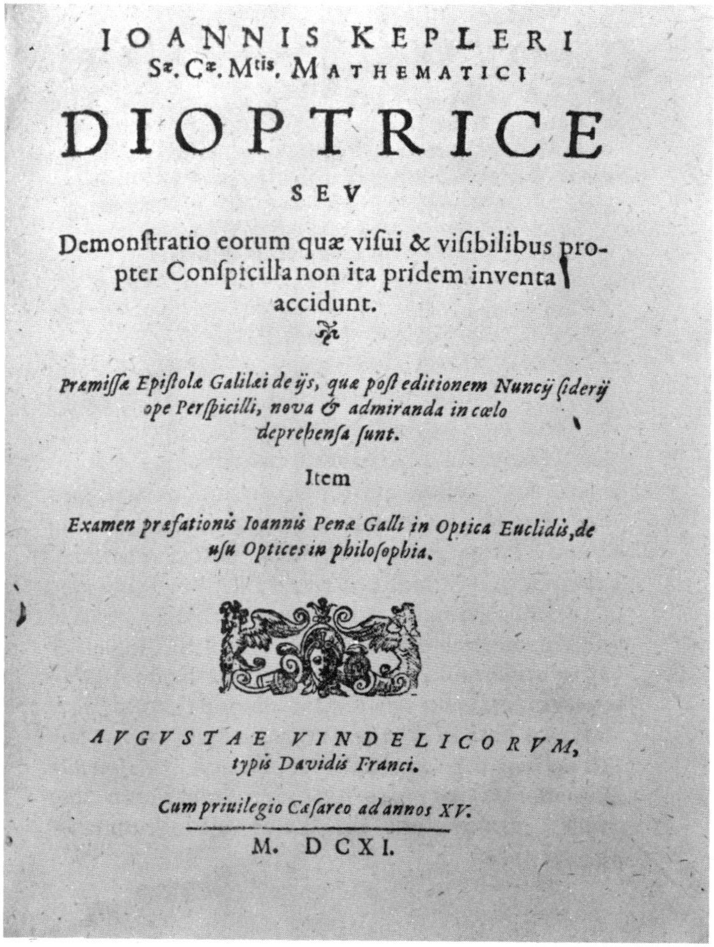

IOANNIS KEPLERI
Sæ. Cæ. Mtis. MATHEMATICI
DIOPTRICE
SEV
Demonſtratio eorum quæ viſui & viſibilibus propter Conſpicilla non ita pridem inventa accidunt.

Præmiſſæ Epiſtolæ Galilæi de ijs, quæ poſt editionem Nuncij ſiderij ope Perſpicilli, nova & admiranda in cœlo deprehenſa ſunt.

Item

Examen præfationis Ioannis Penæ Galli in Optica Euclidis, de uſu Optices in philoſophia.

AVGVSTAE VINDELICORVM, typis Davidis Franci.

Cum priuilegio Cæſareo ad annos XV.

M. DCXI.

155 · Titelseite von Keplers „Dioptrice“ (Augsburg, 1611)

In das Verdienst, den Gebrauch des Fernrohrs in die Astronomie eingeführt und damit den Grund zu deren glänzenden Entwicklung gelegt zu haben, teilen sich Galilei und Kepler: jener als erster praktischer Beobachter, Kepler als hervorragender Theoretiker. Nachdem Galilei Keplers Bitte um ein Fernrohr unerfüllt gelassen hatte, stellte ihm Kurfürst Ernst von Köln einen von Galilei geschenkten Tubus zur Verfügung. Innerhalb weniger Herbstwochen des Jahres 1610 schrieb Kepler das Buch, in dem er (152) den gesetzmäßigen Verlauf des Strahlengangs durch Linsen und Linsensysteme in grundlegender Weise darstellte. Im Titel führt es eine Wortschöpfung Keplers für einen neuen Wissenszweig, die Optik der brechenden Medien: „Dioptrice“ – Dioptrik. Sachliche Geschlossenheit, knappe Sprache und zwingende Logik zeichnen dieses letzte bedeutende Werk Keplers, das er in Prag verfaßte, aus. Die „Optik“ von 1604 und die „Dioptrik“ trugen ihm den Namen des „Vaters der modernen Optik“ ein.

156 · J. A. Magini (Stich, 1590)

Nachdem Galilei seine Fernrohr-Entdeckungen am Himmel gemacht hatte, gingen auch andere Gelehrte dazu über, mit mehr oder weniger Erfolg Himmelsbeobachtungen mit dem neuen Instrument anzustellen. Dabei führten gleichzeitige Wahrnehmungen ein und desselben Phänomens zu unerquicklichen Prioritätsstreitigkeiten.
Eine Übersicht von E. Zinner gibt die zeitliche Ordnung solcher Entdeckungen, ohne jedoch die Frage nach einer möglichen Abhängigkeit voneinander in Betracht zu ziehen.

Jupitermonde	G. Galilei, 7. Januar 1610
	S. Marius, 8. Januar 1610
	Th. Harriot, 16. Januar 1610
Venusphasen	G. Galilei, November 1610
	Ch. Clavius, November 1610
	S. Marius, Ende 1610
Saturnringe	G. Galilei, 13. November 1610
	Ch. Clavius, November 1610
Sonnenflecken	J. Fabricius, Ende 1610
	Th. Harriot, Ende 1610
	G. Galilei, 1611
	Ch. Scheiner, 1611
	S. Marius, 1611
Andromeda-Nebel	S. Marius, 1612

157 · Simon Marius mit seinem Fernrohr und dem Jupitersystem in seinem Buch „Mundus Jovialis“ (Holzschnitt, 1614)

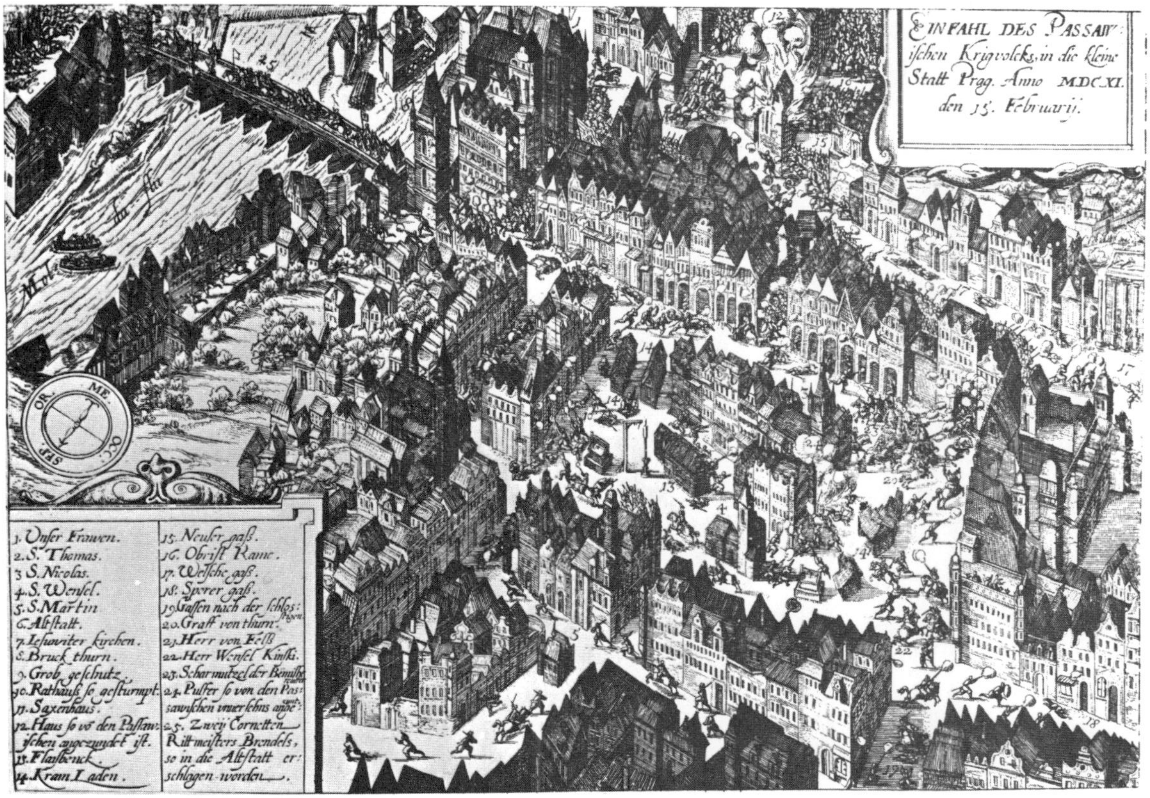

158 · Einfall des Passauer Kriegsvolks auf der Kleinseite von Prag am 15. Februar 1611 (Anon. Stich, 1611)

Die großen wissenschaftlichen Ereignisse der Jahre 1610/11 traten für Kepler in den Hintergrund, als die politische Entwicklung bedrohlich wurde und ihn familiäre Schicksalsschläge trafen. In den Zwist zwischen Kaiser Rudolf und seinem Bruder Matthias griff, vom Kaiser darum angegangen, dessen Vetter Leopold, Bischof von Passau, überraschend ein; er warb Truppen, mit denen er am 15./16. Februar 1611 in Prag einfiel (Nr. 158, 159). Matthias eilte mit einem österreichischen Heer herbei, doch kam es nicht zum Gefecht. Er wurde Herr der Lage; am 23. Mai zwang er seinen Bruder Rudolf zur Abdankung. Nach dessen Tod am 20. Januar 1612 wurde Matthias sein Nachfolger.

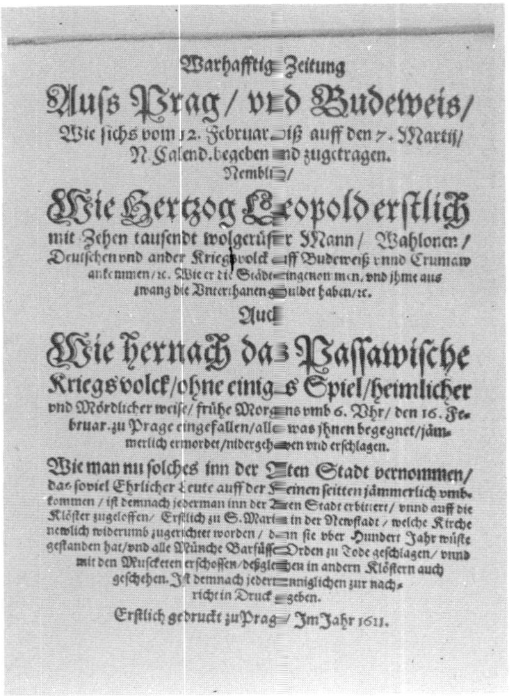

Warhafftig Zeitung

Auss Prag / vnd Budeweis /

Wie sichs vom 12. Februar. biß auff den 7. Martij / N. Calend. begeben vnd zugetragen.

Nemblich /

Wie Hertzog Leopold erstlich

mit Zehen tausendt wolgerüster Mann / Wahlonen / Deutschen vnd ander Kriegsvolck auff Budeweiß vnnd Crumaw ankommen / ec. Wie er die Städte eingenommen / vnd jhme aus zwang die Vnterthanen gehuldet haben / ec.

Auch

Wie hernach das Passawische

Kriegsvolck / ohne einiges Spiel / heimlicher vnd Mördlicher weise / frühe Morgens vmb 6. Vhr / den 16. Februar. zu Prage eingefallen / alles was jhnen begegnet / jämmerlich ermordet / nidergehawen vnd erschlagen.

Wie man nu solches inn der Alten Stadt vernommen / das soviel Ehrlicher Leute auff der Kleinen seitten jämmerlich vmbkommen / ist demnach jederman inn der Alten Stadt erbittert / vnnd auff die Klöster zugeloffen / Erstlich zu S. Mariæ in der Newstadt / welche Kirche newlich widerumb zugerichtet worden / denn sie vber Hundert Jahr wüste gestanden hat / vnd alle Münche Barfüsser Orden zu Tode geschlagen / vnnd mit den Mußcketen erschossen / deßgleichen in andern Klöstern auch geschehen. Ist demnach jedermänniglichen zur nachricht in Druck gegeben.

Erstlich gedruckt zu Prag / Im Jahr 1611.

159 · „Zeitung“ über den Passauer Einfall in Prag (Prag, 1611)

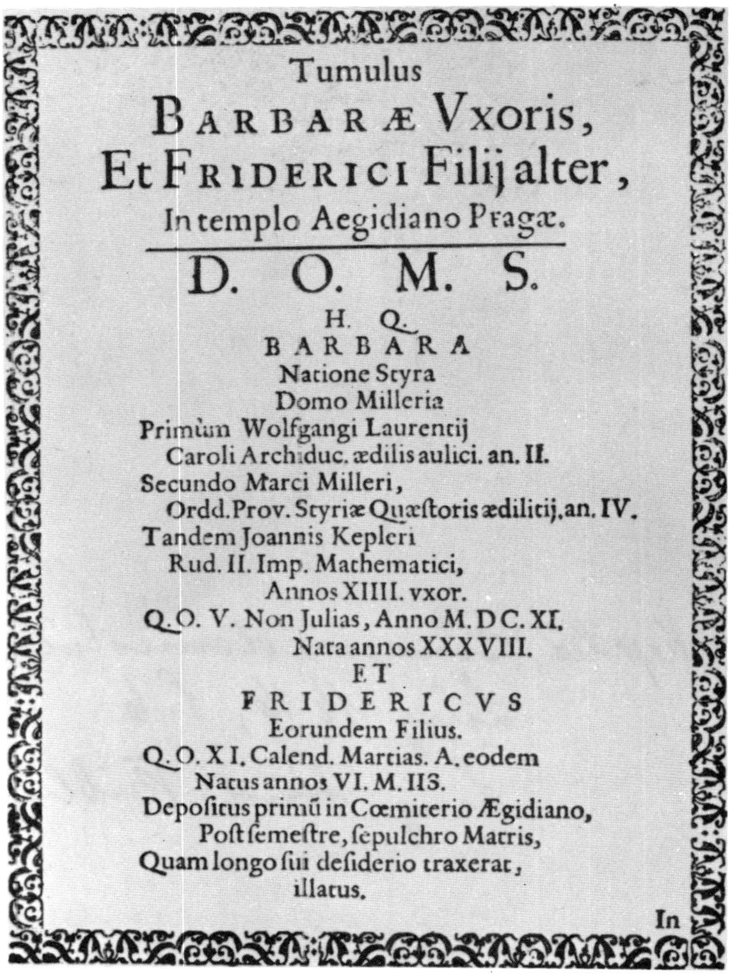

Tumulus

BARBARÆ VXORIS,

ET FRIDERICI FILIJ ALTER,

In templo Aegidiano Pragæ.

D. O. M. S.

H. Q.

BARBARA

Natione Styra

Domo Milleria

Primùm Wolfgangi Laurentij

Caroli Archiduc. ædilis aulici. an. II.

Secundo Marci Milleri,

Ordd. Prov. Styriæ Quæstoris ædilitij. an. IV.

Tandem Joannis Kepleri

Rud. II. Imp. Mathematici,

Annos XIIII. vxor.

Q. O. V. Non Julias, Anno M. DC. XI.

Nata annos XXXVIII.

ET

FRIDERICVS

Eorundem Filius.

Q. O. XI. Calend. Martias. A. eodem

Natus annos VI. M. II. S.

Depositus primũ in Cœmiterio Ægidiano,

Post semestre, sepulchro Matris,

Quam longo sui desiderio traxerat,

illatus.

In

160 · Grabmal von Barbara Kepler, einstmals in St. Ägidien in Prag

Während das Passauer Kriegsvolk in Prag lag, starb Keplers sechsjähriger Sohn Friedrich am 19. Februar 1611 an den Pocken. Am 3. Juli nahm ihm der Tod die Frau. „Betäubt durch die Schreckenstaten der Soldaten und den Anblick des blutigen Streites in der Stadt, verzehrt von der Verzweiflung an einer besseren Zukunft und der unauslöschlichen Sehnsucht nach dem verlorenen Liebling, wurde sie zum Abschluß ihrer Leiden von dem ungarischen Fleckfieber angesteckt. In melancholischer Mutlosigkeit hauchte sie schließlich ihre Seele aus.“

Mutter und Sohn fanden ihre letzte Ruhestätte bei St. Ägidien in Prag. 1617 setzten Kepler und seine Stieftochter beiden ein Grabdenkmal in der Kirche (160). „Es ist die Kirch zu St. Gilgen erneuert und schön liecht ausgebutzet“, schrieb Kepler an die Stieftochter.

161 · Herzog Johann Friedrich von Württemberg (1608 bis 1628); im Hintergrund Stuttgart

Nach Kaiser Rudolfs Abdankung blieb Kepler auf Verlangen des Monarchen, für den er immer Partei ergriffen hatte, bis zu dessen Tod in Prag. Vorsorglich hielt er dabei Umschau nach einem anderen Wirkungskreis, wo er in Ruhe seinen wissenschaftlichen Studien nachgehen konnte. Er dachte an die schwäbische Heimat und wandte sich an Johann Friedrich von Württemberg (161). Herzog und Kanzleramt waren nicht abgeneigt, ihm eine Stelle an der Universität zu geben. Die oberste Kirchenbehörde jedoch lehnte ihn als „verschlagenen Kalvinisten" ab; der Herzog erteilte im April 1611 Kepler eine Absage. Von oberösterreichischen Herrn aufgefordert, seinen Wohnsitz nach Linz zu verlegen, bot Kepler den Ständen dieses Landes seine Dienste als Landschaftsmathematiker an. Diese nahmen ihn gerne auf; am 11. Juni 1611 erhielt er die Anstellungsurkunde. Mitte April 1612 verließ Kepler als „niedergebeugter Mann" mit seinen beiden mutterlosen Kindern Prag in Richtung Linz.

162 · Abriß der Stadt Linz (Kupferstich, 1620)

r Keÿſ: Maÿt: eingenommen. den 4 Auguſti Anno 1620.
M
N
S

163 · Johannes Kepler (Ölgemälde, um 1620)

Die Verordneten der 4 Stände von Prälaten, Herrn, Ritterschaft und Städten in Oberösterreich sahen es „für rathsamb und dem Landt nützlich an, Joannem Kepplerum, der Röm. Kay. May. Mathematicum, umb seiner berhümbdten geschickhlichkait und wissenden lobwürdigen Tugenden willen, zu Ihren diensten zubefürdern." Er wurde beauftragt, die „Rudolphinischen Tafeln" zu vollenden und eine Karte des Landes anzufertigen. Seine angebotenen Dienste „in studiis mathematicis, philosophicis et historicis" solle Kepler zum Nutzen der Stände und der adeligen Jugend verwenden.

Kaiser Matthias bestätigte Kepler im März 1612 als kaiserlichen Mathematiker. So diente er in Linz zwei Herren und unterzeichnete als „Mathematiker des Kaisers Matthias und der oberösterreichischen Stände“.
Matthias hielt Kepler jedoch nicht am Hof fest, sondern zog ihn nur zu gelegentlichen Beratungen heran. Ende 1612 erhielt er eine Ladung zu dem in Regensburg 1613 zusammentretenden Reichstag. Er sollte als Gutachter über die Kalenderreform gehört werden.

164 · Kaiser Matthias (Stich von Egidius Sadeler, 1614)

165 · Portal am Alten Rathaus in Regensburg (Anfang des 15. Jahrhunderts)

Der Ruf nach einer Kalenderverbesserung war alt und berechtigt. Mit der Festlegung des Osterfestes auf den Sonntag nach dem ersten Frühlingsvollmond (325 auf dem Konzil von Nicäa) waren den Astronomen zwei Aufgaben gestellt worden. Deren Lösung hatte einerseits den von J. Cäsar 46 v. Chr. eingeführten Kalender mit einer um 11 Minuten 14 Sekunden zu großen Jahreslänge von 365¼ Tagen und einem Schalttag alle 4 Jahre zur Grundlage, andererseits

den 19jährigen Mondzyklus mit einem Überschuß von 1½ Stunden. Aus den Überschüssen ergaben sich im Laufe der Jahrhunderte so große Abweichungen von den tatsächlichen Erscheinungen am Himmel, daß der Frühlingsanfang, der im Jahre 325 auf den 21. März gefallen war, im 16. Jahrhundert schon am 11. März eintraf. Um diesen Anfang wieder auf den 21. März zu bringen und dessen neuerlicher Verschiebung vorzubeugen, ließ, da man von einem kirchlichen Fest ausging, Papst Gregor XIII. von Fachmännern einen Reformplan ausarbeiten, der am 24. Februar 1582 gebilligt wurde: in diesem Jahr fielen 10 Tage aus, indem auf den 4. Oktober gleich der 15. Oktober folgte.
Die Annahme des neuen Kalenders stieß in den evangelischen Ländern, so auch in Württemberg, auf großen Widerstand; die „papistische Neuerung" wurde als Tyrannei des Papstes in einer Flut von Streit- und Schmähschriften bekämpft.

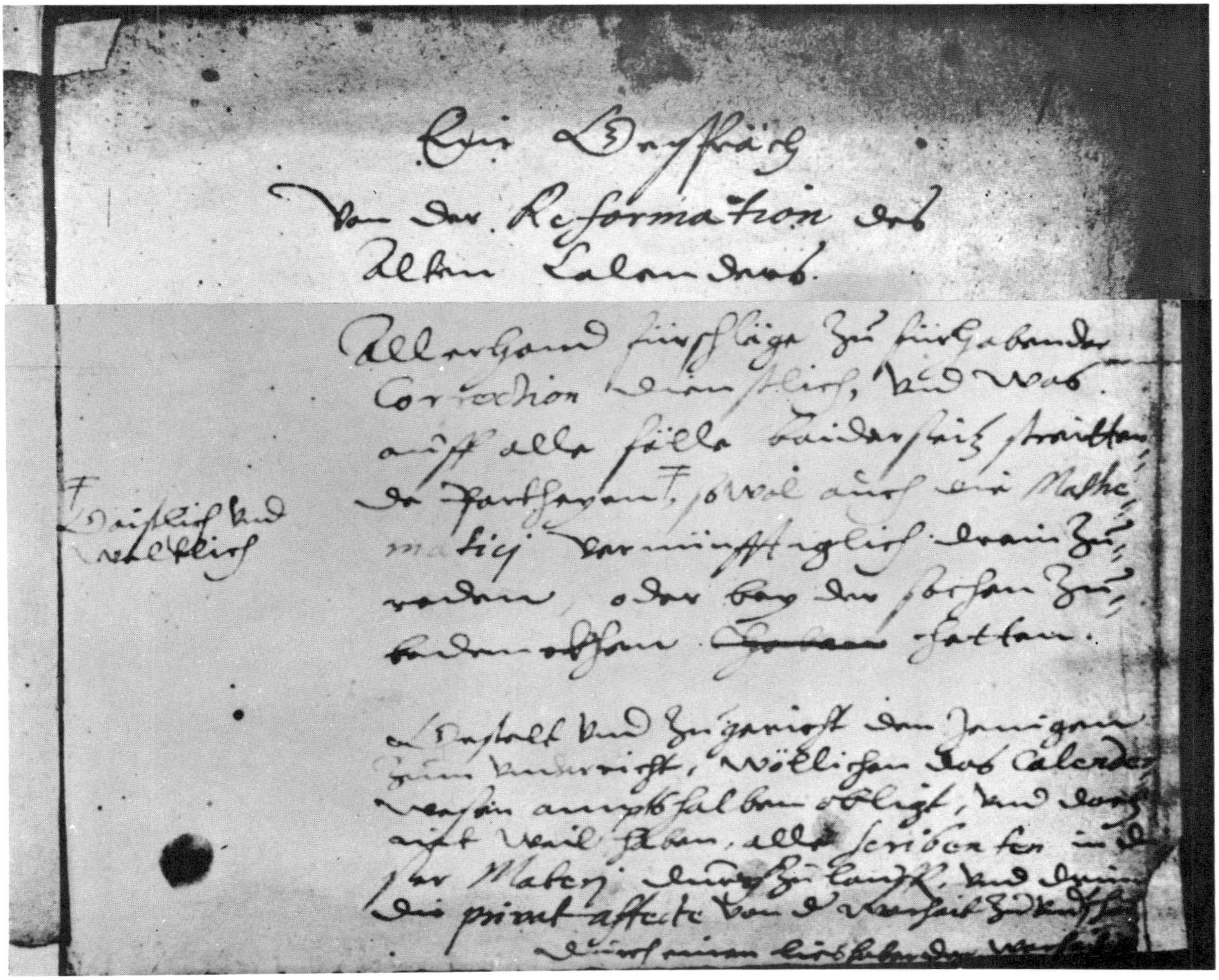
Ein Gespräch von der Reformation des alten Calenders

166 · J. Kepler: „Ein Gespräch von der Reformation des alten Calenders" (um 1603)

Brahe und Kepler traten, obwohl evangelisch, aus sachlichen Gründen für die Annahme der Kalenderreform ein. In Prag schon hatte Kepler – für das Kalenderwesen von amtswegen zuständig – in Gesprächsform eine Schrift zur Kalenderverbesserung verfaßt. Daß die darin enthaltenen Vorschläge und Anregungen bereits die kaiserliche Vorlage auf dem Reichstag von 1603 beeinflussten, aus profanen und politischen Ursachen die Ungleichheit im Kalender abzustellen, ist nicht von der Hand zu weisen. Als „liebhaber der warheit" (166, letzte Zeile) verteidigte er, das Für und Wider abwägend, die astronomische Praxis der neuen Kalenderrechnung und deren Zuverlässigkeit in der Zukunft.
Eine Einigung kam auch 1613 nicht zustande; die besonders das Justizwesen und den Handel lähmende Spaltung in der Kalenderrechnung dauerte bis ins 18. Jahrhundert hinein an; z.B. in England bis 1752.

Die mit der Kalenderreform zusammenhängenden Fragen förderten vom Grundsätzlichen her die Wissenschaft der biblischen Chronologie ungemein. Man begann, die Zahlenangaben im Alten Testament nachzuprüfen und sie mit den profanen Geschichtsquellen zu vergleichen sowie „alle Buchstaben der Evangelienworte sorgfältiger abzuwägen, als es vordem der Fall war", wie Kepler bemerkt. Er fand so sehr Gefallen an der Chronologie, daß er viel Zeit darauf verwandte (ebenso wie später Isaac Newton) und mehrere Schriften über chronologische Probleme veröffentlichte. Dabei kam sowohl der Historiker wie der Astronom Kepler zu Wort.

Im Mittelpunkt seiner Untersuchungen stand das Geburtsjahr Christi. Zu dessen Fixierung ist in historischer Sicht das Todesdatum von Herodes d.Gr. ein wichtiger Anhaltspunkt (Christus ist „in den Tagen des Königs Herodes" geboren). Kepler errechnete dafür, abweichend von den Ergebnissen anderer Chronologen seiner Zeit, das Jahr 4 v.Chr., wie es auch heute von den Historikern angenommen wird. Die Geburt Christi liegt um mindestens 1 Jahr zurück, fällt also 5 volle Jahre vor den Beginn der christlichen Ära (167), d.h. in das Jahr 6 v.Chr.

167 · Titelseite von Keplers „Bericht vom Geburtsjahr Christi" (Straßburg, 1613)

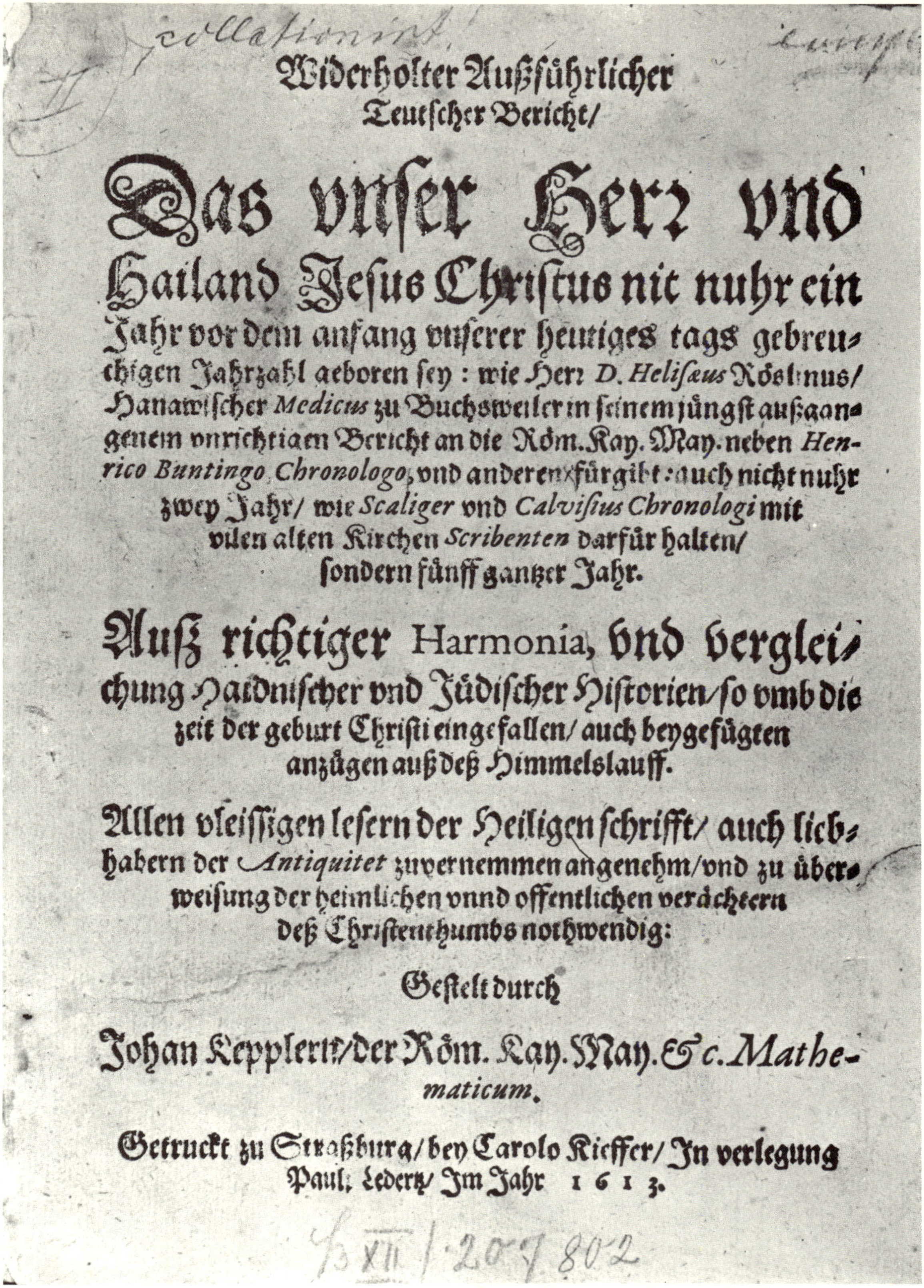

Widerholter Außführlicher
Teutscher Bericht/

Das vnser Herr vnd Hailand Jesus Christus nit nuhr ein

Jahr vor dem anfang vnserer heutiges tags gebreu-
chigen Jahrzahl geboren sey: wie Herr *D. Helisæus* Röslinus/
Hanawischer *Medicus* zu Buchsweiler in seinem jüngst außgan-
genem vnrichtigen Bericht an die Röm. Kay. May. neben *Hen-
rico Buntingo Chronologo*, vnd anderen fürgibt: auch nicht nuhr
zwey Jahr/ wie *Scaliger* vnd *Calvisius Chronologi* mit
vilen alten Kirchen *Scribenten* darfür halten/
sondern fünff gantzer Jahr.

Auß richtiger Harmonia, vnd verglei-
chung Haidnischer vnd Jüdischer Historien/ so vmb die
zeit der geburt Christi eingefallen/ auch beygefügten
anzügen auß deß Himmelslauff.

Allen vleissigen lesern der Heiligen schrifft/ auch lieb-
habern der *Antiquitet* zuvernemmen angenehm/ vnd zu über-
weisung der heimlichen vnnd offentlichen verächtern
deß Christenthumbs nothwendig:

Gestelt durch

Johan Kepplern/ der Röm. Kay. May. &c. *Mathe-
maticum.*

Getruckt zu Straßburg/ bey Carolo Kieffer/ In verlegung
Paul: Ledertz/ Im Jahr 1613.

Ein astronomisches Hilfsargument zu dieser Frage liefert eine Mondfinsternis, die während der letzten Krankheit des Herodes stattgefunden haben soll. In Betracht kommen 2 Finsternisse, von denen sich Kepler mit zutreffenden Überlegungen für die partielle vom 12./13. März 4 v. Chr. entschied; somit starb Herodes zwischen dem 13. März und dem 11. April 4 v. Chr.

168 · Matthias Bernegger (Stich von Peter Aubry)

Es bleibt Keplers Verdienst, einen Weg zur direkten Ermittlung des Geburtsjahres Christi gewiesen zu haben, indem er den Stern der Weisen mit der großen Konjunktion des Jahres 1603 und der Nova von 1604 in Verbindung brachte (vgl. S. 108). Die gleiche Konjunktion berechnete er für das Jahr 7 v. Chr. und ermittelte damit das Jahr 6 (wie oben) als Geburtsjahr Christi.
Wie sich zeigte, war der Zweifel (der schon vor Keplers Zeit aufgetaucht war) an dem von Dionysius Exiguus im 6. Jahrhundert durch indirekten Schluß gesetzten Anfang der christlichen Epoche berechtigt.

169 · Gasthaus zum Löwen in Eferding (Stich, um 1868)

170 · Namenstagsgedicht auf Susanna Kepler von Peter Cobius (Sagan, 19. Februar 1630)

Ein Schön Geistlich Lied von Susanna vnd Daniel/
Zu Ehren vnd Wolgefallen/
Der Ehren vnd viel tugendsamen
Frawen
SVSANNAE,
Des Edlen / Ehrnvesten / Hoch: vnd Wolgelahrten Herrn
JOANNIS KEPPLERI,
Ihr: Kays: May: wie auch Ihr: Fürstl. Gn: Albrechts / Hertzogen zu Friedland / Mechelburg vnd Sagan wolbestellten *Mathematici*, vielgeliebten Haußehren/
Auff Ihren Namenstag/ welcher da fällt den 19. *Februar.* deß 1630. Jahrs/ zu gutem Angedencken *dedicirt* vnd *offerirt* von
PETRO COBIO, Typothetâ, Hiltburghusâ-Franco.

Den Druck seiner Schrift über das Geburtsjahr Christi besorgte für Kepler, da sich in Linz noch keine Druckerei befand, Matthias Bernegger (168) in Straßburg. Als treuer und immer hilfsbereiter Freund Keplers und seiner Familie lernen wir ihn in dem umfangreichen Briefwechsel beider kennen. Bernegger übersetzte 1635 auch den 1632 italienisch abgefaßten Dialog Galileis über die Weltsysteme ins Lateinische und förderte damit sehr dessen Verbreitung.

Beim Umzug nach Linz hatte Kepler bis zur beabsichtigten Wiederheirat seine Kinder zuerst in Kunstadt in Mähren, dann in Wels in Pflege gegeben. Nach langen, quälenden Überlegungen fiel seine Wahl auf die 24jährige Susanna Reuttinger aus Eferding. Die Hochzeit fand am 30. Oktober 1613 im Gasthaus zum Löwen (169) in dem unweit von Linz gelegenen Eferding statt. Es wurde für Kepler eine glücklichere Ehe als es die erste gewesen war. Frau Susanna (170) wurde den 11 und 6 Jahre alten Stiefkindern eine ebenso gute Mutter wie ihren eigenen 7 Kindern, die sie Kepler schenkte (2 starben sehr früh; das letzte wurde in Sagan geboren).

Die Taufen der Kinder Keplers in Linz vollzog der evangelische Geistliche in der Landhauskirche im Steinernen Saal (172). Eine Ausnahme, oder ein Zugeständnis, machte Kepler jedoch bei seinem Sohn Hildebert; dessen Taufe (175) nahm am 8. April 1625 ein Geistlicher der katholischen Stadtpfarre Linz in Keplers Wohnung in der heutigen Rathausgasse 5 vor (174).

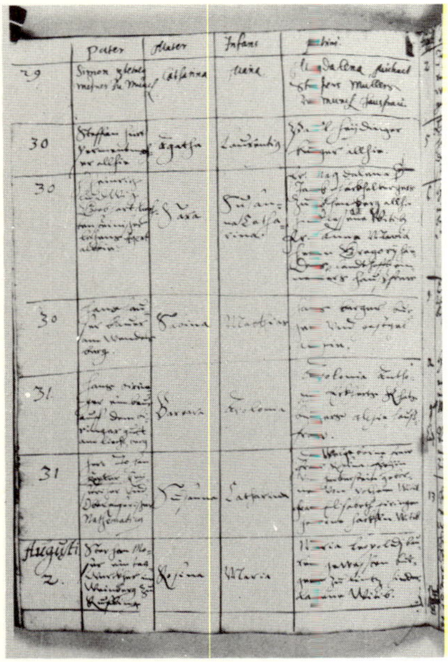

171 · Eintrag der Taufe von Katharina Kepler in die evangelische Kirchenmatrikel Linz am 31. Juli 1617

172 · Nordportal des Landhauses; über dem Portal der Steinerne Saal (2. Hälfte des 16. Jahrh.)

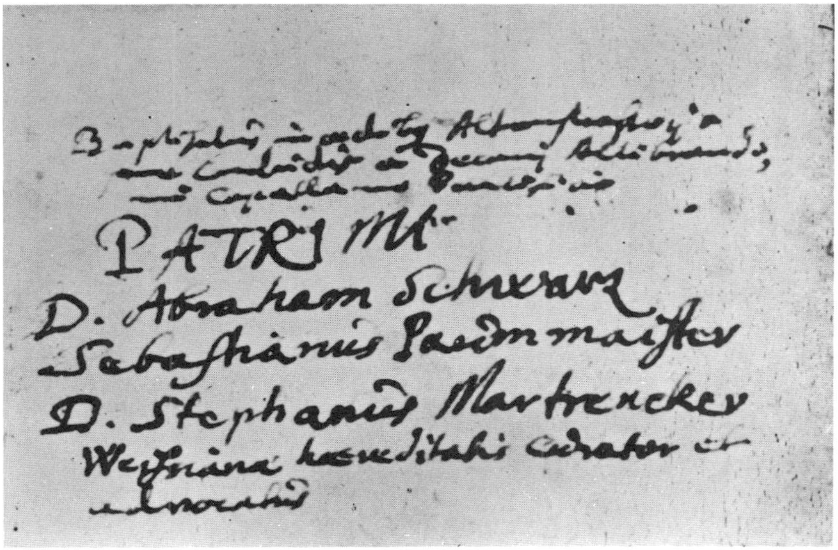
PATRINI
D. Abraham Schwarz
Sebastianus Paedmaister
D. Stephanus Martrencker

173 · Aufzeichnung Keplers über die Taufe seines Sohnes Hildebert

174 · Keplers Wohnhaus in Linz, Rathausgasse 5

175 · Eintrag der Taufe von Hildebert Kepler am 8. April 1625 in die katholische Kirchenmatrikel der Stadtpfarre Linz

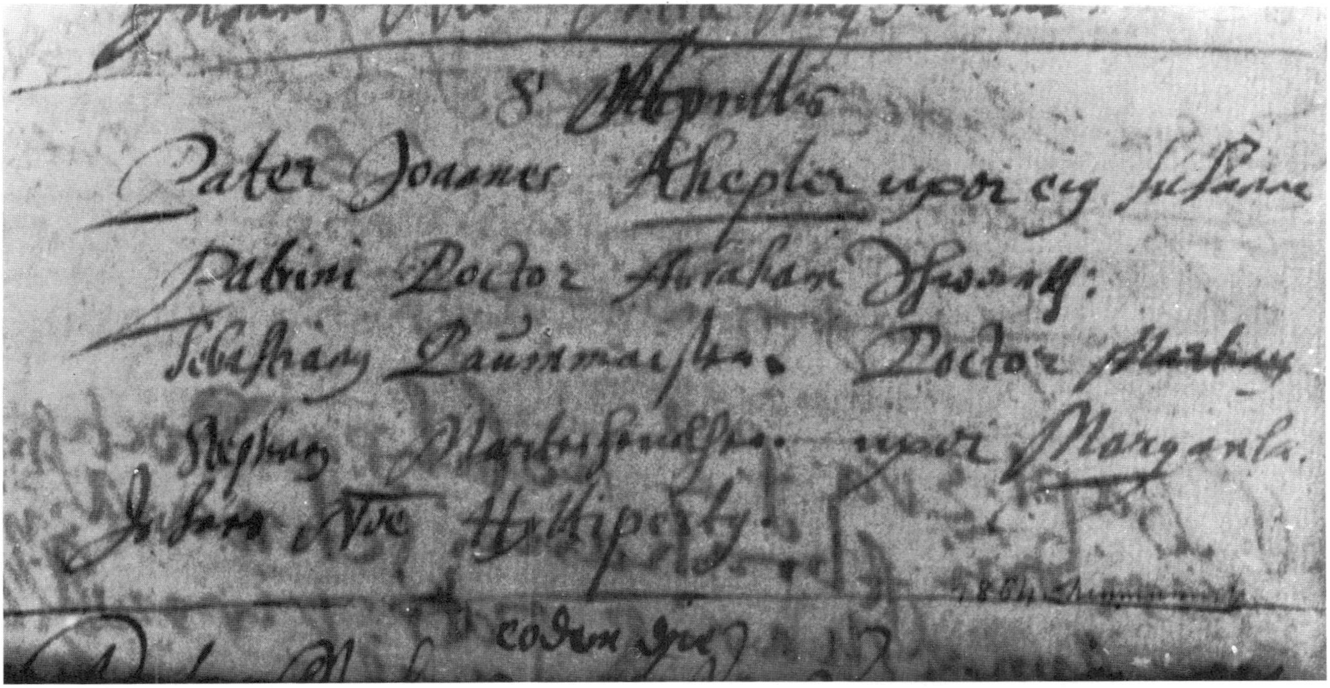

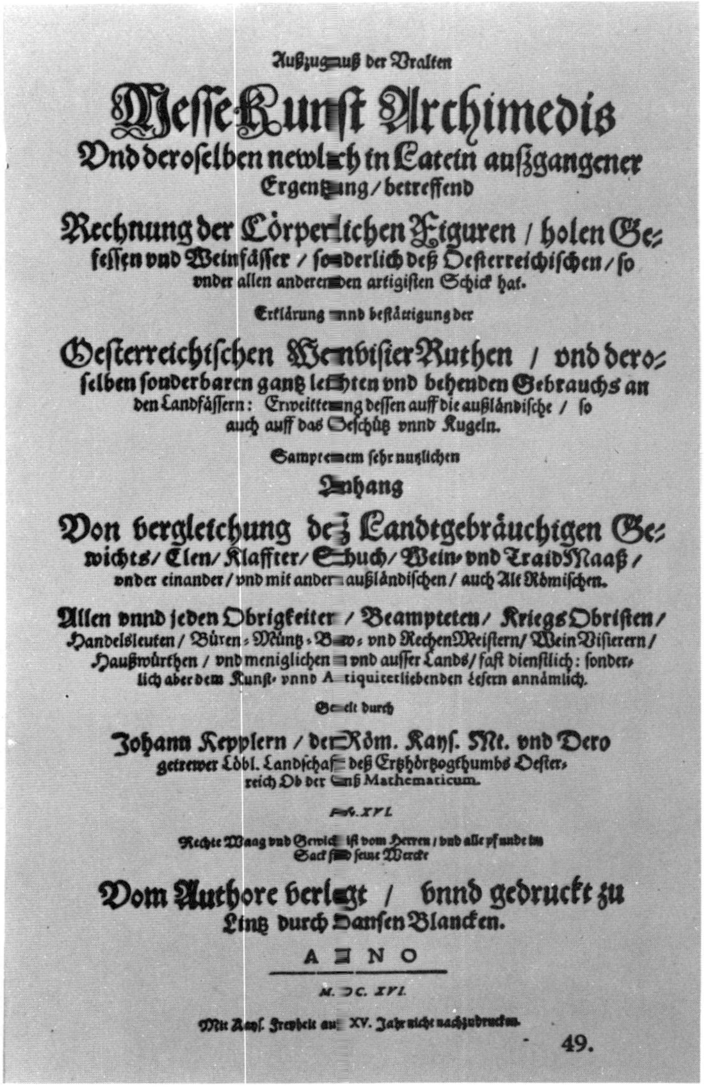

Außzug auß der Uralten

Messe-Kunst Archimedis

Vnd deroselben newlich in Latein außgangener Ergentzung / betreffend

Rechnung der Cörperlichen Figuren / holen Gefessen vnd Weinfässer / sonderlich deß Oesterreichischen / so vnder allen anderen den artigisten Schick hat.

Erklärung vnnd bestättigung der

Oesterreichischen Weinvisier Ruthen / vnd deroselben sonderbaren gantz leichten vnd behenden Gebrauchs an den Landfässern: Erweitterung dessen auff die außländische / so auch auff das Geschütz vnnd Kugeln.

Sampt einem sehr nutzlichen

Anhang

Von vergleichung deß Landtgebräuchigen Gewichts / Elen / Klaffter / Schuch / Wein- vnd Traid Maaß / vnder einander / vnd mit andern außländischen / auch Alt Römischen.

Allen vnnd jeden Obrigkeiten / Beampteten / Kriegs Obristen / Handelsleuten / Büren- Müntz- Baw- vnd Rechen Meistern / Wein Visierern / Haußwürthen / vnd meniglichen in vnd ausser Lands / fast dienstlich: sonderlich aber dem Kunst- vnnd Antiquitetliebenden Lesern annämlich.

Gestelt durch

Johann Kepplern / der Röm. Kays. Mt. vnd Dero getrewer Löbl. Landschaft deß Ertzhörtzogthumbs Oesterreich Ob der Enß Mathematicum.

Sap. XVI.

Rechte Waag vnd Gewicht ist vom Herren / vnd alle pfunde im Sack sind seine Wercke

Vom Authore verlegt / vnnd gedruckt zu Lintz durch Hansen Blancken.

ANNO

M. DC. XVI.

Mit Kays. Freyheit auf XV. Jahr nicht nachzudrucken.

49.

176 · Keplers „Auszug aus der Messekunst Archimedis" (Linz, 1616)

In welcher Weise die Begründung eines neuen Hausstandes den Mathematiker Kepler inspirierte, hören wir von ihm selbst: „Als ich im vergangenen November eine neue Gattin in mein Haus eingeführt hatte, gerade zu der Zeit, da nach einer reichen und ebenso vorzüglichen Weinernte viele Lastschiffe die Donau herauffuhren und Österreich die Fülle seiner Schätze an unser Norikum verteilte, sodaß das ganze Ufer in Linz mit Weinfässern, die zu erträglichem Preis angeboten wurden, belagert war, da verlangte es meine Pflicht als Gatte und guter Familienvater, mein Haus mit dem notwendigen Trunk zu versorgen. Ich ließ daher etliche Fässer in mein Haus schaffen und daselbst einlegen. Vier Tage hernach kam nun der Verkäufer mit einer Meßrute, die er als einziges Instrument benutzte, um ohne Unterschied alle Fässer auszumessen, ohne Rücksicht auf ihre Form zu nehmen oder irgendwelche Berechnung anzustellen. Er steckte nämlich die Spitze des Eisenstabes in die Einfüllöffnung des vollen Fasses schief hinein bis zum unteren Rand der beiden kreisförmigen Holzdeckel, die wir in der einheimischen Sprache die Böden nennen. Wenn dann beiderseits diese Länge vom obersten Punkt des Faßrunds bis zum untersten Punkt der beiden kreisförmigen Bretter gleich erschien, dann gab er nach der Marke, die an der Stelle, wo diese Länge aufhörte, in den Stab eingezeichnet war, die Zahl der Eimer an, die das Faß hielt, und stellte dieser Zahl entsprechend den Preis fest . . . Als neuem Ehemann erschien es mir eine angemessene Aufgabe, zur neuen Einleitung meiner mathematischen Arbeiten die Zuverlässigkeit dieser einfachen, für den Haushalt so notwendigen Meßmethode an den geometrischen Gesetzen zu prüfen und ihre Grundlagen, falls es solche gäbe, klar darzulegen."

Edle/Veste/auch Ehrnveste/Ehrsame/ Fürneme/Fürsichtige/Wolweise/Groß- vnd Günstige Herren. Das Vralte Mütterlein aller vnd jeder Obrigkeiten/Gemainden/guter Würte/ vernünfftiger Kauffleute/Freykünstler vnd Handwercker/ namens Geometria/ mein gebiettende Fraw/ lesset E. V. E. F. W. vnd G. als einem grossen vnd sehr lieben thail jhrer Kinder vnd Angehörigen/ jhren mütterlichen Gruß/ vnnd neben sovil vermelden: daß sie das gantze Land Oesterreich/sonderlich von deß edlen Rebensaffts wegen/vor andern Ländern lieb habe/ vnd zu auffzucht eines von Leibsgstalt vñ guten Sittẽ wol proportionirten Volcks/grossen fleiß angewendet/ auch jr eigene Herberg in dem Oesterreichischen Weinfaß habe/ alda sie ordentlich pflege einzukehren. Derohalben vnd obwol Sie alt/ vnd nunmehr vnvermüglich/ alß die jhr Haab vnd Gut maisten theils jhren Kindern vbergeben/ dem Tischler das Winckelmaaß/ dem Binder den Circkel vnnd Hemstab/ dem Wagner die Teichsel vnd das Rad/ dem Schiffman das Ruder/ dem Mahler die perspectiv vnd Sonnenvhr/ dem Kauffman die Waag vnd Arithmetic, dem Büxenmeister den Maaßstab/ dem Baumeister die Mechanicam, vnnd so fort an: Jedoch zu müglicher belohnung für die empfangene Ehr/ vnd damit Sie jr noch mütterliches Hertz gegen jhren Kindern auch einmal mit einem geringen erzeigete: hat sie hiermit noch einen alten Beutpfenning auß jhrem Schatz herfür gesucht/ den sie einsmals/ als sie in besagter jrer Herberg mit einer Visierruthen vmbgestüret/ ohn gefehr gefunden: solchen mit auff ein Teutsche Manier fleissig auß zupoliren/ vnd E. V. vñ G. samptlich/ mit gebürender Ehrerbiettung/ von Jhr vnnd Mein selbstwegen/ zuverehren gestattet vnd befohlen:

177 · Aus der Widmung von Keplers „Auszug aus der Messekunst Archimedis" (Linz, 1616)

Die Aufgabe, die sich Kepler gestellt hatte: die Inhaltsberechnung von Fässern, die er sich aus zwei Kegelstümpfen zusammengesetzt dachte, sowie von Körpern, welche durch Rotation von Kegelschnitten oder Teilen derselben entstehen, löste er – anknüpfend an Archimedes – glänzend. Als schöpferischer Mathematiker leistete er dabei nicht nur grundlegende Vorarbeit zur Methode der Integralrechnung, sondern rückte auch die Disziplin der Körperberechnung erneut in den aktuellen Themenbereich. Direkt oder indirekt von Kepler angeregt, beschäftigten sich Gelehrte wie Guldin, Cavalieri, Torricelli und Anderson mit stereometrischen Problemen.

178 · Nachbildung der von Kepler beschriebenen Faßausmessung

Kepler legte seine Ergebnisse der Inhaltsberechnung von Fässern in zwei Schriften vor: der „Stereometria Doliorum“ und der „Messekunst Archimedis“ (176). Während die erstere sich an die Gelehrten wandte, kam es Kepler bei der „Messekunst“ darauf an, Leuten mit geringerem mathematischen Wissen schwierige Begriffe und Rechnungen der Stereometrie zu erläutern.
Dabei unterzog sich Kepler, teils aus Liebhaberei, der schwierigen Aufgabe, für die lateinischen Fachausdrücke gute deutsche Benennungen zu finden (179). Manche dieser Bildungen gehören heute zum festen Bestand der mathematischen Fachsprache, wie etwa das Wort „Kegelschnitt“.

Zur Zeit, da Kepler nach Linz kam, war dort noch kein Drucker ansässig. Er befürwortete es daher sehr, daß die Stände dem Buchdrucker Hans Planck Anfang 1615 die Bewilligung zur Eröffnung einer Offizin in Linz, dazu Ende 1616 zur Führung eines Buchladens im Landhaus erteilten. Keplers „Stereometria Doliorum“ war (einen Planck zugeschriebenen Einblattdruck nicht mitgezählt) der erste Druck, der aus Plancks Presse kam, und damit auch der erste Linzer Druck. In der Folgezeit trugen die Aufträge von Kepler und Megiser wesentlich dazu bei, daß Planck in Linz sein Auskommen fand.

Das Haus Nr. 10 in der Lederergasse wurde auf Veranlassung des Astronomen Abt Reslhuber von Kremsmünster im Sommer 1864 mit der Tafel „Kepler 1614 bis 1627" versehen. Doch Kepler wohnte niemals bei seinem Drucker Planck in der Lederergasse, während Plancks Behausung und Druckerei als Nr. 8 (d.i. das Anwesen rechts neben dem tafelgeschmückten Haus auf Abb. 180) in den Steuerbüchern eingetragen ist (181). Die Tafel wurde inzwischen entfernt, das Haus Nr. 8 abgetragen.

Ablenger Circkel / Ellipſis.
Eylini / circumferentia Elliptica, ovalis.
Bogen / Arcus.
Senne / Underzug / Chorda, Subtenſa.
Halbe Senne / Sinus.
Bolz / ſinus verſus, Sagitta.
Circkelzaan / Sector Circuli.
Circkelſchnitz / Segmentum Circuli.
Anſtreicher / Tangens.
Durchſchneider / Secans.
Anſtehen / inſcriptum eſſe.
Rundung / Curva ſuperficies.
Geviert / quadratus.
Vierung / quadratum.
Ablenge vierung / parallelogrammum rectangulum longum.
Fürgehend / continuatus.
Geſellet / Conjugati.
Gleichlauffend / lineæ parallelæ.
Winckel Spitz / Angulus.
Scharff / Acutus.
Stumpf / Obtuſus.
Seiger / höch. perpendiculum.
Rautten / Rhombus.
Spieß eckich / Trapezium.
Geordnet / Regularis.
Gleich / æqualis.
Enlich / Similis.

te Seulen / Parallelepipedum.
Gerade Seulen / parallelepipedum rectangulum.
Zwerſtuck / Speidel / Kegel / Weck u. / priſma.
Zugeſpitzte ſeule / Pyramis.
Runde Seule / Welle / Walger / Walzen / Cylinder.
Täller / Rad / Cylinder humilis latus.
Kugel / Globus. Sphæra.
Ablenge kugel / Ay. Sphæroides longum.
Gedruckte kugel / Linſe / Sphæroides latum.
Kugel zaan. Sector globi.
Kegel / Conus.
Kegelſchnit. Sectio Conica. Parabola vel Hyperbole.
Schnitz / Segmentum ſolidum.
Kegelſchnitz / ſegmentum Coni interminatum deorſum.
Stumpff / Reſiduum.
Güpffel / Wüpffel / Wirbel, Vertex.
Graat / Axiſi / Axis.
Gürtel / Zona tornatæ figuræ.
Hütlein / Segmentum ſuperficiei Globi
Trum / Apotome.
Stock / Truncus.

179 · Auswahl aus dem Fachwörterverzeichnis in der „Messekunst" Keplers

180 · Häuserreihe in der Lederergasse in Linz (Stich, um 1867)

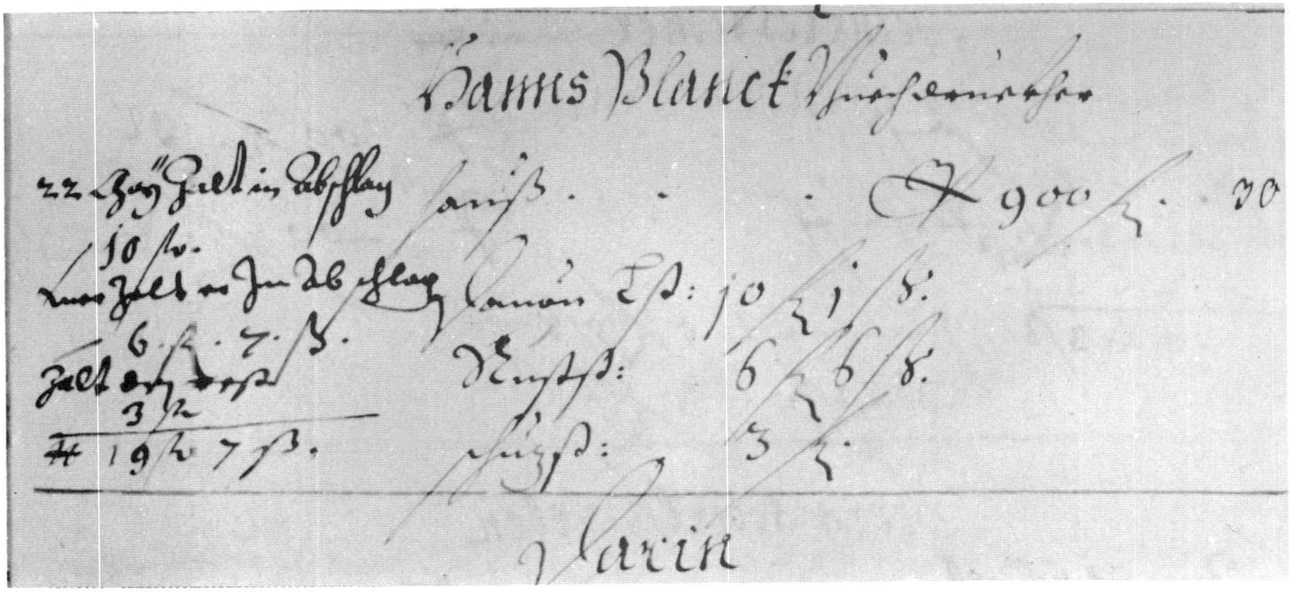

181 · Plancks Veranlagung für sein Haus in der Lederergasse im Steuerbuch 1620

182 · Landhaus mit Landschaftsschule in Linz. Ausschnitt aus dem Plan der Stadt Linz (nach einer Zeichnung von A. Holzwurm in Kupfer gestochen 1629)

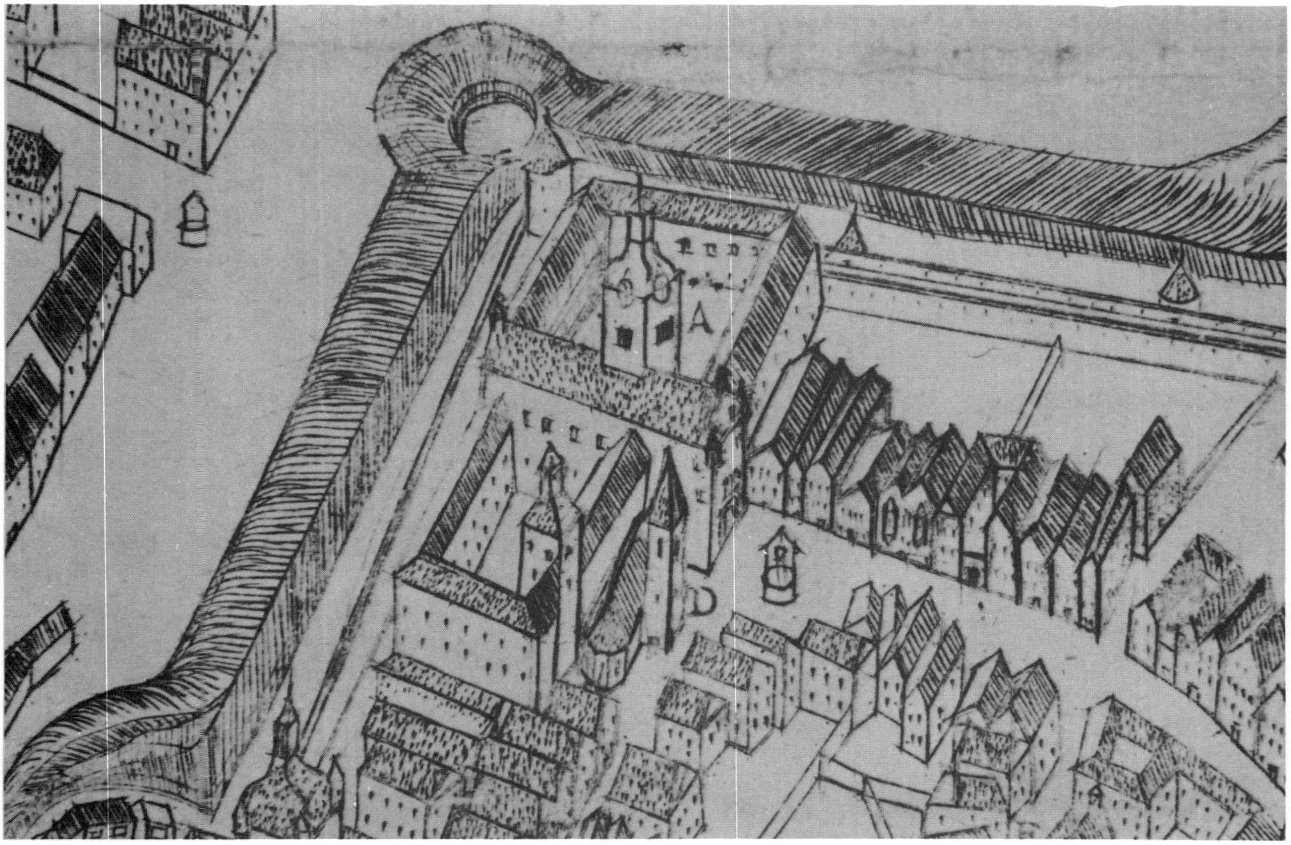

183 · Daniel Hitzler (Stich, 1615)

184 · Hieronymus Megiser (Stich, 1613)

Die im „hinteren Stock“ des Landhauses (an der Promenade) untergebrachte evangelische Landschaftsschule (182) trat, als Kepler nach Linz berufen wurde, in die Phase ihrer um das Jahr 1609 begonnenen letzten Wirksamkeit ein, die mit einer Resolution Kaiser Ferdinands II. 1624 praktisch ihr Ende fand. Ihr Ansehen beruhte weniger auf der Unterrichtsanstalt als solcher, vielmehr trug dazu die Gelehrtentätigkeit einiger an ihr wirkenden Männer, wie des Juristen A. Schwarz, des Historikers H. Megiser (184), des Genealogen H. von Enenkel, des Musiktheoretikers D. Hitzler (183) und allen voran Keplers bei. Als Mittelpunkt geistigen Lebens war der Schule die Bibliothek der Stände angegliedert, die ihr Wachstum unter der Vorstandschaft von Megiser zum guten Teil der Mithilfe seiner Kollegen verdankte. Aber nicht nur deren Bestände boten wertvolle Hilfe für Keplers Studien; auch die großen, reichen Bibliotheken des protestantischen Adels standen ihm offen. Und wie in Graz, so pflegte Kepler auch in Linz die Verbindung mit den Jesuiten, die seit 1608 in der Stadt ein Gymnasium unterhielten.

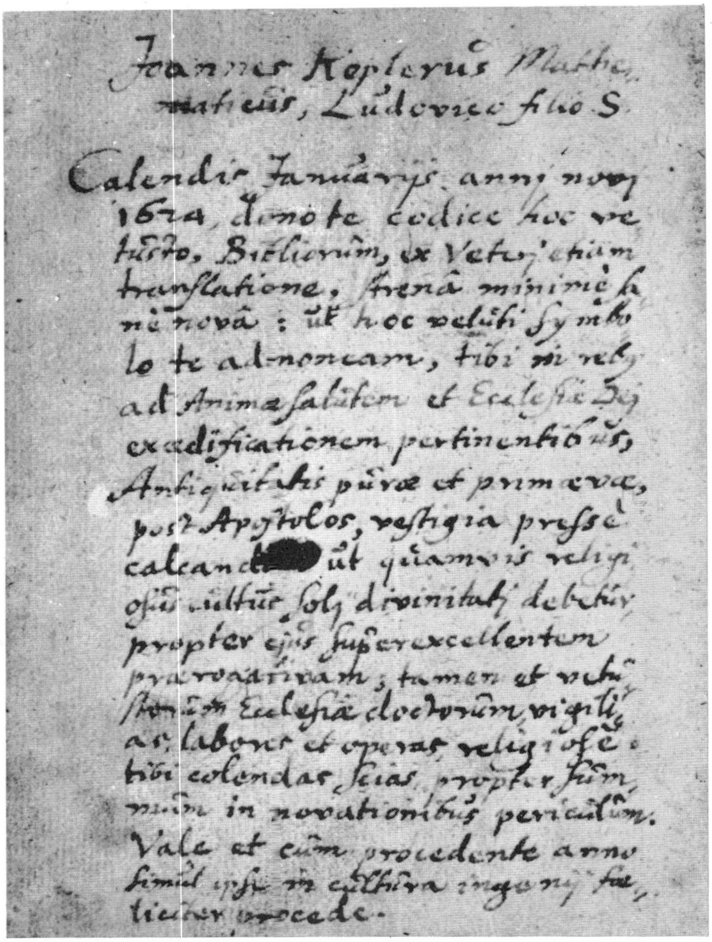

Joannes Keplerus Mathematicus, Ludovico filio S.

Calendis Januarijs anni novi 1624 dono te codice hoc vetusto, Bibliorum, ex Veteri etiam translatione, strena minime hic nova: ut hoc veluti symbolo te admoneam, tibi in rebus ad Animae salutem et Ecclesiae Dei aedificationem pertinentibus, Antiquitatis purae et primaevae, post Apostolos, vestigia presse calcand[illegible] ut quamvis religiosus cultus soli divinitati debetur propter ejus superexcellentem praerogativam; tamen et veterum Ecclesiae doctorum vigilias, labores et operas religiose tibi colendas scias, propter summum in novationibus periculum. Vale et cum procedente anno simul ipse in cultura ingenij feliciter procede.

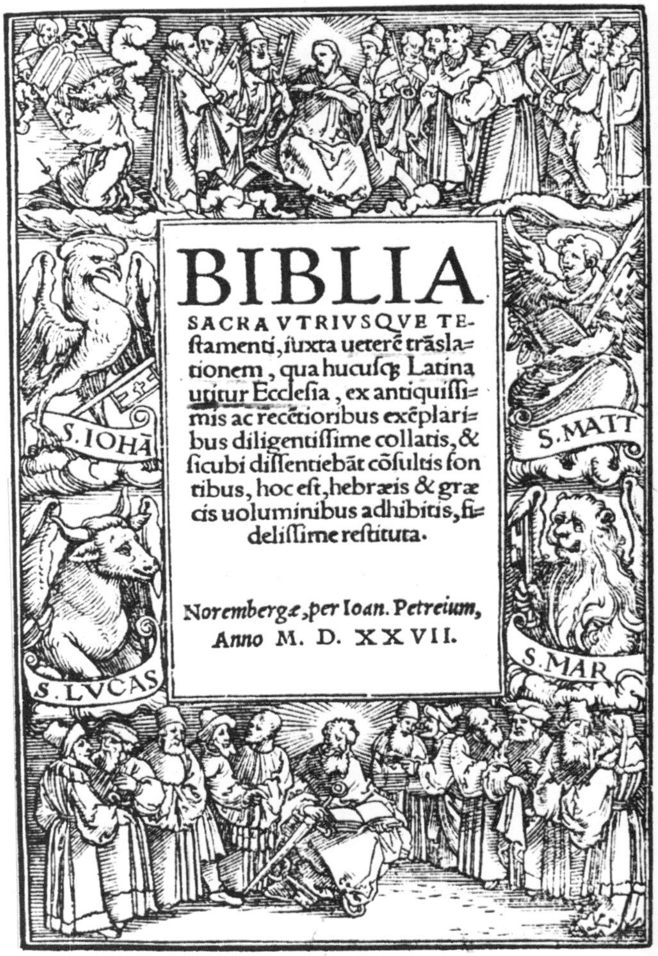

BIBLIA SACRA VTRIVSQVE TEstamenti, iuxta ueterē trāslationem, qua hucusq; Latina utitur Ecclesia, ex antiquissimis ac recētioribus exēplaribus diligentissime collatis, & sicubi dissentiebāt cōsultis fontibus, hoc est, hebræis & græcis uoluminibus adhibitis, fidelissime restituta.

Noremberge, per Ioan. Petreium, Anno M. D. XXVII.

185 · Kepler schenkt seinem 17jährigen Sohn Ludwig zu Neujahr 1624 eine alte Bibel aus dem Jahr 1527

Hitzler, Inspektor der Landschaftsschule und Superintendent der evangelischen Kirchengemeinde in Linz, besaß profundes Wissen in Mathematik und Astronomie, das ihn für den kaiserlichen Mathematiker zu einem fördernden Gesprächspartner machte, nicht so aber für den um Anerkennung seines religiösen Bekenntnisses ringenden Kepler. Vielmehr schloß er Kepler wegen dessen Unterschriftsverweigerung unter die Konkordienformel (S. 58) vom Abendmahl aus. Kepler begründete seinen theologischen Standpunkt in gedruckten Schriften wie in mehreren Briefen an die württembergischen Theologen (z. B. 186) ebenso wie an den Jesuiten P. Guldin, als man ihm den Übertritt in die katholische Kirche nahelegte.

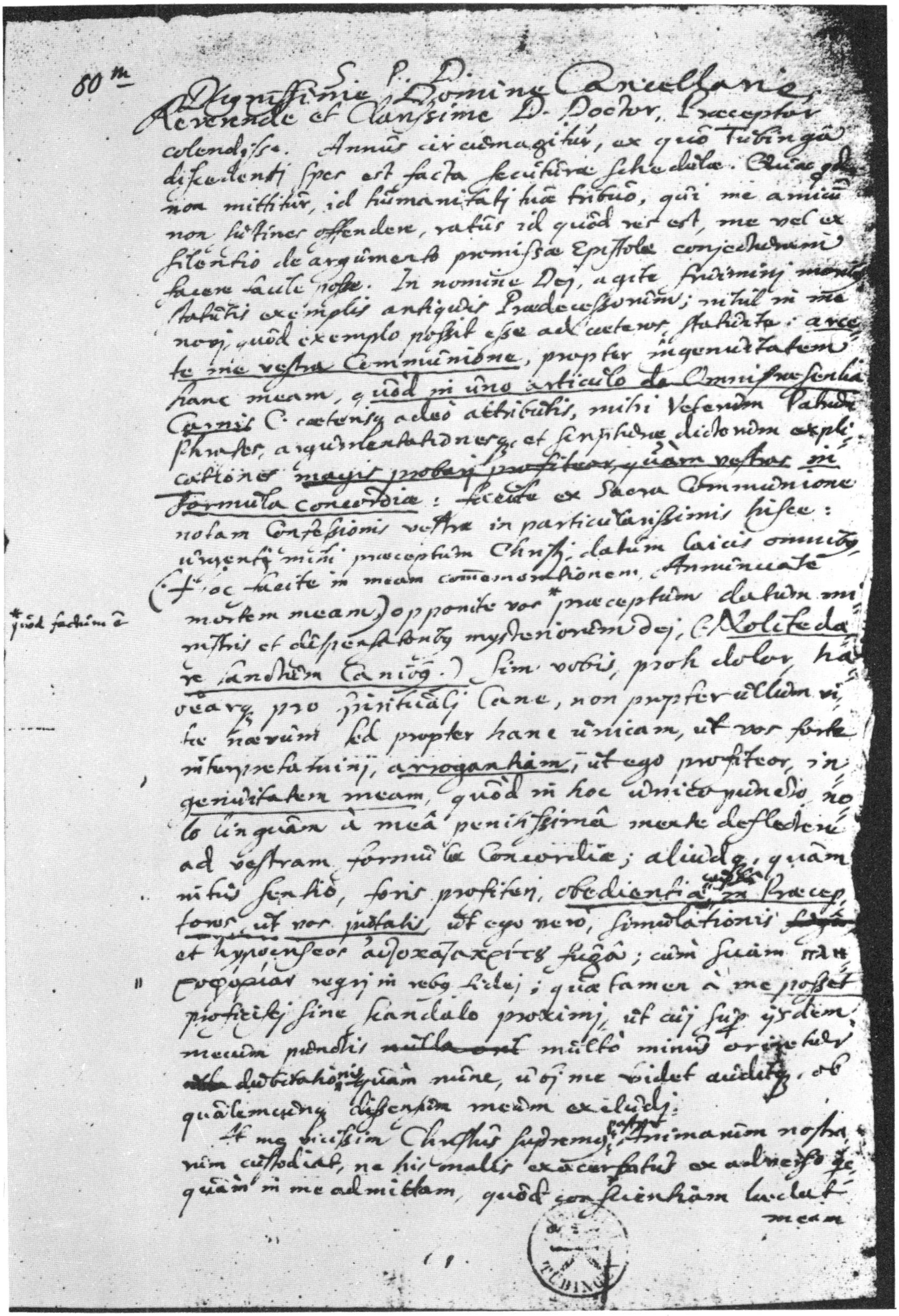

80 m

S. P. Dignissime Domine Cancellarie, Reverende et Clarissime D. Doctor, Praeceptor colendissime. Annus circumagitur, ex quo Tubingam discedenti spes est facta scripturae schedulae. Quae quod non mittitur, id humanitati tuae tribuo, qui me amicum non sustines offendere, ratus id quod res est, me vel ex silentio de argumento promissae Epistolae conjecturam facere facile posse. In nomine Dei, agite [illegible] statuti exemplis antiquis Praedecessorum; nihil in me novi, quod exemplo possit esse ad caeteros statuendo: arcete me vestra Communione, propter ingenuitatem hanc meam, quod in uno articulo de Omnipraesentia Carnis C. caeterisque adeo attributis, mihi Veterum Patrum sententias, argumentationesque et simplicitatem dicendi explicationes magis probari profiteor, quam vestras in Formula concordiae: rescindite ex Sacra Communione notam Confessionis vestrae in particularissimis hisce: urgenti mihi praeceptum Christi datum laicis omnibus (Sc. et facite in meam commemorationem. Annunciate mortem meam) opponite vos praeceptum datum ministris et dispensatoribus mysteriorum Dei (Nolite dare sanctum canibus.) Sim vobis, proh dolor, [illegible] pro spirituali cane, non propter aliud vitae naevum, sed propter hanc unicam, ut vos forte interpretamini, arrogantiam, ut ego profiteor, ingenuitatem meam, quod in hoc unico puncto nolo linguam a mea penitissima mente deflectere ad vestram formulam Concordiae; aliudque, quam intus sentio, foris profiteri, obedientiam [illegible] praeceptoris ut vos putatis, ut ego vero, simulationis [illegible] et hypocriseos αὐτοκατακρίτως fugio; cum sciam [illegible] negari in rebus fidei; quae tamen a me posset proficisci sine scandalo proximi, ut cui [illegible] meum [illegible] multo minus oriretur dubitationis quam nunc, ubi me videt [illegible] ob qualemcunque dissensum meum excludi.

At me vicissim Christus supremus pastor Animarum nostrarum custodiat, ne his malis exacerbatus ex adverso [illegible] in me admittam, quod conscientiam laedat meam

186 · Kepler an M. Hafenreffer, Kanzler der Universität Tübingen (28. November 1618)

187 · Der Landmesser
(Holzschnitt, 1598)

Auftragsgemäß hatte sich Kepler im Herbst 1614 auf den Weg gemacht, um Unterlagen für eine Landkarte zu sammeln. In einem Bericht an die Stände machte er auf die Schwierigkeiten eines Landmessers (187) bei seiner Arbeit aufmerksam. Vielfach fragte er erfahrene Einwohner eines Orts nach den „Gelegenheiten" der umliegenden Orte aus; „auff feldern und bergen da Ich mein absehen gerichtet, oder den wässern nachgangen, und auff ungewonliche pfäde kommen, hab Ich vil Zuredstellungen und drauliche anstöss von unerfahrnen groben argwönischen baurn erleiden müessen." Er brauche einen des Schreibens kundigen Diener und „einen fuhrman zu seinem Blässl". Dazu und für anderes mehr müssten die Verordneten in die Tasche greifen, wenn wirklich eine bessere Karte als die bisher vorliegenden oder eine „proportionierlichere" als die des Augustin Hirschvogel (189) entstehen soll. Kepler verstand es, da ihm diese Art der Tätigkeit nicht lag, sie an Abraham Holzwurm abzugeben, den die Verordneten dazu bestellten.

188 · Anweisung zur
Landesvermessung
mit dem Wagen (1598)

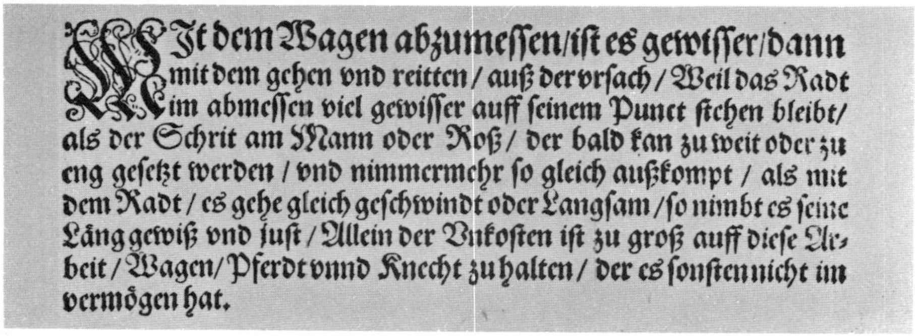

Mit dem Wagen abzumessen/ist es gewisser/dann mit dem gehen vnd reitten/ auß der vrsach/ Weil das Radt im abmessen viel gewisser auff seinem Punct stehen bleibt/ als der Schrit am Mann oder Roß/ der bald kan zu weit oder zu eng gesetzt werden / vnd nimmermehr so gleich außkompt / als mit dem Radt / es gehe gleich geschwindt oder Langsam /so nimbt es seine Läng gewiß vnd just / Allein der Vnkosten ist zu groß auff diese Arbeit / Wagen/ Pferdt vnnd Knecht zu halten / der es sonsten nicht im vermögen hat.

189 · A. Hirschvogel, Beschreibung des Erzherzogtums Österreich o. d. Enns (Stich, 1583)

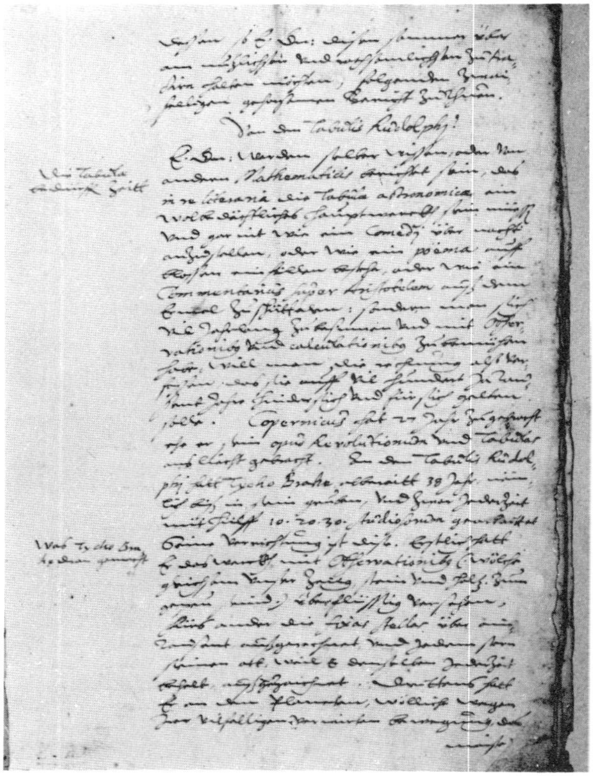

190 · Auszug aus Keplers Bericht an die Stände von Oberösterreich (9. Mai 1616)

In seinem Bericht legte Kepler auch Rechenschaft über den Stand der Arbeit an den Rudolphinischen Tafeln ab. Für seine astronomischen Studien, die ja auf die Tafeln als Endziel gerichtet waren, bedeutete es ein großes Hindernis, daß er aus Geldmangel – die kaiserliche Kasse zahlte weder den Rückstand noch den laufenden Unterhalt – keine Gehilfen zum Rechnen anstellen konnte. So „ligt nit allain die speculation und invention, sondern auch die deduction und calculation der Observationum (ist unser stainmetzen- und Zimmerarbaitt) ferners nit allain die concipirung des Text, sondern auch die calculatio tabularum taediosissima et longissima, ja sogar die abschrifft, auch abreissung der figuren auffs Holtz, und entlich die vilfaltige correctur im druckhen, neben der letzten mir sonsten sehr angenemen correctur und verenderung des Texts, alles mir allein ob dem Hals." Zudem handle es sich um ein „wolbedächtliches Hauptwerckh, ... das nit wie ein Commentarius super Aristotelem auß dem Ermel zu schütteln" sei (190).

Im Frühjahr 1624 lag das Manuskript zu dem großen Tafelwerk soweit fertig vor, daß an den Druck gedacht werden konnte.

Die „Tabulae Rudolphinae“ enthalten als wesentlichen Teil Planetentafeln, aus denen der Stand der damals bekannten Planeten für eine beliebige Zeit entnommen werden kann. Ihre Berechnung geht von der Ermittlung der 6 „Bahnelemente“ aus, welche Form, Größe und Lage der Bahn im Raum und den Lauf des Planeten in der Bahn charakterisieren. Kepler mußte hierzu langwierige Rechnungen durchführen, wie seine hinterlassenen Aufzeichnungen mit den langen Zahlenfolgen und Anmerkungen bezeugen. Das angeführte Beispiel (192) zeigt, wie er aus einer Beobachtung des Jahres 1590 den Wert eines Bahnelementes, der Neigung der Bahnebene gegen die Ekliptikebene, ableitet; dieser wird die Auswertung einer zweiten Beobachtung von 1595 gegenübergestellt.
Heute lassen sich die Bahnelemente theoretisch ableiten. Ausgehend von Newtons Gravitationsgesetz $F = \text{Gravitationskonstante} \cdot \frac{Mm}{r^2}$ (M, m Sonnen- bzw. Planetenmasse, r der sich zeitlich ändernde Abstand der Massenmittelpunkte) läßt sich die Bewegung der Planeten als „Zweikörperproblem“ Planet–Sonne in einem zentralen Kraftfeld durch 3 Differentialgleichungen beschreiben.
Die zweifache Integration der drei Gleichungen ergibt 6 Integrationskonstanten als Bahnelemente, welche nach verschiedenen Verfahren aus Beobachtungen näher zu bestimmen sind. Die Durchführbarkeit dieser Verfahren zeigt die Richtigkeit der Annahme des Gravitationsgesetzes und seine fundamentale Bedeutung für die Himmelsmechanik.

191 · Beobachtungs-Instrument Brahes: Äquatorial-Armille (Holzschnitt, 1596)

192 · Rechenbeispiele Keplers aus dem Manuskript zu den „Rudolphinischen Tafeln“

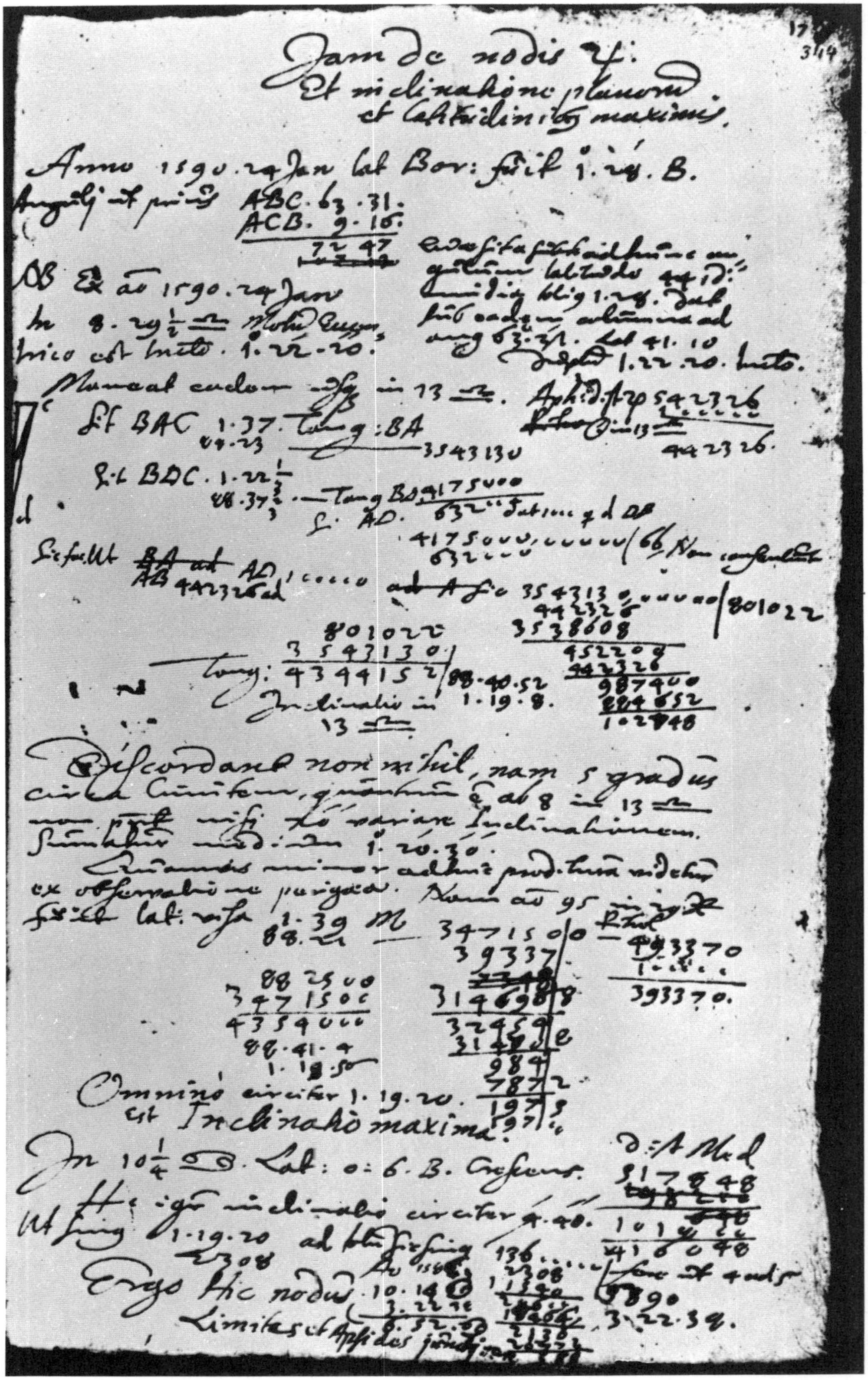

Zeittafel

1614	Neper und Bürgi berechnen gleichzeitig erstmals Logarithmen
1616	Lehre des Kopernikus von der Kirche verworfen
1617	Snellius wendet als erster bei der Landesvermessung die Triangulation an
1617	Briggs: Logarithmen zur 10-Basis
1618	23. Mai: Prager Fenstersturz; Beginn des 30jährigen Krieges
1618	Harvey entdeckt den großen Blutkreislauf
1619 – 1637	Kaiser Ferdinand II.
1620	Englische Puritaner segeln mit der Mayflower nach Nordamerika
1620	Inflation in Deutschland
1621	Snellius formuliert das Sinusgesetz der Lichtbrechung (nach neueren Untersuchungen schon Harriot 1601/1602)
1623 – 1662	Pascal
1623	Schickard baut die erste Rechenmaschine
1623	Jungius in Hamburg gründet die erste naturwissenschaftliche Gesellschaft Deutschlands
1626	Oberösterreichischer Bauernaufstand
1627	Schütz: Uraufführung der deutschen Oper „Daphne“
1629 – 1695	Huygens
1630	Schweden in Deutschland
1633	Verurteilung Galileis
1643 – 1727	Newton

New vnnd Alter

Schreib Calender/

sambt dem Lauff vnd Aspecten 8 Planeten / auch daññenhero verursachter Witterung

Auff das Jahr Christi

M. DC. XVIII.

Auß verbesserter Rechnung TABVLARVM RVDOLPHI

Auff den Horizonten deß Löbl: Ertzhörzogthums Oesterreich ob der Enß vnd desselben Hauptstatt Lintz.

Gestelt durch

Johann Kepplern der Röm: Kays: Mt. vnnd Dero getrewer Löb: Landschafft daselbsten Mathematicum.

Cum Privilegio Cæs: authori concesso

Gedruckt zu Lintz / durch Hansen Plancken.

193 · Titelseite von Keplers Kalender für das Jahr 1618

1617 waren die Tabellen zu den „Rudolphinischen Tafeln“ schon soweit fertiggestellt, daß Kepler Ephemeriden daraus berechnete. Er wollte als erster die Früchte ernten, die seine neuen Tafeln lieferten. Um die Druckkosten für diese astronomischen Jahrbücher aufzubringen, schrieb er wieder Kalender. Es gab nichts, was in den gespannten Zeitverhältnissen bessere Aufnahme hätte finden können. In dem (1617 abgefaßten) „Prognosticum“ zu dem Kalender für 1618 (193) hatte er für den Mai dieses Jahres Schwierigkeiten in den politischen „Händeln“ prophezeit. Tatsächlich kam es auch am 23. Mai zu dem Prager Fenstersturz, der den 30jährigen Krieg einleitete. Mit Genugtuung wies Kepler in dem „Prognosticum“ für 1618 und 1619 (194) auf seine zugetroffene Voraussage hin; die Schrift war innerhalb 8 Tagen vergriffen.

Aber es war „noch nicht gnug mit den Constellationibus, gesichtern und Cometen, sondern, als ich auch diesen theil des Prognostici verfasset, kompt uns die schreckliche und über die massen trawrige und nachdenckliche zeitung aus Grawpünten, von dem urplötzlichen untergang deß führnehmen orts Plurs“ (ital. Piuro) „an der Mäna“ (195) am 8. Sept. 1618.

PROGNOSTICON,
Von aller handt bedraulichen Vorbotten künfftigen Vbelstands / in Regiments- vnd Kirchensachen / sonderlich von Cometen vnd Erdbidem / auff das 1618. vnd 1619. Jahr.

JOHANN. KEPPLERI,
Der Röm: Käys. Mayt. ꝛc. vnd dero Getrewer Löbl. Landt. deß Ertzhertzogthumbs Oesterreich ob der Enß / Mathematici.

Gedruckt im Jahr /
MDC XIX.

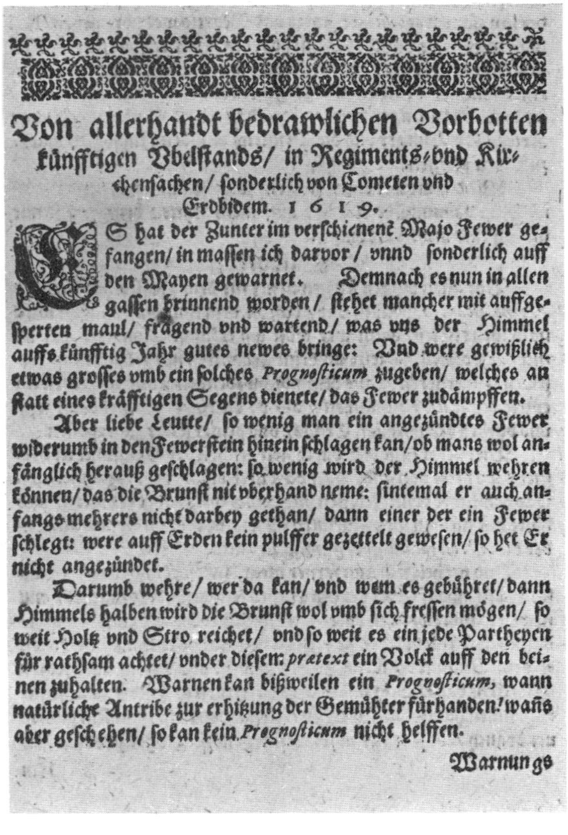

Von allerhandt bedrawlichen Vorbotten künfftigen Vbelstands / in Regiments- vnd Kirchensachen / sonderlich von Cometen vnd Erdbidem. 1619.

Es hat der Zunter im verschienenē Majo Fewer gefangen / in massen ich darvor / vnnd sonderlich auff den Mayen gewarnet. Demnach es nun in allen gassen brinnend worden / stehet mancher mit auffgesperten maul / fragend vnd wartend / was vns der Himmel auffs künfftig Jahr gutes newes bringe: Vnd were gewißlich etwas grosses vmb ein solches *Prognosticum* zugeben / welches an statt eines kräfftigen Segens dienete / das Fewer zudämpffen.

Aber liebe Leutte / so wenig man ein angezündtes Fewer widerumb in den Fewerstein hinein schlagen kan / ob mans wol anfänglich herauß geschlagen: so wenig wird der Himmel wehren können / das die Brunst nit vberhand neme: sintemal er auch anfangs mehrers nicht darbey gethan / dann einer der ein Fewer schlegt: were auff Erden kein pulffer gezettelt gewesen / so het Er nicht angezündet.

Darumb wehre / wer da kan / vnd wem es gebühret / dann Himmels halben wird die Brunst wol vmb sich fressen mögen / so weit Holtz vnd Stro reichet / vnd so weit es ein jede Partheyen für rathsam achtet / vnder diesem *pretext* ein Volck auff den beinen zuhalten. Warnen kan bißweilen ein *Prognosticum*, wann natürliche Antribe zur erhitzung der Gemühter fürhanden / wañs aber geschehen / so kan kein *Prognosticum* nicht helffen.

Warnungs

194 · Titelseite von Keplers „Prognosticum“ für 1618 und 1619 (oben) und Auszug (unten) daraus

195 · Titelseite der Neuen Zeitung vom Untergang der Stadt Plurs (Prag, 1618)

Warhafftige erschreckliche Newe Zeitung / von dem plötzlichen Untergang der Stadt Plurs / ein halbe meil von Klew an der Schweitzer Gräntze / welche neben einem hohen Bergk gelegen / wie diese Stadt von dem Bergk plötzlich vnd vnversehens Erschrecklich vberfallen vnd verschüt / vnd in grund verderbt / verdeckt vnd hingericht / das kein Mensch alt noch jung / Summa alles vnd jedes Erbärmblich vmbkommen: Geschehen im 1618. Jahr den Samstag nach Bartholomei zu Abends.

Gedruckt in der Altenstadt Prag beym Paul Sessen Im Jahr 1618.

196 · Zwanzigeckiges Sternzwölfflach, eines der beiden von Kepler 1599 entdeckten regulären Sternpolyeder (Nachbildung)

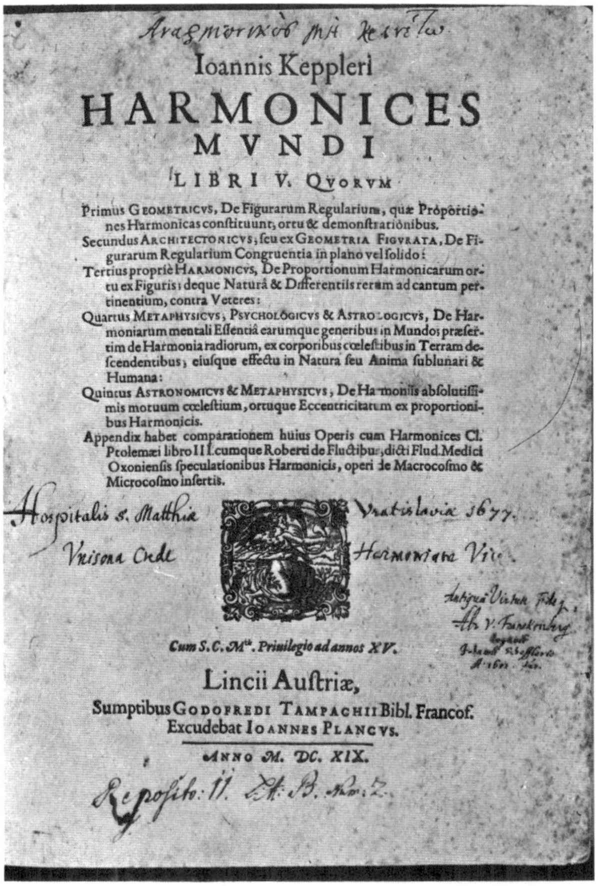

Ioannis Keppleri

HARMONICES MVNDI

LIBRI V. QVORVM

Primus GEOMETRICVS, De Figurarum Regularium, quæ Proportiones Harmonicas constituunt, ortu & demonstrationibus.
Secundus ARCHITECTONICVS, seu ex GEOMETRIA FIGVRATA, De Figurarum Regularium Congruentia in plano vel solido:
Tertius propriè HARMONICVS, De Proportionum Harmonicarum ortu ex Figuris; deque Naturâ & Differentiis rerum ad cantum pertinentium, contra Veteres:
Quartus METAPHYSICVS, PSYCHOLOGICVS & ASTROLOGICVS, De Harmoniarum mentali Essentiâ earumque generibus in Mundo; præsertim de Harmonia radiorum, ex corporibus cœlestibus in Terram descendentibus, eiusque effectu in Natura seu Anima sublunari & Humana:
Quintus ASTRONOMICVS & METAPHYSICVS, De Harmoniis absolutissimis motuum cœlestium, ortuque Eccentricitatum ex proportionibus Harmonicis.
Appendix habet comparationem huius Operis cum Harmonices Cl. Ptolemæi libro III. cumque Roberti de Fluctibus, dicti Flud. Medici Oxoniensis speculationibus Harmonicis, operi de Macrocosmo & Microcosmo insertis.

Cum S. C. M^tis. Priuilegio ad annos XV.

Lincii Austriæ,

Sumptibus GODOFREDI TAMPACHII Bibl. Francof.
Excudebat IOANNES PLANCVS.

ANNO M. DC. XIX.

197 · Titelseite von Keplers „Harmonices Mundi libri V“ (Linz, 1619)

Noch in Graz hatte Kepler, nachdem er die Frage nach der Ursache für die Zahl und die Größe der Planetenbahnen unter Heranziehung der 5 regulären Körper in seinem „Mysterium Cosmographicum“ gelöst zu haben glaubte, auch jene andere nach der Ursache für die Bewegung der Planeten mit Erfolg in Angriff genommen. Als er die Steiermärkische Hauptstadt verließ, lagen Umrisse und Disposition zu einem Buch vor, dem er den Titel „Harmonice Mundi“ gab. Er beabsichtigte, in Prag seinen schon a priori skizzierten Weltbau mit Hilfe der Braheschen Beobachtungen zu vollenden. Zunächst jedoch drängten ihn der kaiserliche Auftrag und selbstgestellte Aufgaben von diesem Ziel ab; doch immer, wenn Not und Sorgen ihn niederdrückten, richteten ihn jene, auf dem Grenzgebiet zwischen Mathematik und Metaphysik liegenden Betrachtungen wieder auf.

Eine auffallende Polarität in der geistigen Veranlagung Keplers offenbart sich in seinen beiden Hauptwerken: die Spannung zwischen seinen exakten Forschungen in der „Astronomia Nova“ und den metaphysischen Spekulationen in der „Harmonice Mundi“, in der indessen ebenfalls die mathematisch-logische Prägung seines Denkens dominiert. Denn „es dürfen diese Spekulationen a priori nicht gegen die offenkundige Erfahrung verstoßen", wie Kepler immer wieder betont.

In ausgereifter Form legte Kepler 1619 in der „Harmonice Mundi" (197) seine Gedanken über den Aufbau der Welt dar. Als Student schon hatte ihn die Ordnung, die ihm im Kosmos entgegentrat, aufs tiefste beeindruckt und er glaubte dabei den Anruf zu hören: „Mensch, streckh deine Vernunfft hieher, diese dinge zu begreiffen". Die Leitbilder zu solchem Verstehen gaben ihm die Pythagoreer, Plato, Euklid, Ptolemäus und der Neuplatoniker Proklus an die Hand. Griechisches Ideengut, christliches und abendländisches Denken verschmolzen zu einer Synthese, die die „Harmonice Mundi" besonders auszeichnet.

Gott hat bei der Erschaffung der Welt „Geometrie getrieben"; er schuf den Menschen als sein Ebenbild, damit dieser Anteil bekäme an den göttlichen Ge-

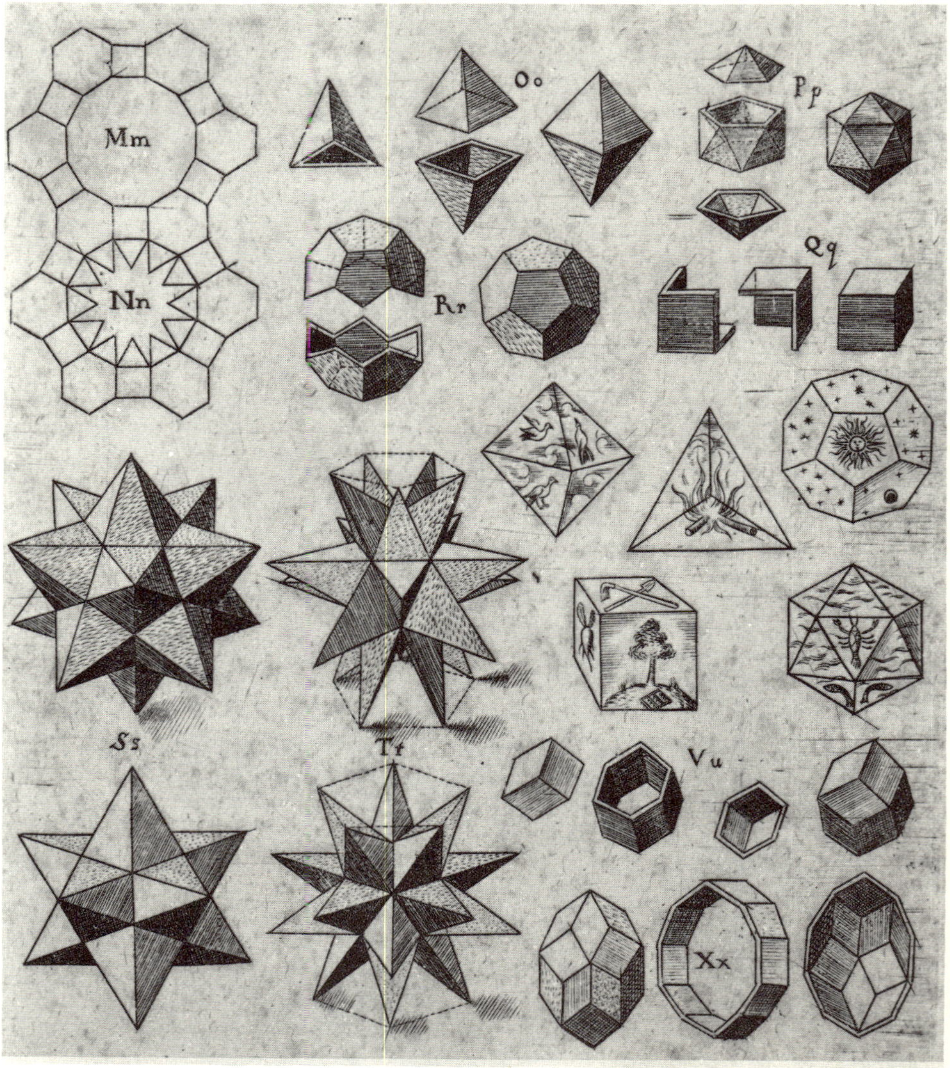

198 · Darstellung der regulären Körper in der „Harmonice Mundi" (Stich von W. Schickard, 1618)

danken. So wird Erkenntnis des Geschaffenen nicht nur möglich; Kepler faßt es geradezu als Pflicht auf, „in behutsamer Weise nach den Zahlen, Maßen und Gewichten zu forschen, nach deren Norm Gott alles geschaffen hat", d. h. nach den Quantitäten, ihren Verhältnissen und Verknüpfungen oder „Harmonien".

Drei Gebiete sind es, auf denen sich Kepler im Aufbau seiner „Weltharmonik" bewegt: Geometrie, Musik und Astronomie. Zuerst leitet er aus den regulären konstruierbaren Vielecken und den regulären und halbregulären Vielflächnern nach bestimmten Gesichtspunkten urbildliche Zahlenverhältnisse ab. Sie begründen das, was Kepler Harmonien nennt und bilden das Fundament seines Weltgebäudes. Dabei gelingt ihm die Entdeckung von 2 bis dahin unbekannten Sternpolyedern (196, 198).

Auf dieser Unterlage baut Kepler seine Harmonielehre in ihrer abstrakten Form auf. Beginnend mit der Musik, untersucht er an der Saite eines Monochords jene Teilungen, die Wohlklänge liefern; nach entsprechender Auswahl gelangt er zu 7 melodischen Intervallen, den musikalischen Urharmonien. Diese lassen sich ursächlich auf die urbildlichen Formen der Geometrie zurückführen. Kepler stellt einen Harmonien-Stammbaum auf (199), auf den er immer wieder verweist. Wie Kepler in den der Geometrie gewidmeten Untersuchungen eine Reihe von originellen mathematischen Gedanken zu Tage förderte, so schuf er mit jenen, in denen er die Musiktheorie behandelte, im Umriß die Grundlagen für alle neuere objektive Musikbetrachtung. Der Gedanke des organischen Charakters der Tonleiter, die Begründung der psychischen Wirkungen der Musik aus deren harmonikal-mathematischen Grundlagen heraus sowie die erstmalige Verwendung der Begriffe Dur und Moll in heutigem Sinn sind Teile seines Beitrags.

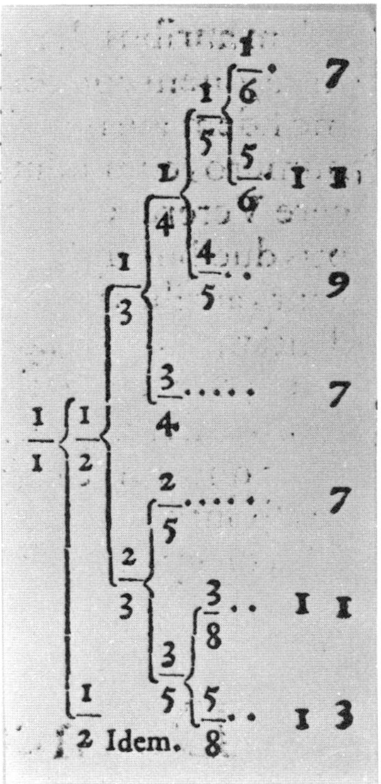

199 · Harmonien-Stammbaum aus der „Harmonice Mundi"

Die von der Geometrie gelieferten „weltbildenden“ Verhältnisse finden sich nach Kepler auch in den Metren der Dichter, im Takt der Musik, vielleicht bei den Farben (bei den Refraktionswinkeln der einzelnen Farben des Regenbogens), den Gerüchen und Geschmäcken, den Gliedern des menschlichen Körpers, in der Architektur und vor allem bei den Himmelserscheinungen: den Aspekten und den Bewegungen der Planeten.
Ebenfalls auf die 7 ausgezeichneten Zahlenverhältnisse führt Kepler die Wirksamkeit der Aspekte zurück. Bilden die Strahlen zweier Planeten (von der Erde

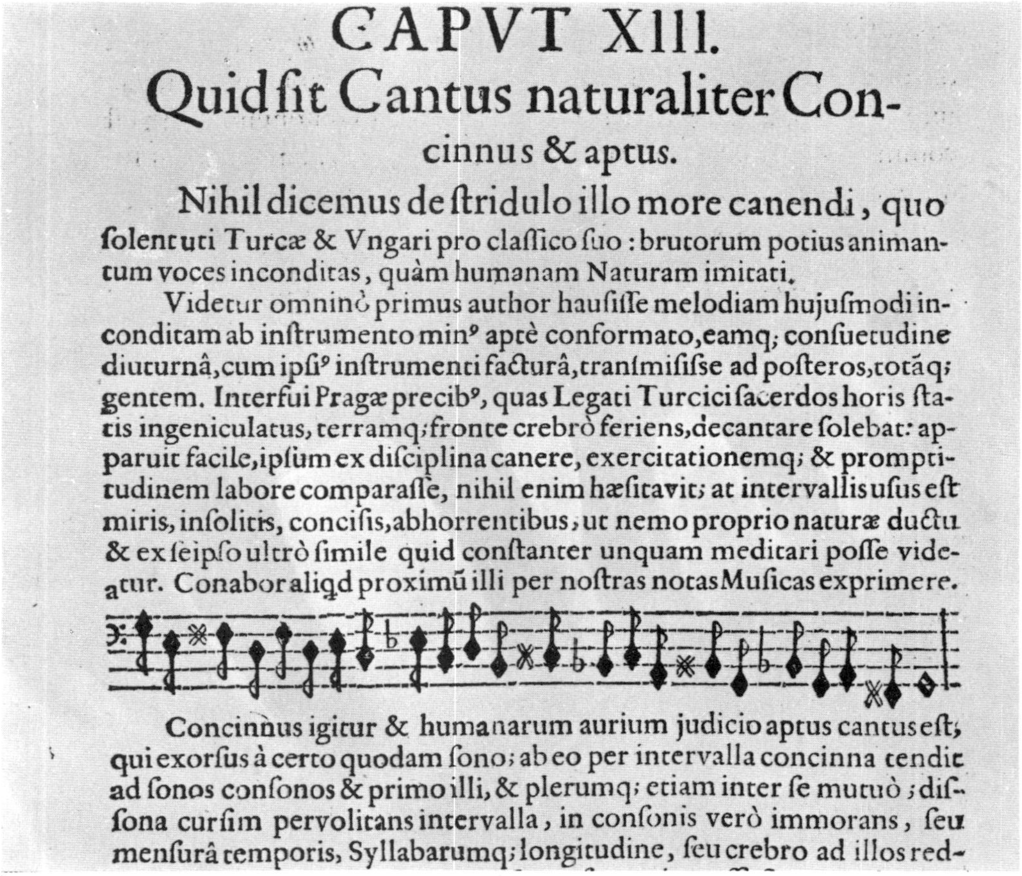

CAPVT XIII.

Quid ſit Cantus naturaliter Concinnus & aptus.

Nihil dicemus de ſtridulo illo more canendi, quo ſolent uti Turcæ & Vngari pro claſſico ſuo: brutorum potius animantum voces inconditas, quàm humanam Naturam imitati.

Videtur omninò primus author hauſiſſe melodiam hujuſmodi inconditam ab inſtrumento minꝰ aptè conformato, eamq; conſuetudine diuturnâ, cum ipſiꝰ inſtrumenti facturâ, tranſmiſiſſe ad poſteros, totâq; gentem. Interfui Pragæ precibꝰ, quas Legati Turcici ſacerdos horis ſtatis ingeniculatus, terramq; fronte crebrò feriens, decantare ſolebat: apparuit facile, ipſum ex diſciplina canere, exercitationemq; & promptitudinem labore comparaſſe, nihil enim hæſitavit; at intervallis uſus eſt miris, inſolitis, conciſis, abhorrentibus, ut nemo proprio naturæ ductu & ex ſeipſo ultrò ſimile quid conſtanter unquam meditari poſſe videatur. Conabor aliq̄d proximũ illi per noſtras notas Muſicas exprimere.

Concinnus igitur & humanarum aurium judicio aptus cantus eſt, qui exorſus à certo quodam ſono; ab eo per intervalla concinna tendit ad ſonos conſonos & primo illi, & plerumq; etiam inter ſe mutuò; diſſona curſim pervolitans intervalla, in conſonis verò immorans, ſeu menſurâ temporis, Syllabarumq; longitudine, ſeu crebro ad illos red-

200 · Aus der „Harmonice Mundi“: Aufzeichnung eines von Kepler gehörten türkischen Kirchengesangs als Beispiel für eine „wenig kunstgerechte Melodieführung“

aus betrachtet) Winkel miteinander, die jenen Verhältnissen bzw. ihren Komplementen entsprechen, dann wird die Seele, welche die geometrischen Urbilder in sich trägt, erregt. Eine direkte Wirkung der Sterne auf uns besteht nicht. Vielmehr werden ihre Aspekte, wie Kepler sagt, „Objekt und Antrieb irdischer Fähigkeiten, der von beteiligten Lebewesen rein instinktiv, ohne diskursives Denken aufgenommen wird“. Die Aspekte stimulieren die Natur so, wie die Objekte die Sinne erregen, das Licht die Augen, die Töne die Ohren, die Wärme den Gefühlssinn. Die kosmische Bindung der menschlichen Seele aufzuzeigen, ist hier innerstes Bedürfnis Keplers.

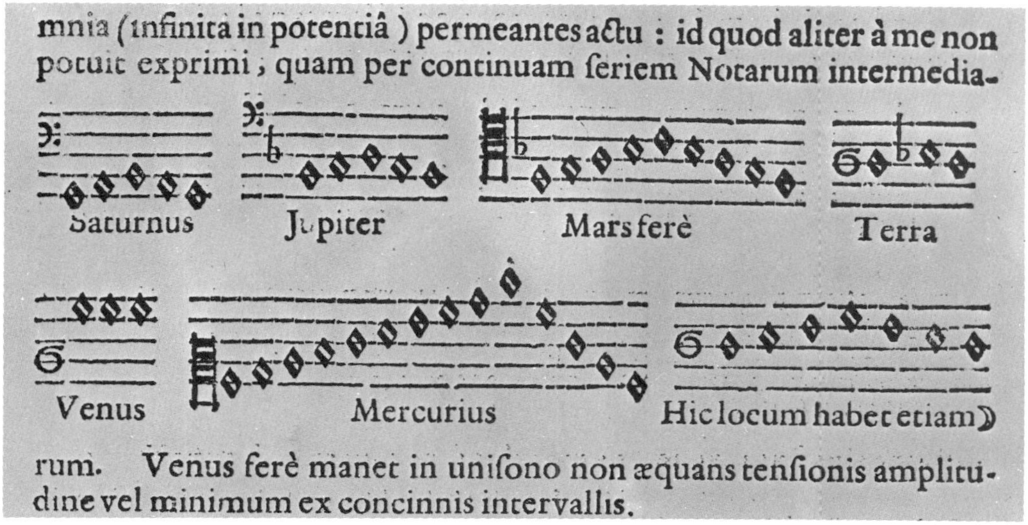

201 · Aus der „Harmonice Mundi“: Darstellung der in den extremen Planetenbewegungen ausgedrückten Tonarten

Im 5. Buch der „Harmonice Mundi“ setzte Kepler den Schlußstein zu seinem Weltgebäude. In mühevoller Arbeit hatte er mit Hilfe der Braheschen Beobachtungen die wahren Abstände der Planeten ermittelt; nach langem Suchen und Probieren entdeckte er auch den Zusammenhang zwischen den mittleren Sonnenabständen und den Umlaufszeiten: „Es ist ganz sicher und stimmt vollkommen, daß die Quadrate der Umlaufszeiten irgend zweier Planeten sich wie die Kuben (dritten Potenzen) ihrer mittleren Sonnenabstände verhalten“:

$$T_1^2 : T_2^2 = a_1^3 : a_2^3 \cdot$$

Das ist das berühmte 3. Planetengesetz Keplers.

Für ihn lag die Bedeutung dieser Entdeckung vor allem auch darin, daß er in ihr das letzte Glied für den harmonischen Bau des Planetensystems sah. Die harmonischen Intervalle lassen sich im Kosmos nachweisen, wenn die extremen, von der Sonne aus betrachteten Bewegungen der Planeten miteinander verglichen werden. Die Dimensionen dieses „harmonischen Kosmos“ ergeben sich über das 3. Gesetz: die aus den extremen Bewegungen berechneten mittleren Bewegungen werden mit seiner Hilfe in die mittleren Abstände und mittels der Exzentrizitäten in die extremen Abstände umgerechnet. Daneben kommt dem durch die Einschaltung der regulären Körper bestimmten „geometrischen Kosmos“ des „Mysterium Cosmographicum“ nur noch untergeordnete Bedeutung zu. Er begründet die „Zahl der Planetenkörper“ und gibt Anhaltspunkte für die „rohe Ausmessung der räumlichen Bereiche“, während jener die ausgefeilte Form anzeigt.

Kepler war sich bewußt, mit seinen Gedankengängen große Anforderungen an den Leser zu stellen; dennoch: „ich werfe den Würfel und schreibe ein Buch für die Gegenwart oder die Nachwelt. Mir ist es gleich. Es mag 100 Jahre seines Lesers harren.“
Kepler widmete die „Harmonice Mundi“ König Jakob I. von England (202) mit dem Wunsch, der Monarch „möge durch die Beispiele von Harmonien, wie sie in den sichtbaren Werken Gottes aufleuchten, in sich das Streben nach Harmonie auf kirchlichem und politischem Gebiet wecken und bestärken.“
Fast zur gleichen Zeit und in ähnlicher Absicht überreichte auch der in England lebende Marcus Antonius de Dominis, Erzbischof von Spalato (203), König Jakob sein Hauptwerk. Kepler verfolgte das Schicksal dieses Kirchenfürsten, mit dem ihn der Wunsch nach Vereinigung der christlichen Kirchen verband.

202 · König Jakob I. von England (Stich von P. de Jode, 1603)

203 · Marcus Antonius de Dominis (Stich von J. Jansonius, 1617)

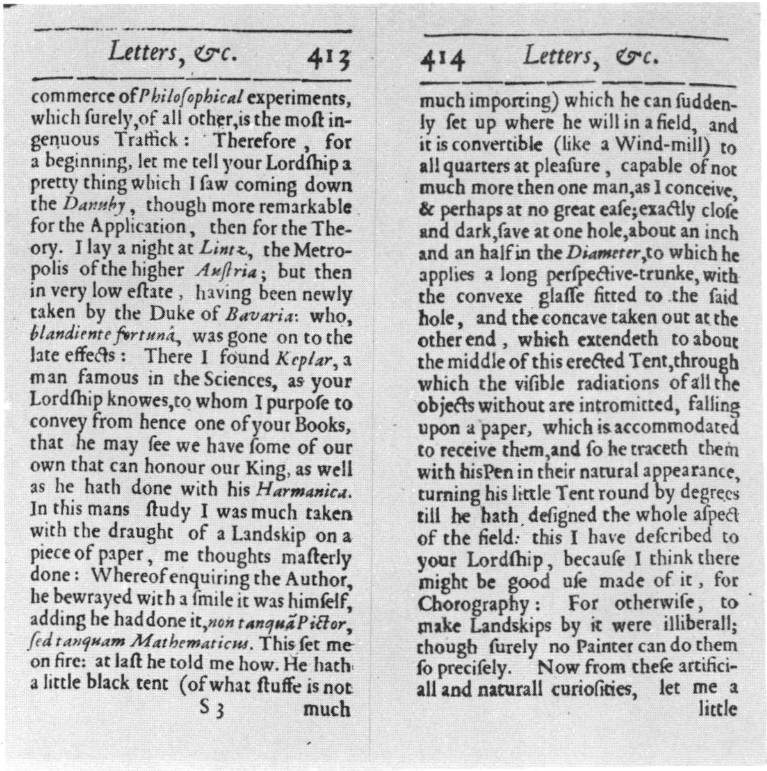

Letters, &c. 413

commerce of *Philosophical* experiments, which surely, of all other, is the most ingenuous Traffick: Therefore, for a beginning, let me tell your Lordship a pretty thing which I saw coming down the *Danuby*, though more remarkable for the Application, then for the Theory. I lay a night at *Lintz*, the Metropolis of the higher *Austria*; but then in very low estate, having been newly taken by the Duke of *Bavaria*: who, *blandiente fortunâ*, was gone on to the late effects: There I found *Keplar*, a man famous in the Sciences, as your Lordship knowes, to whom I purpose to convey from hence one of your Books, that he may see we have some of our own that can honour our King, as well as he hath done with his *Harmanica*. In this mans study I was much taken with the draught of a Landskip on a piece of paper, me thoughts masterly done: Whereof enquiring the Author, he bewrayed with a smile it was himself, adding he had done it, *non tanquã Pictor, sed tanquam Mathematicus*. This set me on fire: at last he told me how. He hath a little black tent (of what stuffe is not

S 3 much

414 Letters, &c.

much importing) which he can suddenly set up where he will in a field, and it is convertible (like a Wind-mill) to all quarters at pleasure, capable of not much more then one man, as I conceive, & perhaps at no great ease; exactly close and dark, save at one hole, about an inch and an half in the *Diameter*, to which he applies a long perspective-trunke, with the convexe glasse fitted to the said hole, and the concave taken out at the other end, which extendeth to about the middle of this erected Tent, through which the visible radiations of all the objects without are intromitted, falling upon a paper, which is accommodated to receive them, and so he traceth them with his Pen in their natural appearance, turning his little Tent round by degrees till he hath designed the whole aspect of the field: this I have described to your Lordship, because I think there might be good use made of it, for Chorography: For otherwise, to make Landskips by it were illiberall; though surely no Painter can do them so precisely. Now from these artificiall and naturall curiosities, let me a little

204 · Bericht von H. Wotton an F. Bacon über seinen Besuch bei Kepler in Linz (1620)

205 · Henry Wotton (Stich von Th. Phillibrown, um 1834)

Ende August 1620 besuchte der englische Gedandte Sir Henry Wotton (205) Kepler in Linz. Er berichtete Francis Bacon (204), wie ihm in der Studierstube dieses „in der Wissenschaft berühmten Mannes, wie Eure Lordschaft weiß“, eine Landschaftszeichnung auffiel; nach dem Künstler gefragt, erwiderte Kepler mit einem Lächeln: „Ich male Landschaften als Mathematiker.“ Er erklärte dem Gast, wie er in eine Wand eines drehbaren dunklen Zeltes ein Linsensystem einsetze und das auf einem Papier auf der gegenüberliegenden Zeltwand entworfene Bild nachzeichne; unter Drehung des Zeltes erhalte er so ein Bild eines größeren Bereiches der Landschaft. Wotton, beeindruckt von Keplers Erfindung, nannte sie sehr brauchbar für die Geländeaufnahme.

Wotton lud Kepler nach England ein; doch dieser hatte einige Bedenken: „Soll ich über das Meer gehen? Ich, ein Deutscher? Ich, der ich das Festland liebe und vor den engen Grenzen einer Insel zurückschrecke, deren Gefahren ich im voraus empfinde?“

206 · Klappsonnenuhr aus Elfenbein. Besitzvermerk: A Kep. 1626

Während seiner Linzer Zeit unternahm Kepler zwei Reisen nach Württemberg – die 1620 angetretene dauerte über ein Jahr –, um seiner als Hexe angeklagten Mutter in dem peinlichen Verfahren beizustehen. Wenn Katharina Kepler dem Flammentod entging, so hatte sie das ihrem Sohn zu verdanken. Sein Ansehen als Mathematiker des Kaisers und der oberösterreichischen Stände, die langen, von ihm verfaßten Schriftsätze, die eine ins einzelne gehende Kenntnis des Prozeßverfahrens bekunden, sowie das Gutachten der juristischen Fakultät Tübingen, der Keplers Freund Ch. Besold angehörte, erwirkten nach einer „peinlichen Befragung" ihre Freilassung. Wie unbequem Keplers Auftreten im Prozeß dem Tribunal war, zeigt die Aktennotiz: „Die Verhafftin erscheint leider mit Beystand Ihres Herrn Sohns Johann Kepplers Mathematici."

Kepler besuchte während des langen Aufenthalts in der Heimat häufig seine Tübinger Lehrer und Freunde. So kehrte er auch bei Mästlin ein. Neben anderem disputierte man über das von dem Engländer Neper gefundene neue Rechenhilfsmittel der Logarithmen, das Kepler außerordentlich begrüßte; für seine vielen umfangreichen und zeitraubenden astronomischen Rechenarbeiten bedeutete dieses Verfahren eine große Erleichterung. Mästlin jedoch war anderer Meinung: „Es steht einem Professor der Mathematik nicht an, sich über irgendeine Abkürzung der Rechnungen kindisch zu freuen."

Eine mechanische Rechenhilfe hatte sich der Tübinger Professor für biblische Grundsprachen Wilhelm Schickard (208) ausgedacht, den Kepler 1617 kennenlernte: eine Rechenmaschine. Ein Anstoß zu dieser Erfindung Schickards (um 1623), eines technisch ungemein begabten Mannes, der zu mehreren Werken Keplers die Figuren und Abbildungen lieferte, ging aus von Keplers Logarithmen als einem Beitrag zur Vereinfachung mühsamer Rechenarbeit. Schickard stellte Kepler seinen Automaten in einer Skizze vor (207); es handelte sich um eine mechanische Addiermaschine mit einer Hilfsvorrichtung zum Multiplizieren. Ein fertiges Exemplar sah Kepler nie; das für ihn bestimmte Gerät verbrannte in Schickards Werkstatt. Damit ging auch das Wissen um diese Maschine verloren. Erst in neuerer Zeit wurde man wieder auf sie aufmerksam. Der Ruhm, die erste, nach dem Prinzip automatischer Zehnerübertragung betriebene Rechenmaschine gebaut zu haben, den man bis dahin Pascal zuerkannte (er erfand die seine 1642), gebührt demnach Schickard.

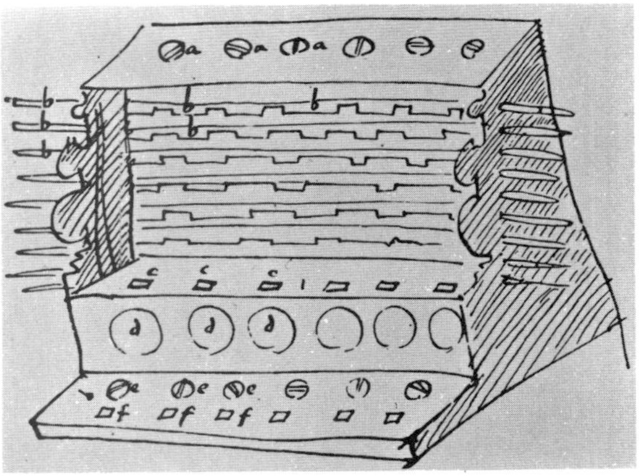

207 · Zeichnung der von W. Schickard erfundenen Rechenmaschine (1623)

208 · Wilhelm Schickard (Bildnis, 1632)

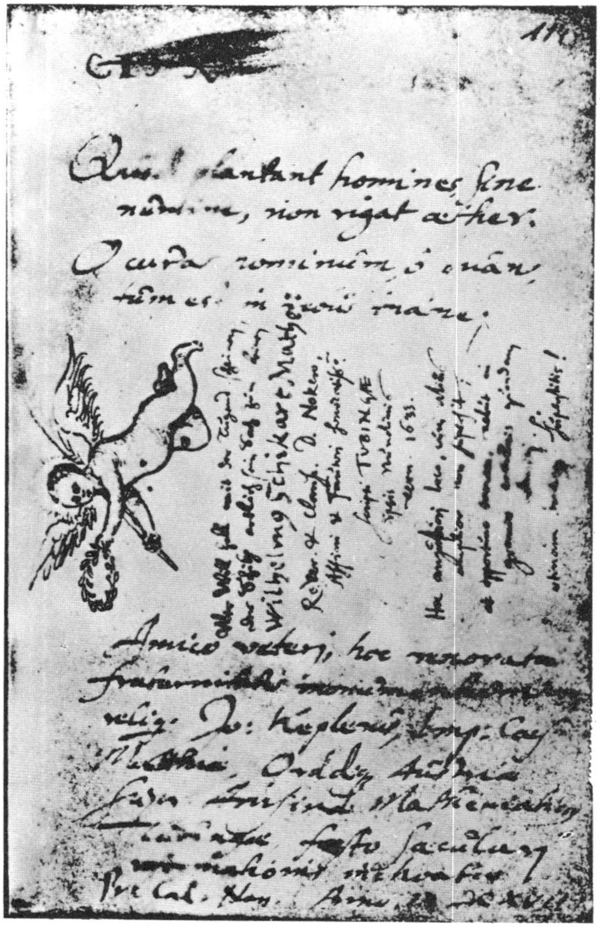

209 · Stammbucheintrag Keplers für J. G. Nocker aus Tübingen vom 31. Oktober 1617. Dazwischen Eintrag von W. Schickard (1633)

Ein genauer Einblick in die berühmten ersten Logarithmentafeln, die John Neper 1614 veröffentlicht hatte, legte Kepler sofort die Absicht nahe, von dieser wichtigen Neuerung nach vorheriger Umarbeitung in den „Rudolphinischen Tafeln“ Gebrauch zu machen. War Neper bei seiner Begründung der Logarithmen von anschaulich geometrischen Vorstellungen ausgegangen, so leitete Kepler nach selbständigen Ideen seine Zahlen aus der Theorie der Proportionen, also rein arithmetisch, im Anschluß an das 5. Buch Euklids ab. Dabei gehen zwar beide in gleicher Weise von der Zuordnung einer geometrischen zu einer arithmetischen Reihe aus, unterscheiden sich dann aber in der Zuordnung ihrer Glieder. Keplers Zahlen weichen meist nur in der letzten Stelle von denen Nepers ab. Für seinen Logarithmus gilt die Beziehung: $\text{Log}\,x = 10^7 \ln \frac{10^7}{x}$. Für die Aufstellung numerisch-logarithmischer Tabellen fungierten in der Anordnung der Tafeln (210) die Sinuswerte als Numeri mit konstantem Tafelfortschritt.

Für die Herstellung seiner Logarithmentafel hatte Neper auf Vorschlag von Henry Briggs bereits eine Änderung im Sinn; es sollte log 10 = –1, oder noch besser log 10 = +1 gesetzt werden. Briggs war es dann, der die Idee dekadischer Logarithmen zur Ausführung brachte. Kepler erkannte zwar, daß diese für die Multiplikation und Division von Absolutzahlen weitaus besser und bequemer waren. Nachdem aber seine Logarithmentafeln, die „Chilias Logarithmorum“ (mit einer Herleitung der Logarithmen) und das „Supplementum“ 1624/25 erschienen waren, sah er keine Möglichkeit mehr, in den „Rudolphinischen Tafeln“ dekadische Logarithmen einzuführen. Indem er die Neperschen darin beibehielt, verhalf er diesen zu längerem Gebrauch.

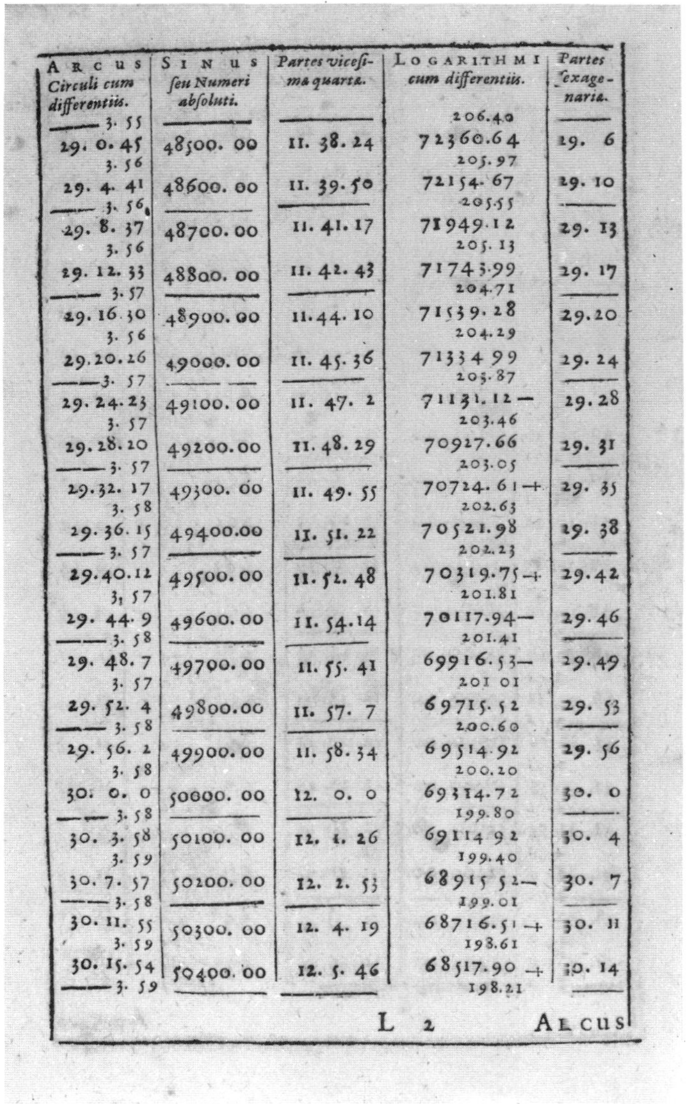

Arcus Circuli cum differentiis.	Sinus seu Numeri absoluti.	Partes vicesima quarta.	Logarithmi cum differentiis.	Partes sexagenaria.
3. 55			206.40	
29. 0. 45	48500. 00	11. 38. 24	72360.64	29. 6
3. 56			205. 97	
29. 4. 41	48600. 00	11. 39. 50	72154. 67	29. 10
3. 56			205.55	
29. 8. 37	48700. 00	11. 41. 17	71949. 12	29. 13
3. 56			205. 13	
29. 12. 33	48800. 00	11. 42. 43	71743.99	29. 17
3. 57			204.71	
29. 16. 30	48900. 00	11. 44. 10	71539. 28	29. 20
3. 56			204. 29	
29. 20. 26	49000. 00	11. 45. 36	71334 99	29. 24
3. 57			203. 87	
29. 24. 23	49100. 00	11. 47. 2	71131. 12 —	29. 28
3. 57			203. 46	
29. 28. 20	49200. 00	11. 48. 29	70927. 66	29. 31
3. 57			203. 05	
29. 32. 17	49300. 00	11. 49. 55	70724. 61 +	29. 35
3. 58			202. 63	
29. 36. 15	49400. 00	11. 51. 22	70521. 98	29. 38
3. 57			202. 23	
29. 40. 12	49500. 00	11. 52. 48	70319. 75 +	29. 42
3, 57			201. 81	
29. 44. 9	49600. 00	11. 54. 14	70117. 94 —	29. 46
3. 58			201. 41	
29. 48. 7	49700. 00	11. 55. 41	69916. 53 —	29. 49
3. 57			201 01	
29. 52. 4	49800. 00	11. 57. 7	69715. 52	29. 53
3. 58			200. 60	
29. 56. 2	49900. 00	11. 58. 34	69514. 92	29. 56
3. 58			200. 20	
30. 0. 0	50000. 00	12. 0. 0	69314. 72	30. 0
3. 58			199. 80	
30. 3. 58	50100. 00	12. 1. 26	69114 92	30. 4
3. 59			199. 40	
30. 7. 57	50200. 00	12. 2. 53	68915 52 —	30. 7
3. 58			199. 01	
30. 11. 55	50300. 00	12. 4. 19	68716. 51 +	30. 11
3. 59			198. 61	
30. 15. 54	50400. 00	12. 5. 46	68517. 90 +	30. 14
3. 59			198. 21	

L 2 Arcus

210 · Eine Tafel aus Keplers „Chilias Logarithmorum“ (Marburg, 1624)

211. Johannes Kepler (Stich von Jakob von Heyden, 1620/21)

Das Verzeichnis der von Kepler veröffentlichten Schriften ist umfangreich und enthält Beiträge zu den verschiedensten Wissensgebieten, in der Mehrzahl zur Astronomie und Mathematik. Unter 62 selbständigen Publikationen zählen 15 große Werke zur Weltliteratur. 1622 schrieb Kepler selbst ein Verzeichnis der von ihm bis dahin herausgegebenen Bücher. Es wird angenommen, daß dieser „Catalogus librorum" (212) für den Mathematiker Paul Guldin S. J. angefertigt wurde, mit dem Kepler seit 1618 in freundschaftlichem Briefwechsel stand.

Hätte Kepler seinem astronomischen Lehrbuch im Hinblick auf die „Astronomia Nova" den Titel „Epitome Astronomiae Novae" gegeben, man hätte ihn keiner Überheblichkeit zeihen können. Wenn er es „Epitome Astronomiae Copernicanae" betitelt (213), dann sollte damit zum Ausdruck gebracht werden, daß ihm der Ruhm genüge, „für Kopernikus, der am Hochaltar den Gottesdienst besorgt, die Tür des Gotteshauses zu bewachen". Ein andres Mal schreibt er: „Mögen sich andere zur Hypothese des Kopernikus stellen, wie sie wollen, ich erachte es ihr gegenüber als meine Pflicht und Aufgabe, sie, die ich in meinem Innern als wahr anerkannt habe, auch nach außen hin mit allen Kräften meines Geistes zu verteidigen." Es ist aufschlußreich zu erfahren, daß Newton aus der „Epitome" Keplers neue Astronomie und Physik kennen lernte.

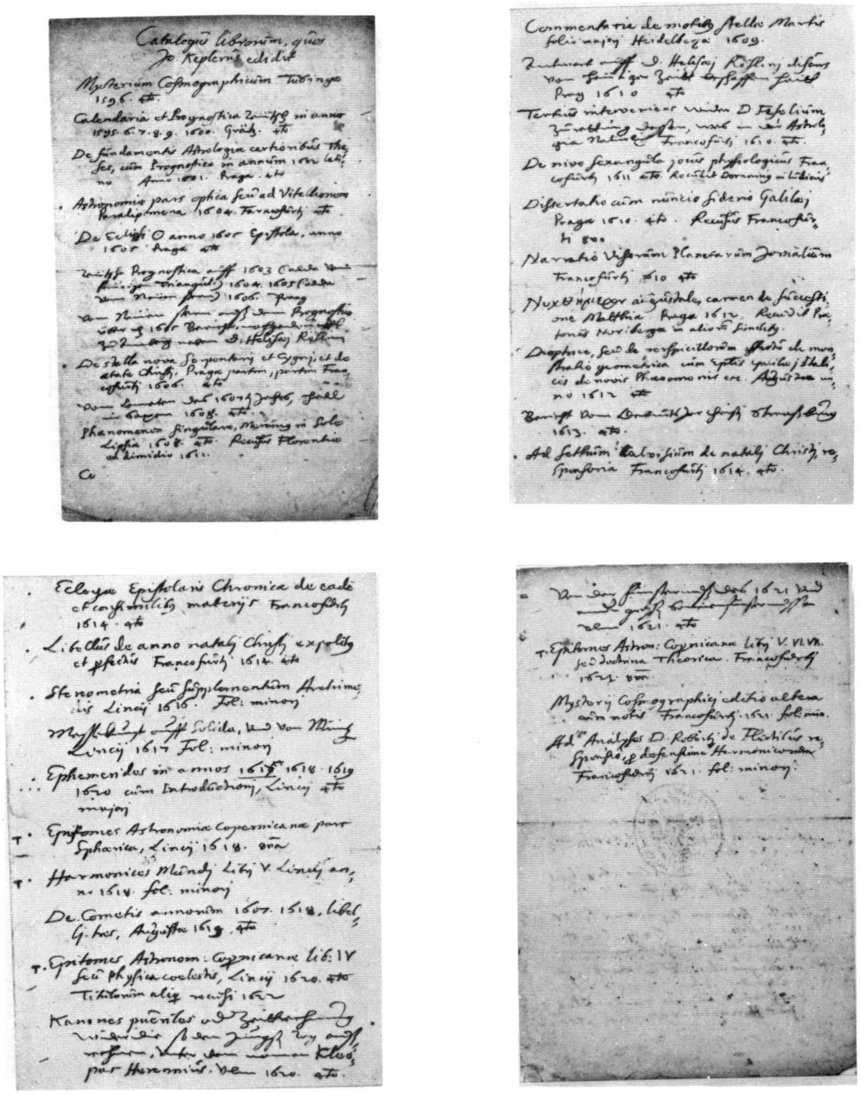

212 · Verzeichnis der von Kepler herausgegebenen Bücher (sog. Grazer Katalog, um 1622)

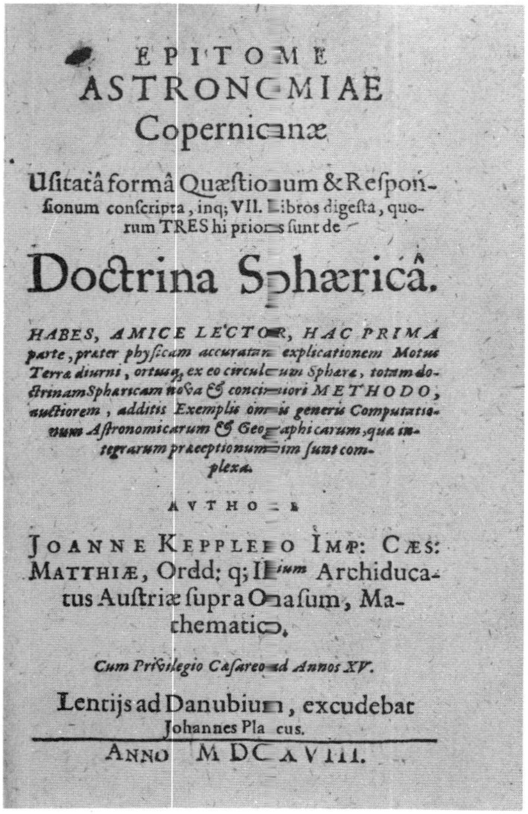

EPITOME
ASTRONOMIAE
Copernicanæ
Usitatâ formâ Quæstionum & Responsionum conscripta, inq; VII. Libros digesta, quorum TRES hi priores sunt de
Doctrina Sphæricâ.
HABES, AMICE LECTOR, HAC PRIMA parte, præter physicam accuratam explicationem Motus Terræ diurni, ortusq, ex eo circulorum Sphæræ, totam doctrinam Sphæricam nova & concinniori METHODO, auctiorem, additis Exemplis omnis generis Computationum Astronomicarum & Geographicarum, quæ integrarum præceptionum vim sunt complexa.
AVTHORE
JOANNE KEPPLERO IMP: CÆS: MATTHIÆ, Ordd: q; Illium Archiducatus Austriæ supra Onasum, Mathematico.
Cum Privilegio Cæsareo ad Annos XV.
Lentijs ad Danubium, excudebat Johannes Plancus.
ANNO MDCXVIII.

213 · Titelseite von Keplers „Epitome Astronomiae Copernicanae" (Linz, 1618 bis 1621)

Was Kepler mit Bezugnahme auf die Landschaftsschule in Linz den Ständen als ein „für Schulbänke minderen Ranges geeignetes Kompendium" seiner „Neuen Astronomie" anpries, unterschied sich von anderen, der ptolemäischen Theorie folgenden astronomischen Lehrbüchern seiner Zeit ganz wesentlich. Keplers „Epitome" ist das erste Lehrbuch der Himmelsphysik. Sie enthält die Summe der in seinen großen Werken niedergelegten Erkenntnisse und Entdeckungen; von ihnen ausgehend, beleuchtet er alle großen und kleinen Fragen, die in jener Zeit die Astronomen beschäftigten.

In Katechismusform nach Fragen und Antworten abgefaßt, erschien das Werk in 3 Teilen: Buch I bis III 1618, Buch IV 1620, Buch V–VII 1621. Im Verhältnis zu den „Rudolphinischen Tafeln" kann die „Epitome" als deren Kommentar gelten; sie lieferte die theoretische Grundlage für die „Praecepta" des Tafelwerks.

Die ersten 3 Bücher widmete Kepler der sphärischen Astronomie. Wichtigster Teil darin sind seine Ausführungen über den Ort der Erde und deren Bewegung in kopernikanischem Sinn. Die meisten Menschen seiner Zeit glaubten noch immer nicht an den Lauf unseres Planeten um die Sonne. Für zahlreiche dagegen vorgebrachte Einwände fand Kepler die richtigen Lösungen. Dabei verglich er die um eine gleichgerichtete Achse rotierende Erde mit einem Kreisel (214). Jenen, die sich für ihre Ablehnung der Erdbewegung auf die Autorität der Hl. Schrift beriefen, erwiderte Kepler, die Schrift wolle uns nicht Astronomie lehren, sondern höhere Wahrheitserkenntnisse vermitteln.

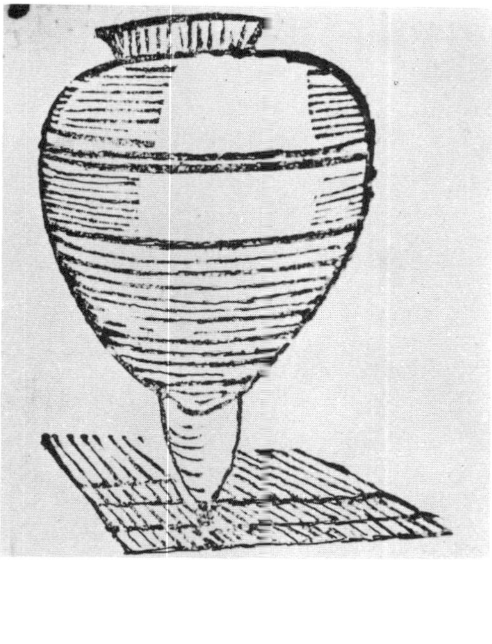

214 · Kreisel, mit dem Kepler die um eine ihre Richtung im Raum erhaltende Achse sich drehende Erde vergleicht (aus „Epitome", Linz, 1618)

Mit Buch IV, dem Kernstück der „Epitome“, beginnt der zweite, theoretische Teil der Astronomie. Verschwunden sind die von Ptolemäus, Kopernikus und Brahe benötigten Hilfsannahmen der Epizykel: die Planeten umlaufen als frei im Raum schwebende Kugeln nach den drei Keplerschen Gesetzen die Sonne.

Seit Kepler in seinem „Mysterium Cosmographicum“ die Planetenbewegung einem von der Sonne ausgehenden Antrieb zuschrieb, ging er der Frage nach der Art dieses „Impetus“ in vielartigen Überlegungen nach. Zunächst dachte er an eine „anima motrix“ der Sonne, welche den Planeten ihren Impetus erteilt, während deren Bewegungsgesetz „aus ihrer Natur hervorgehe“. In der „Astronomia Nova“ wird sie zu einer „species immateriata“ verallgemeinert; aber daneben verwendet er auch die Kraftbegriffe „vigor“ und „vis“.

GVILIELMI GILBERTI COLCESTRENSIS, MEDICI LONDINENSIS,

DE MAGNETE, MAGNETICISQVE CORPORIBVS, ET DE MAGno magnete tellure; Physiologia noua, *plurimis & argumentis, & experimentis demonstrata.*

LONDINI

EXCVDEBAT PETRVS SHORT ANNO MDC.

215 · W. Gilbert: „De Magnete“ (London, 1600)

Für ihre Änderung mit dem Planetenabstand wird zunächst die für die Intensität des „immateriellen“ Lichts entwickelte Abnahme mit dem Quadrat der Entfernung des photometrischen Grundgesetzes von Kepler angenommen, später aber für eine nur in der Ebene der Planetenbahn zur Wirkung kommende Kraft eine lineare Abnahme mit der Entfernung bevorzugt.

Mästlin spottete über die Versuche seines einstigen Schülers, die Astronomie mit der Physik zu verbinden; ihre alleinige Grundlage seien Geometrie und Arithmetik.

Kepler erweiterte seine Vorstellung mit der Annahme, daß auch alle freie Bewegung im irdischen Bereich auf einer Anziehungskraft der körperlichen Materie beruhe. Ein Stein, allein in die Welt gebracht, ist in Ruhe: „omnia materia ad quietem inclinat“. Es wirke also eine Kraft von der Erde auf den Mond und in gleicher Art vom Mond auf die Erde, die Ursache der Wasserbewegungen in Ebbe und Flut, von der Erde auf den Stein wie vom Stein auf die Erde und von zwei in die Welt gebrachten Steinen aufeinander. Die Gleichheit dieser Kräfte mit der zwischen Sonne und Planeten wirkenden Kraft hat erst Newton vollkommen begründet.

Der in der Epitome diskutierte magnetische Ursprung der Kraft zwischen Sonne und Planet geht auf das Werk „De Magnete“ von William Gilbert (215) zurück. Dieser hatte durch Vergleich der Einstellung der Magnetnadel auf der Erde und in der Umgebung einer, aus einem Magnetstein mit zwei Polen gefertigten Kugel, seiner „Terrella“ (216), geschlossen, daß der Kompaß sich nicht auf den Himmelspol, sondern auf den Erdpol richte. So war Keplers Hypothese berechtigt, daß auch die Sonne ein Magnet sei. Doch war er sich bewußt, daß sein Planetenbewegungsbild sich nicht so recht in Einklang mit den physikalischen Gesetzen des Magnetismus bringen ließ; er sprach von der Ähnlichkeit der Kräfte, etwa in gleichem Sinn wie viel später Newton die Doppelbrechnung auf eine quasi magnetische Polarität seiner Lichtkorpuskel zurückführte.

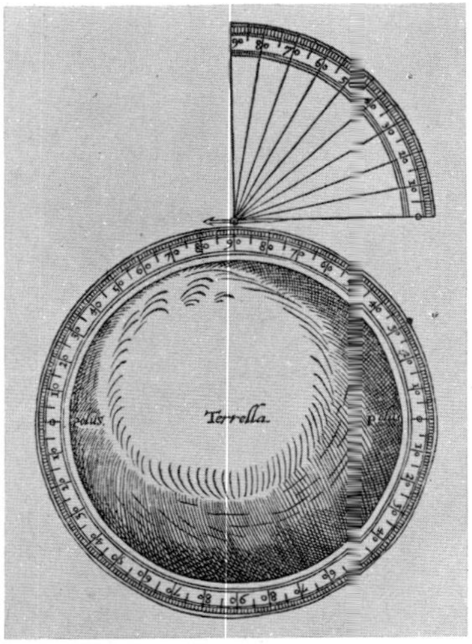

216. Gilberts Terrella. Die Einstellung der Magnetnadel bei Drehung der Magnetkugel (Pole links und rechts) ergibt die Deklination längs der Erdoberfläche (aus »De Magnete«, London, 1600)

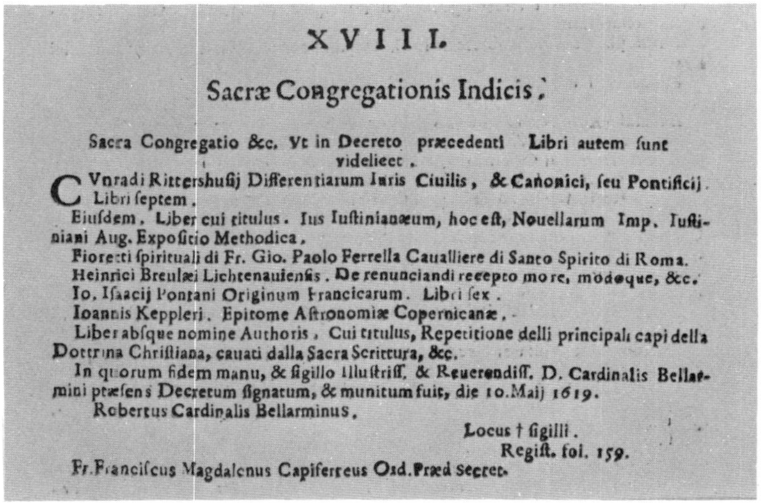

XVIII.

Sacræ Congregationis Indicis.

Sacra Congregatio &c. Vt in Decreto præcedenti Libri autem sunt videlicet.

CVnradi Rittershusij Differentiarum Iuris Ciuilis, & Canonici, seu Pontificij. Libri septem.

Eiusdem. Liber cui titulus. Ius Iustinianæum, hoc est, Nouellarum Imp. Iustiniani Aug. Expositio Methodica.

Fioretti spirituali di Fr. Gio. Paolo Ferrella Caualliere di Santo Spirito di Roma.

Heinrici Breulæi Lichtenauiensis. De renunciandi recepto more, modoque, &c.

Io. Isaacij Pontani Originum Francicarum. Libri sex.

Ioannis Keppleri. Epitome Astronomiæ Copernicanæ.

Liber absque nomine Authoris, Cui titulus, Repetitione delli principali capi della Dottrina Christiana, cauati dalla Sacra Scrittura, &c.

In quorum fidem manu, & sigillo Illustriss. & Reuerendiss. D. Cardinalis Bellarmini præsens Decretum signatum, & munitum fuit, die 10. Maij 1619.

Robertus Cardinalis Bellarminus.

Locus † sigilli.

Regist. fol. 159.

Fr. Franciscus Magdalenus Capiferreus Ord. Præd Secret.

217 · Index Librorum Prohibitorum (Rom, 1664). An 6. Stelle: Joannis Keppleri Epitome

Der erste Teil der „Epitome“ erschien, nicht lange nachdem am 5. März 1616 durch ein Indexdekret in Rom das Buch des Kopernikus „De revolutionibus orbium coelestium“ wegen der darin enthaltenen Lehre von der Erdbewegung suspendiert worden war, bis es verbessert würde. Da Kepler in seinem Werk für Kopernikus und dessen Lehre eintrat, wurde dieses vom Hl. Offizium durch Dekret vom 10. Mai 1619 ebenfalls auf den Index der von der katholischen Kirche verbotenen Bücher gesetzt (217). Kepler, darüber bestürzt, fürchtete die Folgen, falls die Zensur auch in Österreich durchgeführt würde. Im übrigen war er (mit dem Blick auf Galilei) der Meinung, daß „das schroffe Vorgehen einzelner, welche die astronomischen Lehren nicht am rechten Ort und nicht nach gehöriger Methode vortrugen“, das Verbot verursacht hätte.

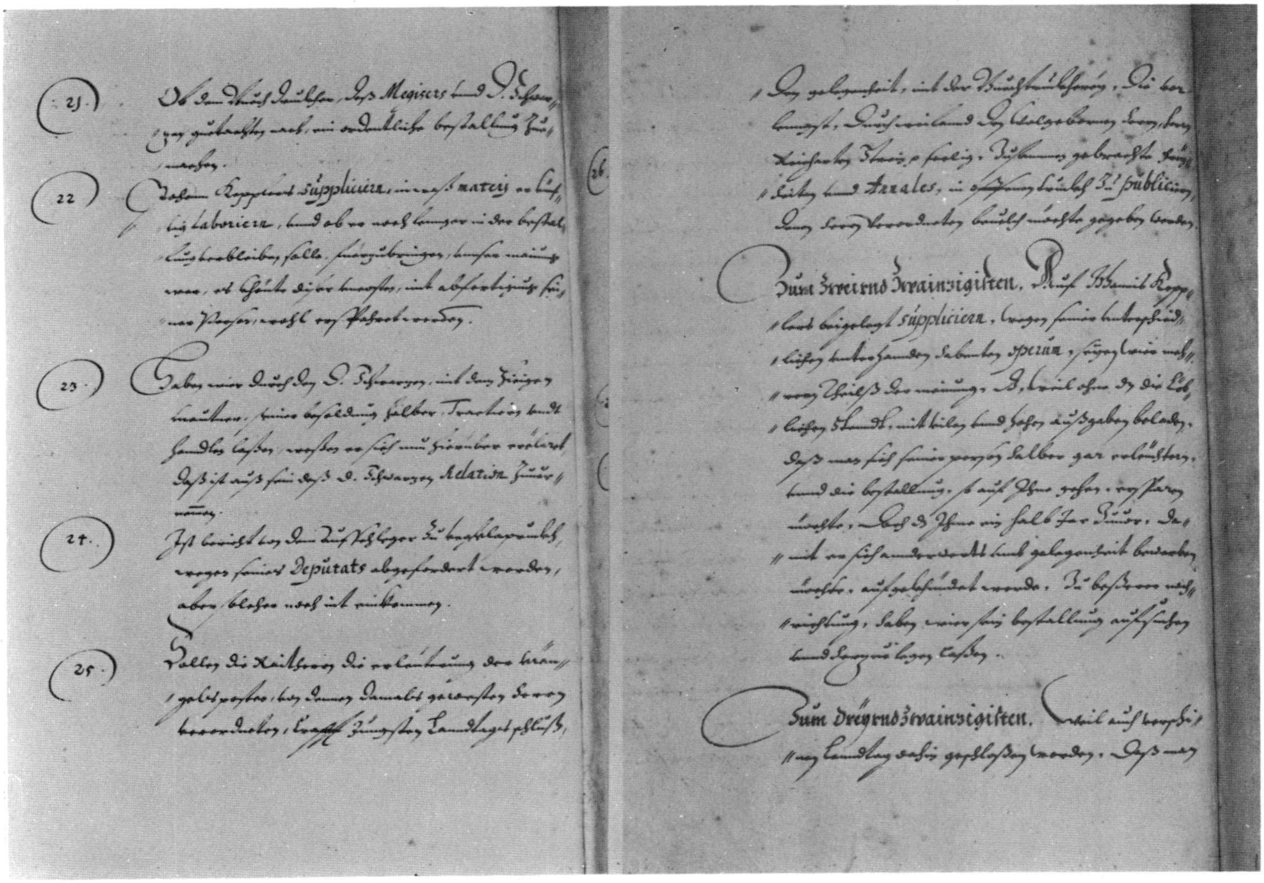

218 · Aus dem Protokoll vom 30. August 1616 der Landtagssitzung in Linz: Punkt 22 betrifft Kepler

Eine erste Erschütterung drohte Keplers Anstellung als landschaftlicher Mathematiker gleich nachdem er im Mai 1616 den Ständen einen Bericht über den Fortgang der Arbeit an den „Rudolphinischen Tafeln“ (die er als kaiserlicher Mathematiker ausführte) und an der Landkarte (wofür er von den Ständen bezahlt wurde) übergeben und dabei letztere Tätigkeit unmißverständlich von sich geschoben hatte (vgl. S. 166). Welcher Arbeit sollte er sich jetzt zuwenden und sollte er überhaupt in den Diensten der Stände verbleiben? Die Frage wurde in der Landtagssitzung vom August 1616 als 22. Beratungspunkt von den Verordneten vorgelegt (218), indem sie sich gleichzeitig für die Entlassung Keplers aussprachen. In der Beratung des Ständeausschusses war die Mehrzahl der Mitglieder wegen Einsparung der Mittel ebenfalls für dessen Entlassung. Der Vorschlag kam jedoch nicht zur Ausführung; es fand sich immer wieder ein Auftrag für den Mathematiker, wie etwa die Inventarisierung der Megiserschen Bibliothek.

Mit dem Regierungsantritt Kaiser Ferdinands II. (224) im August 1619 standen Oberösterreich und seiner Hauptstadt Linz schlimme Zeiten bevor. Während noch die Bevölkerung unter der Last der bayerischen Besatzung stöhnte, die seit Juli 1620 Stadt und Land überzog, bemächtigte sich ihrer bald neue Erregung. Ferdinand nutzte den Sieg am Weißen Berg bei Prag dazu, die politische Macht der Stände vollends zu brechen und den Katholizismus zur Staatsreligion zu machen. Wie anderorts, so wurden auch in Oberösterreich prominente evangelische Ständemitglieder kaltgestellt oder des Landes verwiesen. Für Kepler wiederholten sich die Vorgänge, die er einst in Graz erlebt hatte: Bedrängnis in der Religionsausübung und schließlich die Wahl, katholisch zu werden oder das Land zu verlassen.

Jetzt genoß er jedoch in der auch von Kaiser Ferdinand bestätigten Stellung eines kaiserlichen Mathematikers das Vorrecht eines Hofbeamten. Er durfte an den „Rudolphinischen Tafeln" weiterarbeiten, für deren Druck der evangelische Buchdrucker Planck sogar Aufenthaltsbewilligung erhielt. Doch in einigen Punkten mußte auch Kepler sich anpassen. So besuchten seine Kinder den katholischen Gottesdienst; das jüngste Kind Hildebert wurde auch katholisch getauft (175). Die von der Reformationskommission vorgenommene Versiegelung seiner kleinen Bibliothek (219) scheint durch die Intervention des Jesuitenpaters P. Guldin wieder aufgehoben worden zu sein.

219 · „Zeitungen des 1626. Jahrs. III. (21. Januar 1626)" au Linz vom 6. Januar

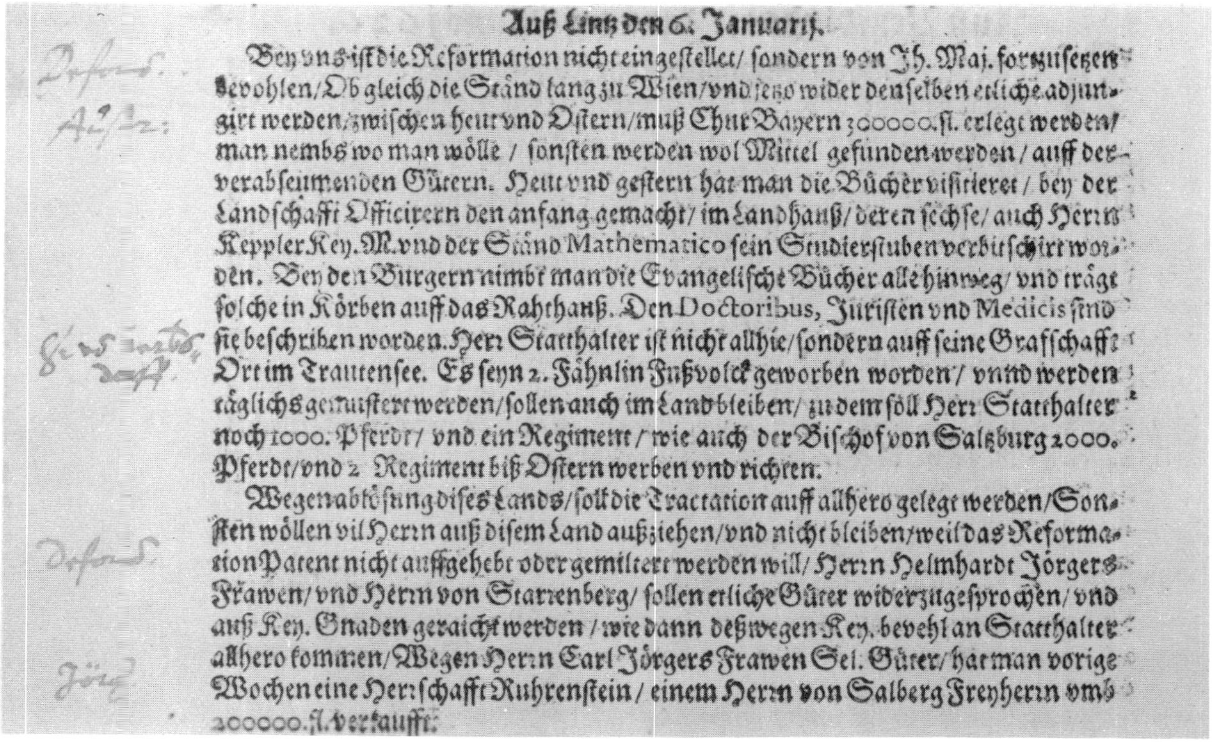

Auß Lintz den 6. Januarij.

Bey vns ist die Reformation nicht eingestellet/ sondern von Jh. Maj. fortzusetzen bevohlen/ Ob gleich die Stând lang zu Wien/ vnd jetzo wider denselben etliche adjungirt werden/ zwischen heut vnd Ostern/ muß Chur Bayern 300000. fl. erlegt werden/ man nembs wo man wölle / sonsten werden wol Mittel gefunden werden / auff der verabseumenden Gütern. Heut vnd gestern hat man die Bücher visitieret / bey der Landschafft Officirern den anfang gemacht/ im Landhauß/ deren sechse/ auch Herrn Keppler Key. M. vnd der Stând Mathematico sein Studierstuben verbitschirt worden. Bey den Burgern nimbt man die Evangelische Bücher alle hinweg/ vnd trâgt solche in Körben auff das Rahthauß. Den Doctoribus, Juristen vnd Medicis sind sie beschriben worden. Herr Statthalter ist nicht allhie/ sondern auff seine Grafschafft Ort im Trauttensee. Es seyn 2. Fähnlin Fußvolck geworben worden/ vnnd werden täglichs gemustert werden/ sollen auch im Land bleiben/ zu dem soll Herr Statthalter noch 1000. Pferdt/ vnd ein Regiment / wie auch der Bischof von Saltzburg 2000. Pferdt/ vnd 2 Regiment biß Ostern werben vnd richten.

Wegen ablösung dises Lands/ soll die Tractation auff allhero gelegt werden/ Sonsten wöllen vil Herrn auß disem Land außziehen/ vnd nicht bleiben/ weil das Reformation Patent nicht auffgehebt oder gemiltert werden will/ Herrn Helmhardt Jörgers Frawen/ vnd Herrn von Starrenberg/ sollen etliche Güter widerzugesprochen/ vnd auß Key. Gnaden geraicht werden / wie dann deßwegen Key. bevehl an Statthalter allhero kommen/ Wegen Herrn Carl Jörgers Frawen Sel. Güter/ hat man vorige Wochen eine Herrschafft Ruhrenstein / einem Herrn von Salberg Freyherrn vmb 200000. fl. verkaufft.

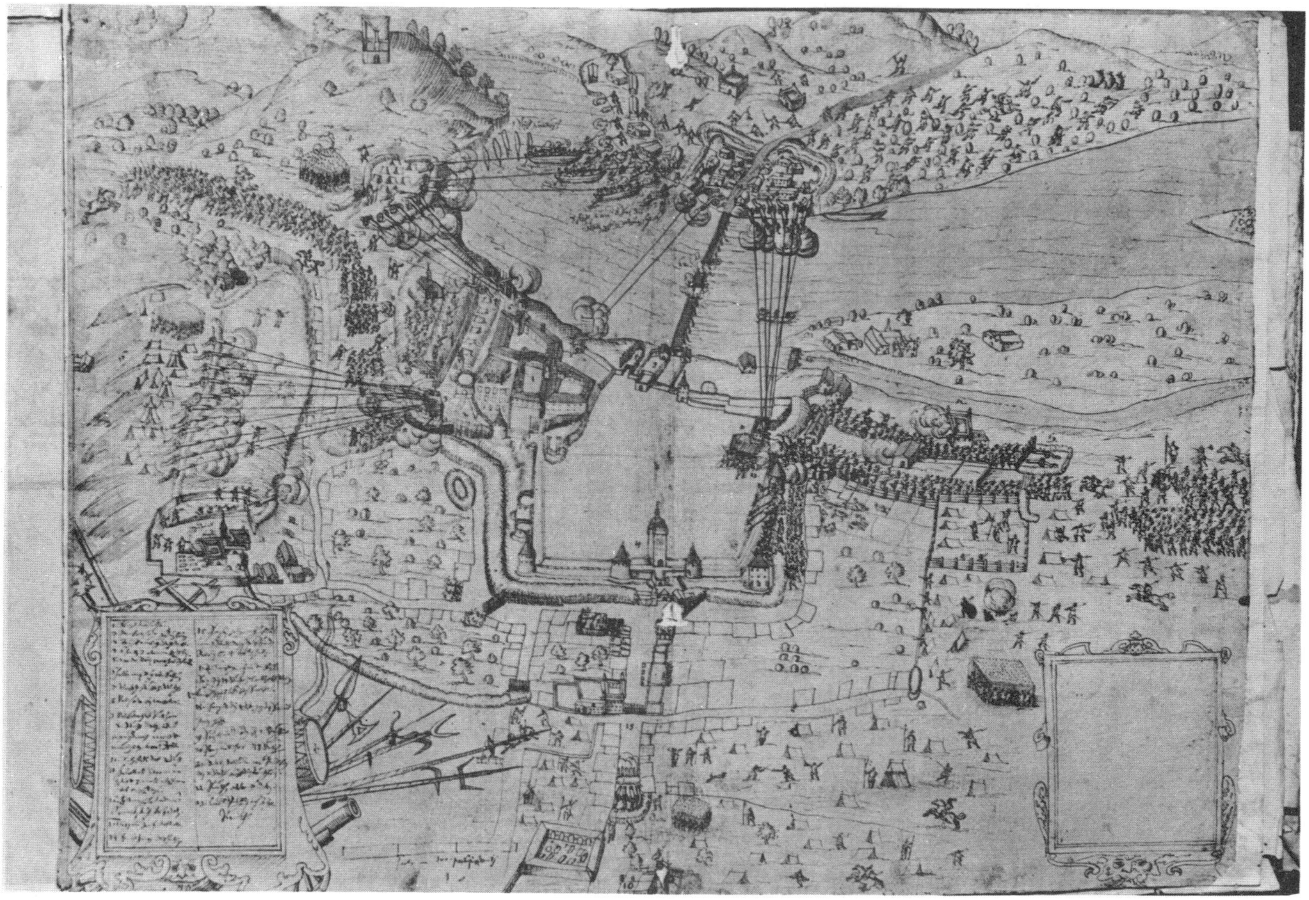

220 · Belagerung von Linz durch die aufständischen Bauern im Juni 1626 (Zeichnung)

Unter dem Druck der Rekatholisierung und fremder Truppen im Land rotteten sich im Mai 1626 die Bauern Oberösterreichs zusammen; im Juni besetzten die Aufständischen Linz (220, 222). Einem der von ihnen gelegten Brände fiel auch des Buchdruckers Planck Haus in der Lederergasse zum Opfer (221).

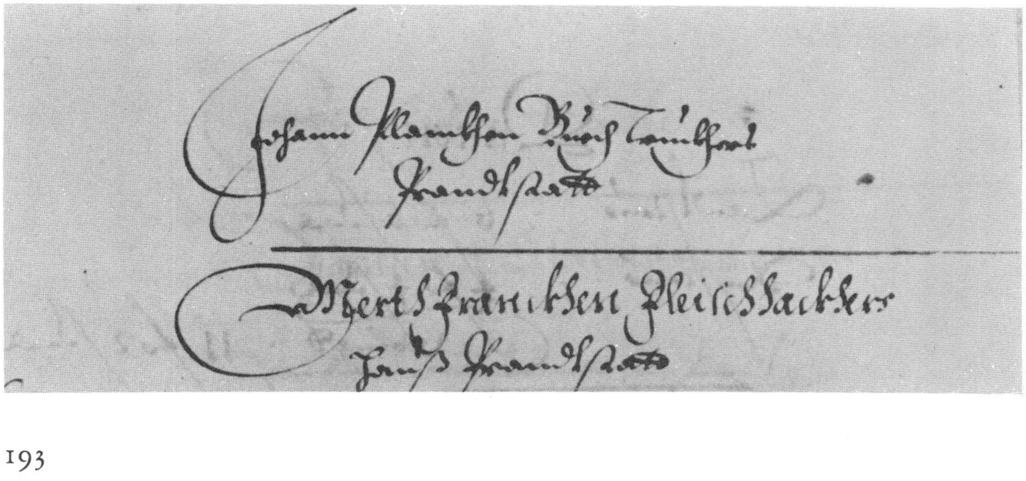

221 · Auf Plancks Haus in der Lederergasse wird im Steuerbuch 1630 keine Steuer gelegt, da es einem Brand zum Opfer fiel

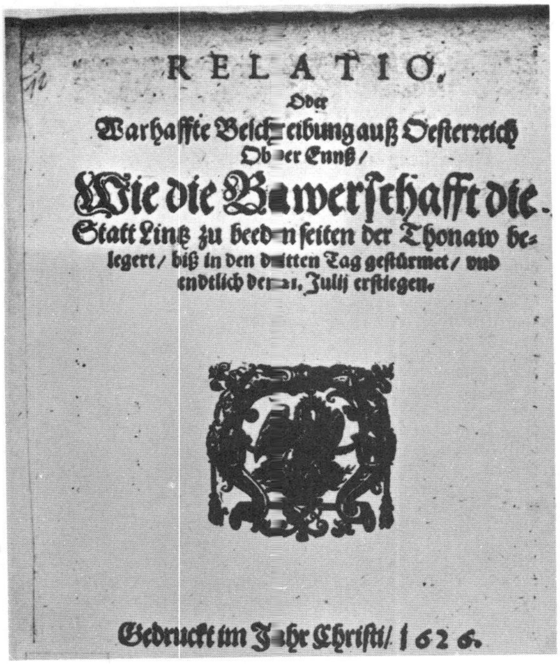

RELATIO.
Oder
Warhaffte Beschreibung auß Oesterreich
Ob der Enns/
Wie die Bawerschafft die
Statt Lintz zu beeden seiten der Thonaw belegert/ biß in den dritten Tag gestürmet/ und endlich den 21. Julij erstiegen.

Gedruckt im Jahr Christi/ 1626.

222 · Titelseite der „Relation“ vom Bauerneinfall in Linz 1626

Sobald das Manuskript zu den „Rudolphinischen Tafeln“ 1624 druckfertig vorlag, bemühte sich Kepler um die zum Druck nötigen Geldmittel. Als Druckort faßte er Ulm ins Auge, da die Kapazität der Planckschen Druckerei in Linz für den schwierigen Satz nicht ausreichte. Doch der Kaiser wünschte, daß der Druck in Österreich ausgeführt werde. Inzwischen hatte sich Kepler eigene Zahlentypen angeschafft, mit denen er in Plancks Offizin Anfang 1626 mit dem Satz der Tabellen begann. Doch erzwangen Bauernaufruhr und Zerstörung von Plancks Haus ein jähes Ende der Arbeit. Nun gab es für Kepler kein Verweilen mehr in Linz, sollten die Tafeln zu seinen Lebzeiten noch fertig werden. Jetzt gab auch der Kaiser seine Einwilligung für Ulm. Mit einem Paßbrief versehen, machte sich Kepler am 20. November 1626 mit Frau, Kindern, Büchern und allem Hausrat auf den Weg nach Ulm. Im Juli 1628 erfolgte die von ihm erbetene Entlassung aus dem Dienst der oberösterreichischen Stände.

Den in Ulm ausgeführten Druck der „Rudolphinischen Tafeln“ überreichte Kepler Anfang 1628 Kaiser Ferdinand II. (224) als letztes seiner großen, in Österreich entstandenen Werke. In dankbarem Rückblick brachte er auf dem Titelkupfer der Tafeln die Wappen von Böhmen–Prag und Oberösterreich–Linz an (232).

Das älteste bisher bekannt gewordene Denkmal wurde Kepler bald nach seinem Tod von Joachim Enzmilner auf dessen Schloß in Windhag bei Perg gesetzt: in der mathematischen Abteilung der neuen Bibliothek (225) befand sich zwischen den Fenstern ein Bild Keplers in Form eines Wandgemäldes; es ging bei der Zerstörung des Schlosses 1680/81 zugrunde.

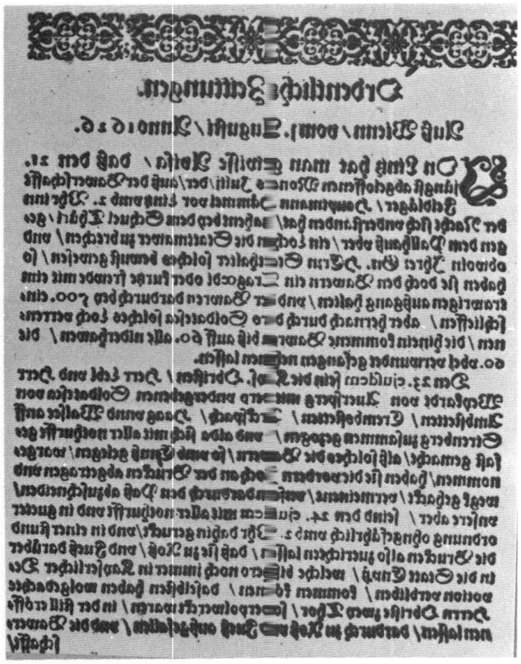

223 · Die Meldung vom Bauerneinfall in Linz

224 · Kaiser Ferdinand II. (Stich von C. Meyssens, 2. Hälfte des 17. Jahrh.)

225 · Bibliothek im ehemaligen Schloß von Windhag (Kupferstich, 1656)

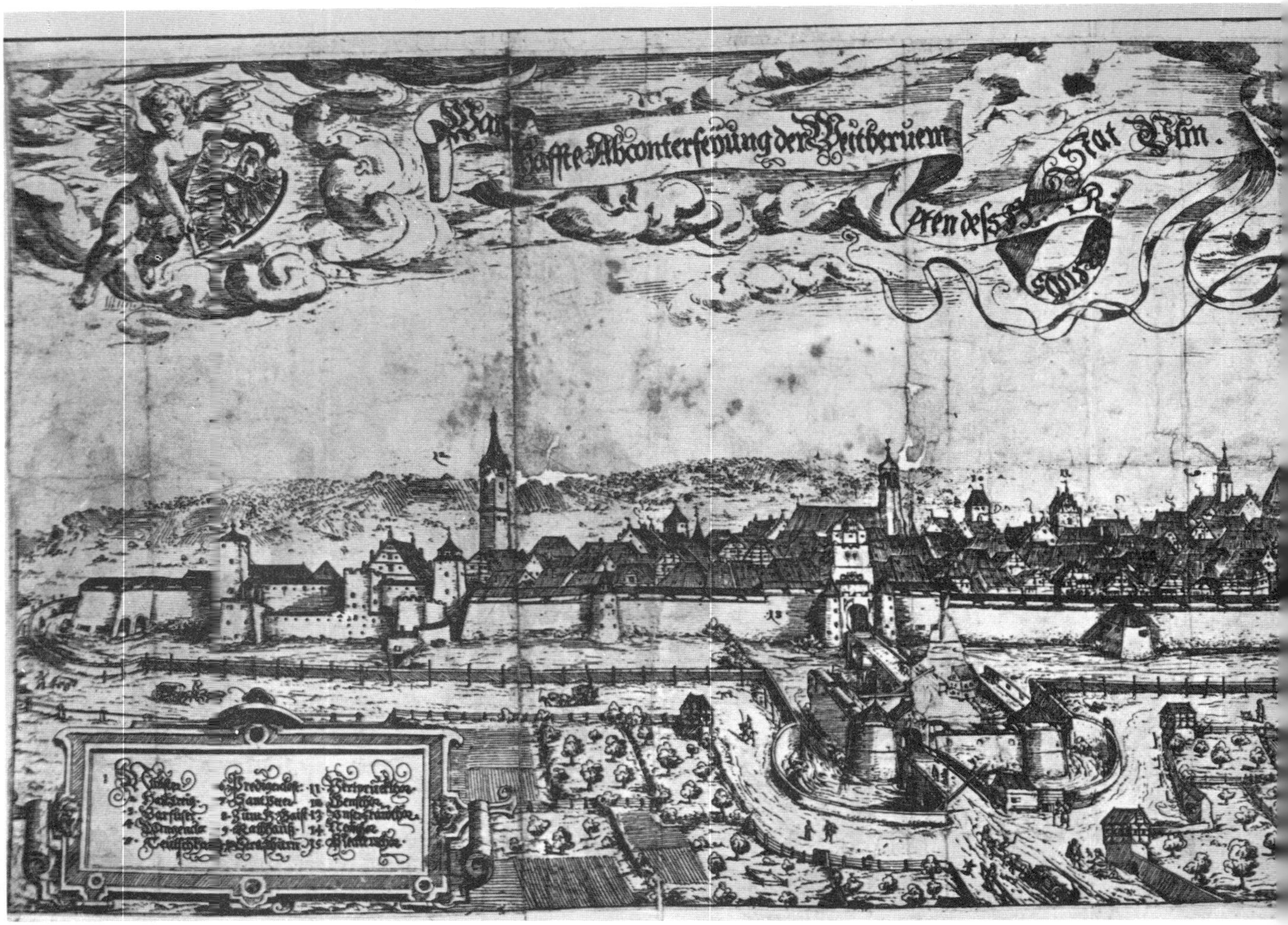

226 · Ulm, von Norden aus gesehen (Kupferstich von Georg Rieder o. J., 1570)

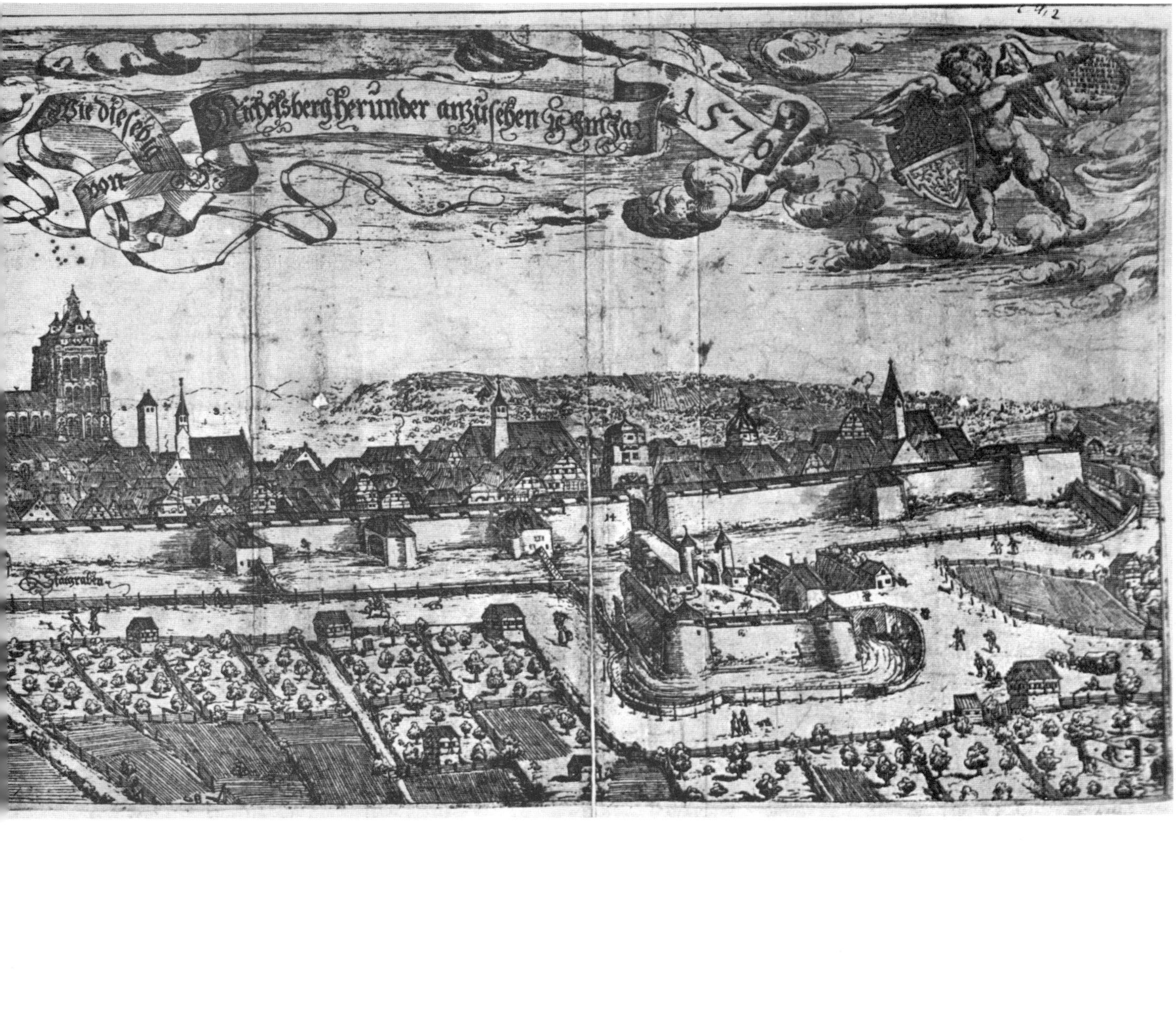
Wie dieselbig von Michelsberg herunder anzüsehen Im Jar 1578

227 · Kepler gibt seine Ulmer Adresse an: „Sonst ist mein Wohnung alhie im Kholgäßlin, in H. D. Horstij Nebenbehausung“

Während seines letzten und längsten Aufenthalts in Ulm besorgte Kepler die Herausgabe der „Rudolphinischen Tafeln“. Damit brachte er den im Jahre 1601 an Brahe und ihn ergangenen Auftrag Kaiser Rudolfs II. zum Abschluß, der gelautet hatte: Erneuerung der Astronomie durch Berechnung zuverlässigerer Planetentafeln auf der Grundlage der Braheschen Beobachtungen.

In der ersten Hälfte des Dezember 1626 kam Kepler mit einem Wagen, auf dem er seine eigenen Zahlenlettern und die Druckvorlage zu dem Tafelwerk mitführte, in Ulm an. Die Familie hatte er in Regensburg zurückgelassen.

Die Stadt erteilte ihm mit seiner Haushaltung am 1. Dezember 1626 (a. St.) für ein halbes Jahr Aufenthaltsbewilligung, die, wenn nötig, verlängert werden sollte (228).

Eine Wohnung stellte der mit Kepler befreundete Stadtarzt Dr. Gregor Horst (230) bereit; sie befand sich in einem zwischen seinen beiden Häusern im Kohlgäßle und dem daneben stehenden Eckhaus am Nördlichen Münsterplatz gelegenen Nebenhaus (231), das der Besitzer erst im Frühjahr 1626 in unmittelbare Verbindung mit dem Eckhaus hatte bringen lassen.
Das Kohlgäßle umfaßte in früheren Jahrhunderten die heutige Kohlgasse samt Rabengasse. Das Haus Rabengasse 3 galt somit als Keplers Wohnhaus; 1934 mit einer Gedenktafel versehen (229), fiel es im 2. Weltkrieg einem Luftangriff zum Opfer.

228 · Aufenthaltsgenehmigung für Kepler in Ulm

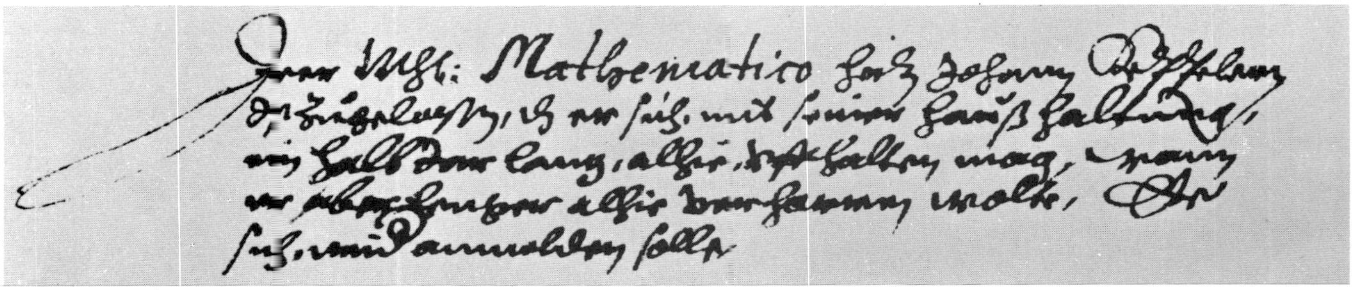

229 · Gedenktafel am ehemaligen Kepler-Haus in Ulm

Kepler hatte schon von Linz aus weitgehende Vorbereitungen für den Druck getroffen: ein geschickter Drucker stand zur Verfügung, das Papier lag bereit und bewährte Freunde boten ihre Dienste als Korrektoren an.

230 · Dr. Gregor Horst, Stadtphysikus in Ulm (Stich von Lukas Kilian, 1625)

231 · Ausschnitt aus dem Gemälde „Ulm aus der Vogelschau": Blick über das Münster in die Rabengasse. Auf dem Münsterplatz das ehemalige Franziskanerkloster, in dem das Gymnasium untergebracht war (Deckfarbenmalerei, um 1596)

232 · Auf dem Titelbild zu den Tafeln verewigten sich der Autor Kepler (232) wie seine Setzer und Drucker

233 · Buchdruckerwerkstatt (Holzschnitt, 1568)

Die Druckerei des Jonas Sauer lag schräg gegenüber von Keplers Behausung in der heutigen Rabengasse 6. Ihr Typenbestand hätte für den anspruchsvollen Druck des astronomischen Werks mit seinen langen und vielen Tabellen nicht ausgereicht ohne die Beisteuer von Keplers eigenen Zahlenlettern.

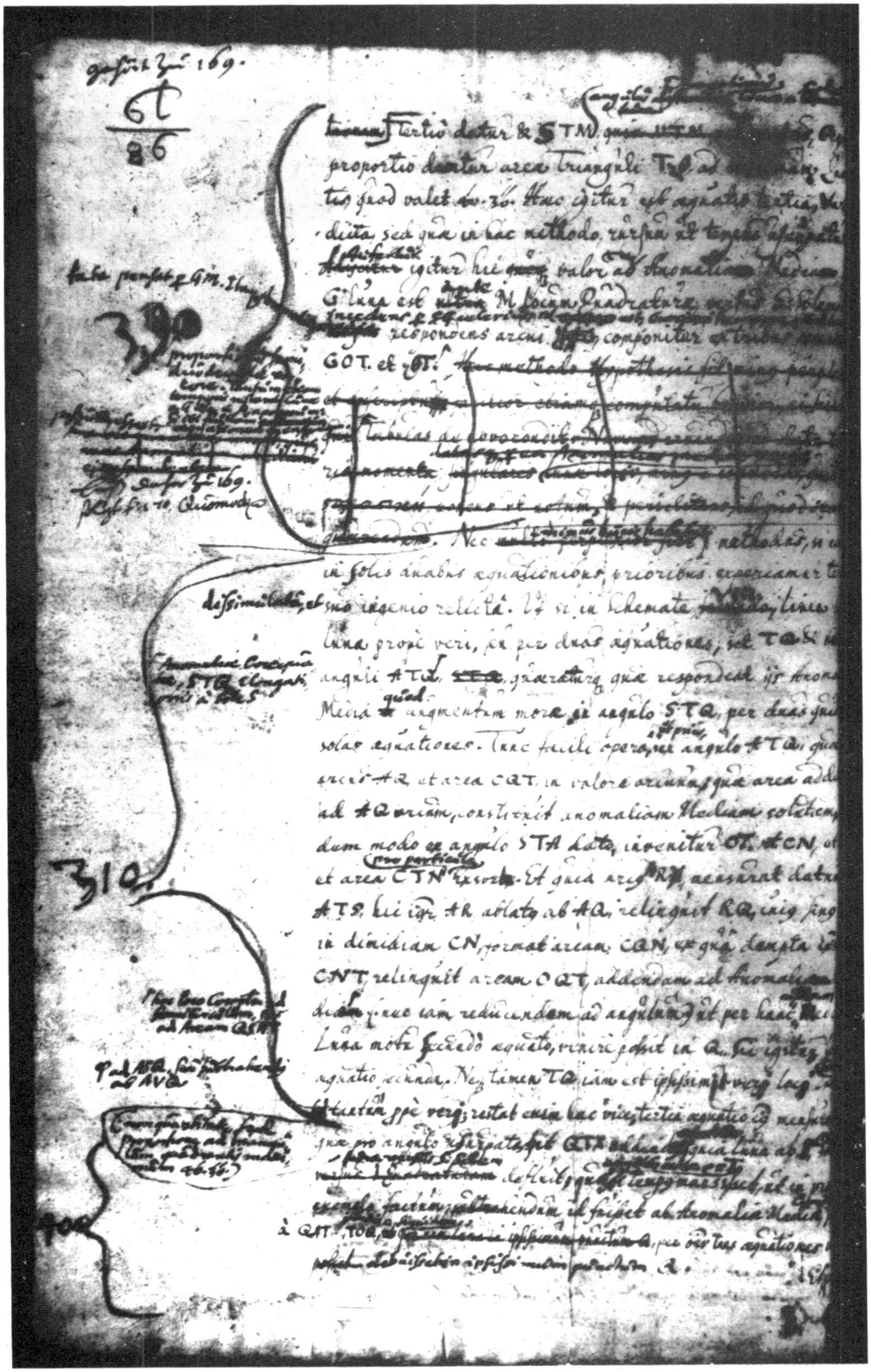

234 · Eine Seite aus der Druckvorlage zu den „Rudolphinischen Tafeln“

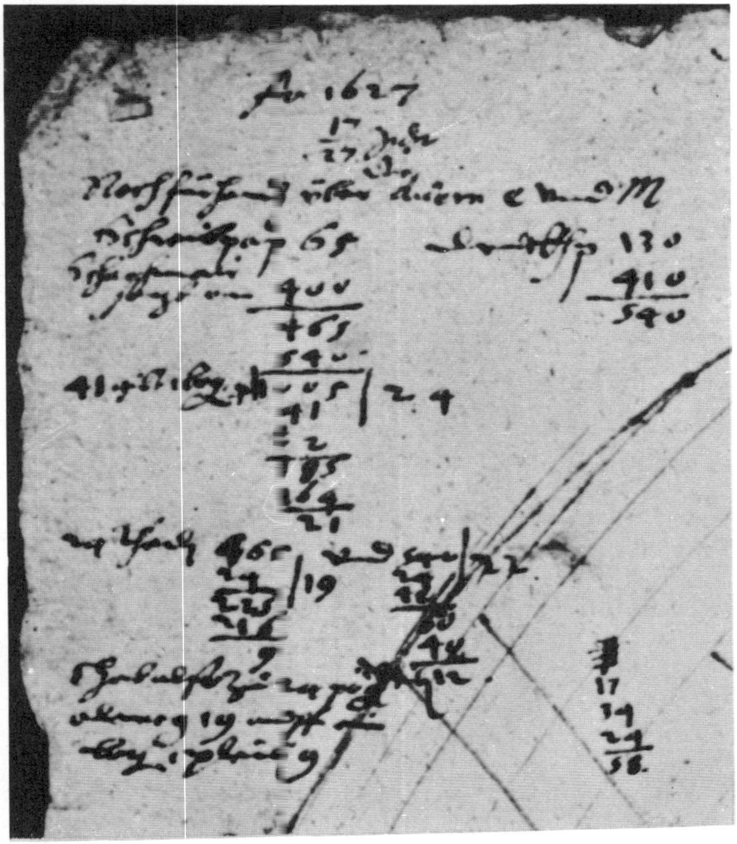

235 · Kepler überschlägt am 27. Juni 1627, wie er mit dem Druckpapier zurecht kommt

236 · Der Ulmer Rektor Johann Baptist Hebenstreit (Holzschnitt)

Kepler verbrachte viele Monate Tag für Tag als Kurator der typographischen Arbeiten in Sauers Offizin. Wie hätte sich der Setzer ohne Keplers Beistand in der unübersichtlichen Druckvorlage zurecht finden sollen? Oft wurde aus Gründen der Raum- und damit Papierersparnis während des Setzens ein Abschnitt neu formuliert, ganz gestrichen oder an anderer Stelle eingeschoben (siehe die eigenhändigen Korrekturen Keplers in Abb. 234), die Länge einer Tabelle durch Vergrößerung der Schrittweite gekürzt.

Die Fehlerkorrektur erfolgte sofort und unter Mithilfe des mit Kepler befreundeten Ulmer Humanisten Johann Baptist Hebenstreit (236); er war viele Jahre Rektor des Ulmer Gymnasiums gewesen. Auch der Mähringer Pfarrer Wolfgang Bachmeier unterstützte Kepler bei dieser Arbeit (238).

237 · Entwurf zum Titelbild der „Rudolphinischen Tafeln“. Die Säule des Ptolemäus ist geborsten!

238 · Titelbild aus den „Rudolphinischen Tafeln“ mit Keplers eigenhändiger Widmung an W. Bachmeier

239 · Titelblatt zu den „Rudolphinischen Tafeln“ (Ulm, 1627)

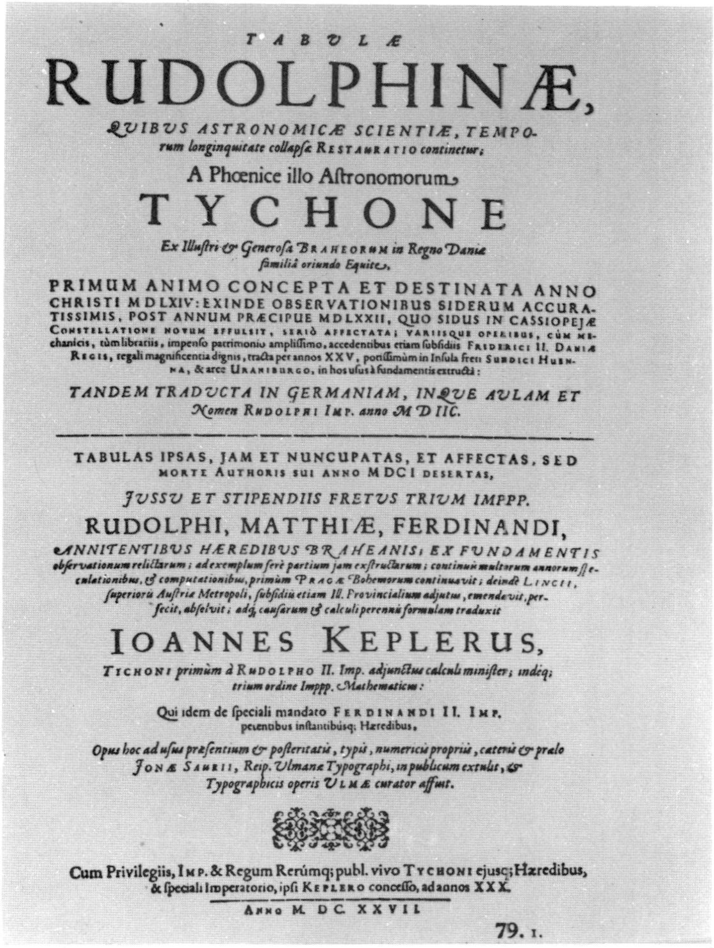

TABVLÆ

RUDOLPHINÆ,

QVIBVS ASTRONOMICÆ SCIENTIÆ, TEMPOrum longinquitate collapsæ RESTAURATIO continetur;

A Phœnice illo Astronomorum

TYCHONE

Ex Illustri & Generosa BRAHEORUM in Regno Daniæ familiâ oriundo Equite,

PRIMUM ANIMO CONCEPTA ET DESTINATA ANNO CHRISTI MDLXIV: EXINDE OBSERVATIONIBUS SIDERUM ACCURATISSIMIS, POST ANNUM PRÆCIPUE MDLXXII, QUO SIDUS IN CASSIOPEJÆ CONSTELLATIONE NOVUM EFFULSIT, SERIÒ AFFECTATA; VARIISQUE OPERIBUS, CÙM MEchanicis, tùm librariis, impenso patrimonio amplissimo, accedentibus etiam subsidiis FRIDERICI II. DANIÆ REGIS, regali magnificentia dignis, tracta per annos XXV, potissimùm in Insula freti SUNDICI HUENNA, & arce URANIBURGO, in hos usus à fundamentis extructâ:

TANDEM TRADVCTA IN GERMANIAM, INQVE AVLAM ET Nomen RUDOLPHI IMP. anno MDIIC.

TABULAS IPSAS, JAM ET NUNCUPATAS, ET AFFECTAS, SED MORTE AUTHORIS SUI ANNO MDCI DESERTAS,

JVSSV ET STIPENDIIS FRETVS TRIVM IMPPP.

RUDOLPHI, MATTHIÆ, FERDINANDI,

ANNITENTIBVS HÆREDIBVS BRAHEANIS; EX FVNDAMENTIS observationum relictarum; ad exemplum ferè partium jam exstructarum; continuis multorum annorum speculationibus, & computationibus, primùm PRAGÆ Bohemorum continuavit; deinde LINCII, superioris Austriæ Metropoli, subsidiis etiam Ill. Provincialium adjutus, emendavit, perfecit, absolvit; adq; causarum & calculi perennis formulam traduxit

IOANNES KEPLERUS,

TYCHONI primùm à RUDOLPHO II. Imp. adjunctus calculi minister; indeq; trium ordine Imppp. Mathematicus:

Qui idem de speciali mandato FERDINANDI II. IMP. petentibus instantibusq; Hæredibus,

Opus hoc ad usus præsentium & posteritatis, typis, numericis propriis, cæteris & prælo JONÆ SAURII, Reip. Ulmanæ Typographi, in publicum extulit, & Typographicis operis ULMÆ curator affuit.

Cum Privilegiis, IMP. & Regum Rerúmq; publ. vivo TYCHONI ejusq; Hæredibus, & speciali Imperatorio, ipsi KEPLERO concesso, ad annos XXX.

ANNO M. DC. XXVII.

79. 1.

Ulm besaß um jene Zeit noch kein Papierwerk; Kepler bezog das zum Druck nötige Papier von Allgäuer Papiermachern. Im Sommer 1626 waren 4 Ballen, von Kempten aus auf der Iller hinabgeführt, in Ulm eingetroffen. Den Namen wenigstens eines Lieferanten nennt Kepler in einem noch erhaltenen Überschlag über den Papierverbrauch: es ist der Kemptner Papierer (Hans) Schachenmair (235).

Nach Monaten angestrengtesten, persönlichen Einsatzes, durch den die hohen Anforderungen an den Setzer geteilt, die Arbeit beschleunigt und damit die Druckkosten (sie gingen zu Keplers Lasten und betrugen etwa 2000 Gulden) möglichst gering gehalten wurden, hielt Kepler sein astronomisches Lebenswerk abgeschlossen in Händen.
Mit berechtigtem Stolz überreichte er es Kaiser Ferdinand II. in Prag, eben dem Mann, der ihn einst aus Graz ausgewiesen hatte.

240 · Tafel der Jupiter-Gleichungen aus den „Tabulae Rudolphinae“. Sie enthält die Beziehungen in der Bahnellipse zwischen den verschiedenen Anomalien sowie zwischen den Anomalien und der Entfernung Sonne – Jupiter

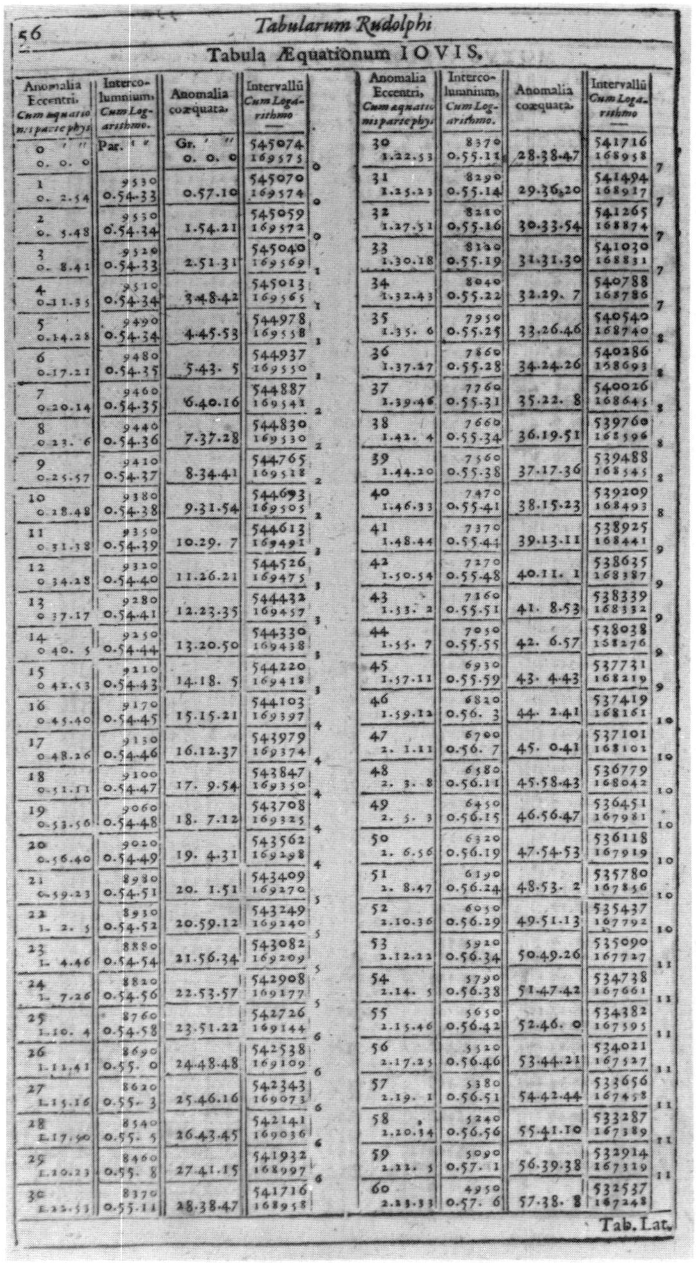

56 *Tabularum Rudolphi*

Tabula Æquationum IOVIS.

Anomalia Eccentri, *Cum æquationis parte phys.*	Intercolumnium, *Cum Logarithmo.*	Anomalia coæquata.	Intervallũ *Cum Logarithmo*	
0 ′ ″ 0. 0. 0	Par. ′ ″	Gr. ′ ″ 0. 0. 0	545074 169575	0
1 0. 2.54	9530 0.54.33	0.57.10	545070 169574	0
2 0. 5.48	9530 0.54.34	1.54.21	545059 169572	0
3 0. 8.41	9520 0.54.33	2.51.31	545040 169569	1
4 0.11.35	9510 0.54.34	3.48.42	545013 169565	1
5 0.14.28	9490 0.54.34	4.45.53	544978 169558	1
6 0.17.21	9480 0.54.35	5.43. 5	544937 169550	1
7 0.20.14	9460 0.54.35	6.40.16	544887 169543	2
8 0.23. 6	9440 0.54.36	7.37.28	544830 169530	2
9 0.25.57	9410 0.54.37	8.34.41	544765 169518	2
10 0.28.48	9380 0.54.38	9.31.54	544693 169505	2
11 0.31.38	9350 0.54.39	10.29. 7	544613 169491	3
12 0.34.28	9320 0.54.40	11.26.21	544526 169475	3
13 0.37.17	9280 0.54.41	12.23.35	544432 169457	3
14 0.40. 5	9250 0.54.44	13.20.50	544330 169438	3
15 0.42.53	9210 0.54.43	14.18. 5	544220 169418	3
16 0.45.40	9170 0.54.45	15.15.21	544103 169397	4
17 0.48.26	9130 0.54.46	16.12.37	543979 169374	4
18 0.51.11	9100 0.54.47	17. 9.54	543847 169350	4
19 0.53.56	9060 0.54.48	18. 7.12	543708 169325	4
20 0.56.40	9020 0.54.49	19. 4.31	543562 169298	4
21 0.59.23	8980 0.54.51	20. 1.51	543409 169270	5
22 1. 2. 5	8930 0.54.52	20.59.12	543249 169240	5
23 1. 4.46	8880 0.54.54	21.56.34	543082 169209	5
24 1. 7.26	8820 0.54.56	22.53.57	542908 169177	5
25 1.10. 4	8760 0.54.58	23.51.22	542726 169144	6
26 1.12.41	8690 0.55. 0	24.48.48	542538 169109	6
27 1.15.16	8620 0.55. 3	25.46.16	542343 169073	6
28 1.17.50	8540 0.55. 5	26.43.45	542141 169036	6
29 1.20.23	8460 0.55. 8	27.41.15	541932 168997	6
30 1.22.53	8370 0.55.11	28.38.47	541716 168958	

Anomalia Eccentri, *Cum æquationis parte phys.*	Intercolumnium, *Cum Logarithmo.*	Anomalia coæquata.	Intervallũ *Cum Logarithmo*	
30 1.22.53	8370 0.55.11	28.38.47	541716 168958	7
31 1.25.23	8290 0.55.14	29.36.20	541494 168917	7
32 1.27.51	8210 0.55.16	30.33.54	541265 168874	7
33 1.30.18	8130 0.55.19	31.31.30	541030 168831	7
34 1.32.43	8040 0.55.22	32.29. 7	540788 168786	7
35 1.35. 6	7950 0.55.25	33.26.46	540540 168740	8
36 1.37.27	7860 0.55.28	34.24.26	540286 168693	8
37 1.39.46	7760 0.55.31	35.22. 8	540026 168645	8
38 1.42. 4	7660 0.55.34	36.19.51	539760 168596	8
39 1.44.20	7560 0.55.38	37.17.36	539488 168545	8
40 1.46.33	7470 0.55.41	38.15.23	539209 168493	8
41 1.48.44	7370 0.55.44	39.13.11	538925 168441	9
42 1.50.54	7270 0.55.48	40.11. 1	538635 168387	9
43 1.53. 2	7160 0.55.51	41. 8.53	538339 168332	9
44 1.55. 7	7050 0.55.55	42. 6.57	538038 168276	9
45 1.57.11	6930 0.55.59	43. 4.43	537731 168219	9
46 1.59.12	6820 0.56. 3	44. 2.41	537419 168161	10
47 2. 1.11	6700 0.56. 7	45. 0.41	537101 168101	10
48 2. 3. 8	6580 0.56.11	45.58.43	536779 168042	10
49 2. 5. 3	6450 0.56.15	46.56.47	536451 167981	10
50 2. 6.56	6320 0.56.19	47.54.53	536118 167919	10
51 2. 8.47	6190 0.56.24	48.53. 2	535780 167856	10
52 2.10.36	6050 0.56.29	49.51.13	535437 167792	10
53 2.12.22	5920 0.56.34	50.49.26	535090 167727	11
54 2.14. 5	5790 0.56.38	51.47.42	534738 167661	11
55 2.15.46	5650 0.56.42	52.46. 0	534382 167595	11
56 2.17.25	5520 0.56.46	53.44.21	534021 167527	11
57 2.19. 1	5380 0.56.51	54.42.44	533656 167458	11
58 2.20.34	5240 0.56.56	55.41.10	533287 167389	11
59 2.22. 5	5090 0.57. 1	56.39.38	532914 167319	11
60 2.23.33	4950 0.57. 6	57.38. 8	532537 167248	

Tab. Lat.

Bereits am Anfang seiner Prager Jahre war es Kepler gelungen, mit Hilfe der Braheschen Beobachtungen eine den Bewegungen des Mars einwandfrei genügende Planetentheorie zu entwickeln. In den „Rudolphinischen Tafeln“ nun leistete er dasselbe für die übrigen Planeten. Wiederum benützte er die Beobachtungen Tycho Brahes, aber auch die anderer Astronomen; nach den von ihm im Marswerk abgeleiteten Planetengesetzen werden die Bewegungen dieser Wandelsterne dargestellt.

241 · Anweisung für einen Computer (ALGOL-Programm) zur Nachrechnung der „Tabulae Aequationum", darunter auch der Jupiter-Tafel (240). Danach beträgt die größte Abweichung der Rechnung Keplers von der Nachrechnung des Computers für die Entfernung Sonne–Jupiter 10^{-5} und für die wahre Anomalie 10″.

```
'BEGIN'
'INTEGER' I.,
'REAL' E,RO,VV,MM,EX,R,H,P,M,A1,A2,A3,A4,V,B1,B2,B3,B4,C,C1,C2,C3,C4,D.,
'ARRAY' PLAN(/1..10/).,
RO.=57.29578.,
READ (E,D,PLAN).,
OUTPUT (1,'('*,'('NACHRECHNUNG TABULAE AEQUATIONUM ')',/')').,
PRINT (PLAN).,
OUTPUT (1,'('/,/,'('AN.EX      PARSPHYS       INT.COL.')',
'('     AN.COAEQ.      INTERV')',/')').,
VV.=MM.=0.,
'FOR' I.=1 'STEP'1 'UNTIL'179 'DO'
'BEGIN'
EX.=I/RO.,
R.=1+E*COS(EX).,
R.=D*R.,
H.=SQRT((1-E)/(1+E))*SIN(0.5*EX)/(COS(0.5*EX)).,
H.=ARCTAN(H).,
H.=H+H.,
P.=E*SIN(EX).,
P.=P*RO.,
EX.=EX*RO.,
M.=EX+P.,
A1.=ENTIER(P).,
A2.=60*(P-A1).,
A3.=ENTIER(A2).,
A4.=60*(A2-A3).,
V.=RO*H.,
B1.=ENTIER(V).,
B2.=60*(V-B1).,
B3.=ENTIER(B2).,
B4.=60*(B2-B3).,
C.=(V-VV)/(M-MM).,
C1.=ENTIER(C).,
C2.=60*(C-C1).,
C3.=ENTIER(C2).,
C4.=60*(C2-C3).,
OUTPUT (1,'('/,3ZD,3(5B2ZD,BZD,BZD),7B2Z.5D')',
I,A1,A3,A4,C1,C3,C4,B1,B3,B4,R).,
VV.=V.,
MM.=M.,
'END'.,
'END'
```

Das in Folio gedruckte Werk zerfällt in 2 Teile: die eigentlichen Tabellen oder Tafeln und die in den „Praecepta" gegebenen Anweisungen zu ihrer Benützung. Aus welchen Beobachtungen im einzelnen die Eingangswerte der Tabellenelemente abgeleitet wurden, teilt Kepler nicht mit. Es finden sich jedoch in seinem handschriftlichen Nachlaß eine Unsumme von Blättern, deren Durchmusterung die in Frage stehenden Beobachtungen ergründet und erkennen läßt, in welch mühsamen Berechnungen Kepler die Basis für seine Tabellenwerte gefunden hat.

Während mehrerer Menschenalter gehörten die „Rudolphinischen Tafeln" zum Arbeitsinstrument der rechnenden Astronomen. Noch 1723 beschloß die evangelische Partei (das Corpus Evangelicorum), „wegen Einrichtung des Calender-Wesens und Feyrung des Oster-Fests" im künftigen Jahr bei dem „Calculo der Tabularum Rudolphinarum" zu verbleiben.

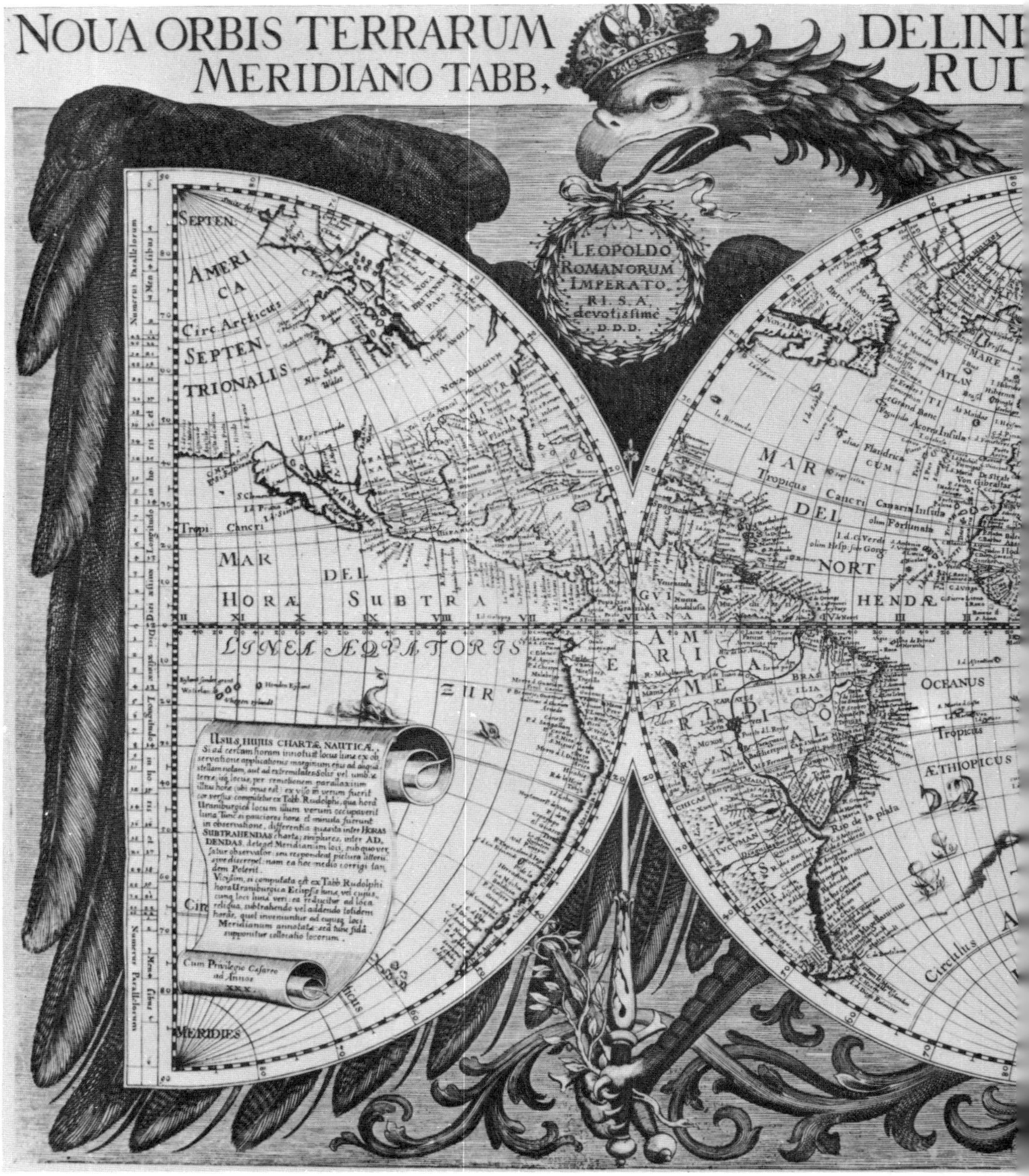

Kepler fügte seinem Werk diesen Stich „einer vornehmlich für den Gebrauch der Weltmeerfahrer bestimmten Karte der gesamten Welt“ bei; sie wurde in stereographischer Projektion gefertigt, aber erst unter der Regierung Ferdinands III. ausgeliefert.

242 · „Mappa Mundi“ aus den „Rudolphinischen Tafeln“

Die Anwesenheit Keplers in Ulm nützte der Magistrat dieser Stadt dazu, den kaiserlichen Mathematiker um die Überprüfung des reichsstädtischen Maßwesens zu bitten. Kepler war wohl vertraut mit dem Gesamtproblem der Maßreform. Hatte er doch schon 1605 in Prag für den Kurfürsten von Köln (243) seine Gedanken darüber zu Papier gebracht; sie bildeten daher jetzt auch die Grundlage für seine Denkschrift an den Ulmer Magistrat (244).

Allgemein gültige Maß- und Gewichtsnormen kannte man damals noch nicht; fast jede Stadt hatte eigene Maße und Gewichte. Dazu kam noch, daß Maße, die in den verschiedenen Ländern den gleichen Namen trugen, untereinander doch nicht übereinstimmten. Auf diese Weise entstand eine Verwirrung, die Handel und Wandel lähmte und unlauterem Geschäft Vorschub leistete. Um dem abzuhelfen, machte Kepler den geistreichen Vorschlag, die Ulmer Längen-,

243 · Ernst von Wittelsbach, Kurfürst von Köln

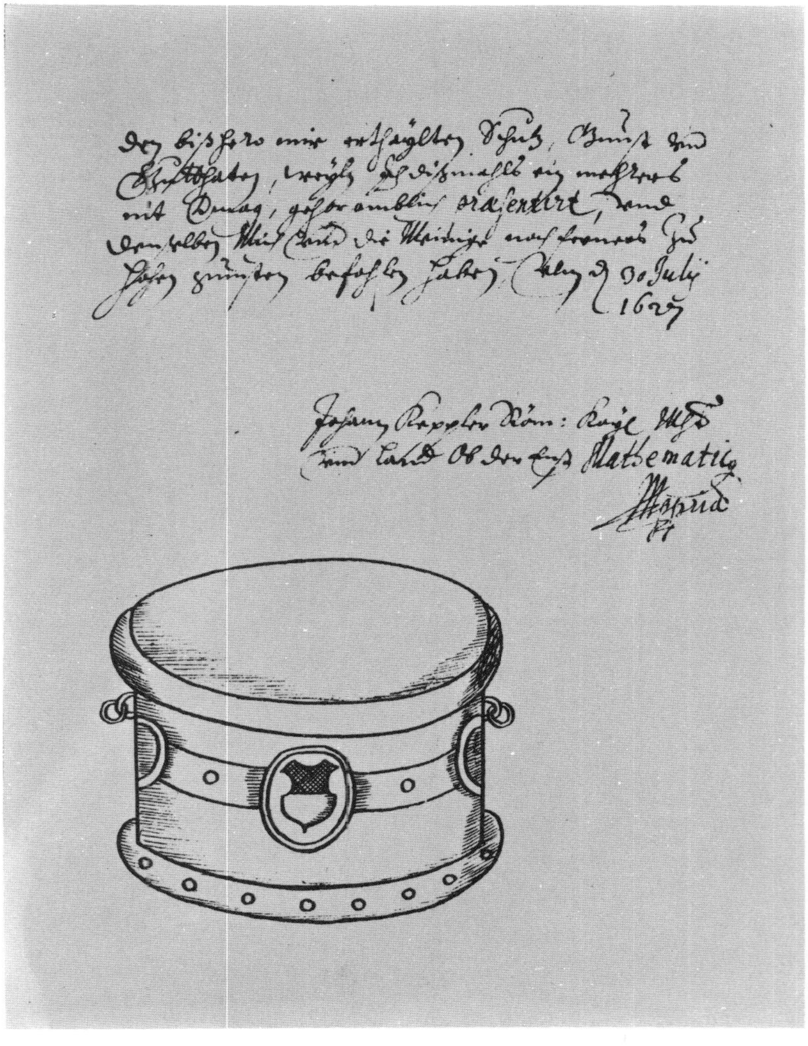

244 · Schluß der Denkschrift Keplers mit dem Titel: „Discurs welcher gestalt allerhand Ulmische Maßsachen an einander zu verknüpffen, vnd zu conservieren sein möchten“

Gewicht- und Hohlmaße in einem Modellgefäß zu vereinigen und zwar so, daß die grundlegenden Einheiten geometrisch und rechnerisch aneinander gebunden waren.

Bei der Herstellung des zylindrischen Modells half der bedeutende Ulmer Mathematiker und Festungsbaumeister Johann Faulhaber (245) auf Geheiß des Magistrats. Der Ulmer Erzgießer Hans Braun goß den nach Keplers Angaben zugerichteten Normal-Eichkessel in Bronze; die Gießhütte lag in der Rosengasse. Das Original des künstlerisch ansprechenden „Ulmer Kessels" ist heute noch im Ulmer Stadtmuseum zu sehen.

„Einem wolweisen Magistrat diser hochlöblichen Reychs Statt Vlm zu einer geringen anzayg meiner Danckbarkheit für den bißhero mir ertheylten Schutz, Gunst vnd Gutthaten" hat Kepler in diesem Eichkessel alle Alt-Ulmer Maße und Gewichte zusammengefaßt; was alles aus dem Kessel abgeleitet und entnommen werden kann, besagt die auf ihm angebrachte Umschrift:

Zwen schuch mein tieffe, ein eln mein quer,
ein geeichter aimer macht mich lehr,
dan sind mir vierthalb centner bliben,
vol donauw wasser wege ich siben,
doch lieber mich mit kernen euch,
vnd vier undsechzig mal abstreich,
so bistu neinzig Ime reich.
gos mich Hans Braun 1627.

245 · Johann Faulhaber. Nach dem Leben gezeichnet und gestochen von Lukas Kilian (Augsburg, 1615)

246 · Nachbildung des „Ulmer Kessels" im Kepler-Museum in Weil der Stadt

247 · Albrecht von Wallenstein (Stich von P. Isselburg, 1625)

Am Kaiserhof in Prag fand Kepler mit seinem großen, den Namen Kaiser Rudolfs tragenden Werk glückverheißende Aufnahme bei Ferdinand II., dazu wider Erwarten zahlreiche Gönner und Verehrer. Des Kaisers Wille, den berühmten Mathematiker in habsburgischen Diensten zu halten, war mit einem verlockenden Angebot verbunden – worin es bestand, ist nicht bekannt –, zugleich aber auch mit der Bedingung, daß Kepler katholisch werde. Die Entscheidung fällte sein Gewissen; er war bereit, für seine Glaubensüberzeugung „nicht nur", wie er schreibt, „die Belohnungen fahren zu lassen, die mir gegenwärtig hingehalten werden und denen Seine kaiserliche Majestät hochherzig und freigebig zugestimmt haben, sondern auch die österreichischen Länder, das ganze Reich und, was viel schwerer wiegt als dies alles, die Astronomie selber."

Gleichzeitig mit Kepler hielt sich auch Wallenstein, Herzog von Friedland und Sagan (247) in Prag auf. „Ich erlangte dessen Gunst", berichtet Kepler, „die ich vorher argwöhnisch angesehen hatte. Er wies mir gnädigst einen ruhigen Platz in Sagan an, setzte mir ein seinem sonstigen glänzenden Auftreten entsprechendes Jahresgehalt aus und versprach mir auch eine Druckpresse, unter voller Zustimmung der kaiserlichen Umgebung." Entscheidend für ihn war vor allem auch der an Wallenstein ergangene Auftrag, Keplers Forderungen an die Hofkasse in Höhe von 12694 Gulden (248) zu bereinigen. Dennoch voller Sorge in die Zukunft blickend, folgte er dem Angebot; im Juli 1628 traf er mit seiner Familie in Sagan ein.

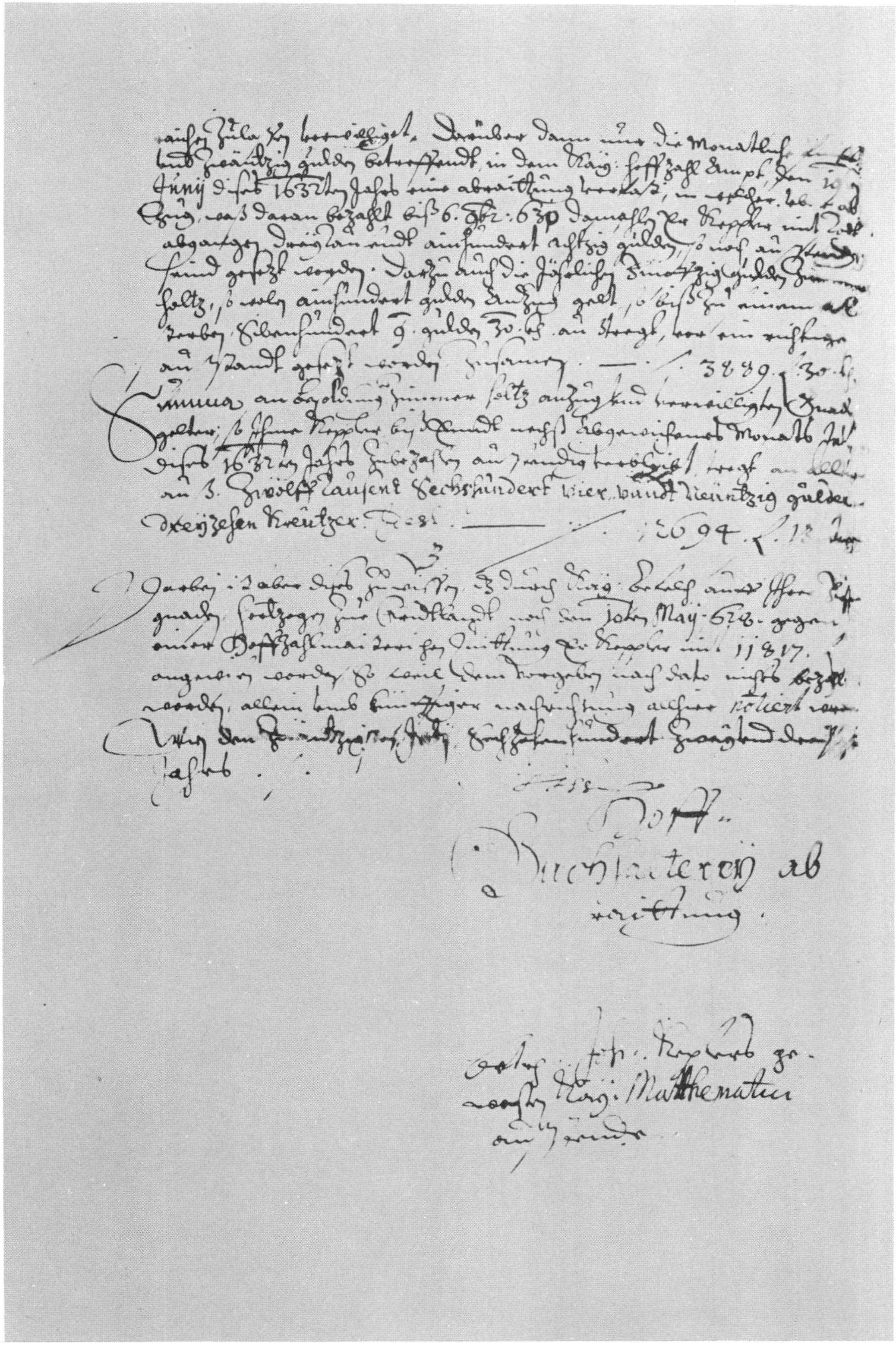

248 · Abrechnung der Hofbuchhalterei über Keplers Ausstände (20. Juni 1632)

Kepler und Wallenstein kannten sich schon seit 1608. Damals hatte der Arzt Dr. Stromaier Kepler in Prag um die Nativität (Geburtserklärung) eines nicht genannt sein wollenden „böhmischen Herrn“ gebeten. Der Vermittler ließ jedoch dessen Namen fallen, den Kepler, um die Diskretion zu wahren, in Geheimschrift in die der Geburtserklärung zugrund liegende Horoskopfigur eintrug: Waltstein (249). 1624 trat Wallenstein durch Vermittlung seines Hauptmanns Taxis abermals an Kepler heran; dieser brachte Keplers erste Erklärung mit, in der Wallenstein am Rand vermerkt hatte, wo die von Kepler vorausgesagten Ereignisse früher oder später eingetroffen waren. Nach diesen Angaben berechnete Kepler den Geburtsmoment und führte auf dem „rektifizierten Thema“ eine neue Auslegung durch. Aber auch damit war Wallenstein noch nicht zufrieden; im September 1625 sandte er auch die zweite Erklärung wieder an Kepler zurück mit der Bitte um detailliertere Ausführungen und Angaben über das Jahr 1634 hinaus. Dieses Ansuchen lehnte Kepler ab: „Meine Arbaitt vnd

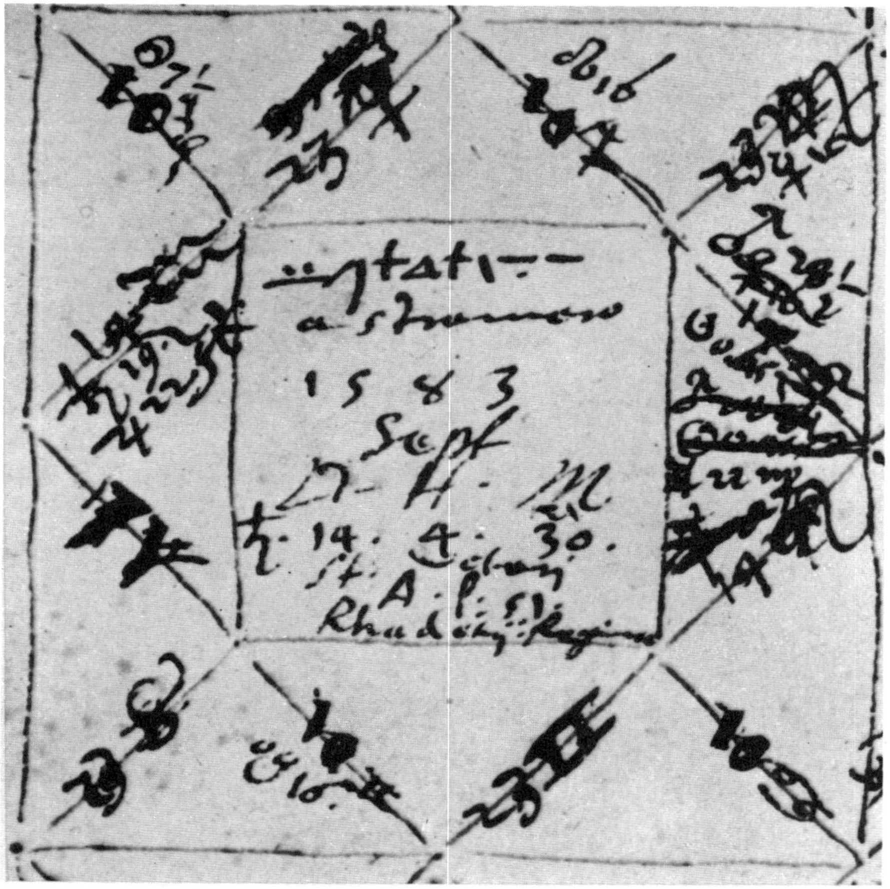

249 · Keplers Horoskopfigur für Wallenstein (1608)

Judicium außführlicher vnd weittlauffiger, auch auff Künfftige mehrere Jahr zu elaborirn vnd zuerstreckhen: Hab Ich, den ersten posten betreffend, alberaitt mein eüsseristes gethan, sovil Ich selber drauff halte, müeste nur durch Irer Für: Gnaden special vnd particular fragen, dero zu mehrer satisfaction gleichsam gelaittet vnd manuducirt werden, vnd müeste alsdan fide non mea, sed Astrologorum veterum superstitiosorum antworten, deß Ich mich auff gesetzten fahl nit waigern wolte, doch mit hie eingeführter protestation. Anlangend aber die mehrere Jahr; ist es an dem, das die Ephemerides Origani zuvor von Mir ex Tabulis Rudolphi, die Ich jetzo in druckh bringen soll, müesten corrigirt werden. Dan wie soll man sich einiger gewißhaitt in eventibus versehen, so doch in motibus ein so grosser vnderschaid . . ."

Um die Wende von 1628/29 berechnete Kepler für einen abermals geänderten Augenblick der Geburt die Planetenpositionen in Wallensteins Horoskop nach den „Rudolphinischen Tafeln".

Die Astrologie von Johannes Kepler nimmt ihren Platz in seinem von kosmischer Ordnung und Harmonie bestimmten Weltbild ein (vgl. S. 178) und ist weit entfernt von der gewöhnlichen, auf reine Schicksalsfindung abgestellten Sterndeuterei. Nur wenn er versichert sein durfte, daß seine astrologische Auskunft für jemand bestimmt war, „welcher die Philosophiam verstehe", übernahm er die Arbeit. Zwang ihn andernfalls die Rücksichtnahme auf den Auftraggeber dennoch zu solchem Tun, wie etwa für den „mit Aberglauben behafteten" Wallenstein, dann distanzierte er sich aufs entschiedenste von dem herkömmlichen Verfahren der „andern Astrologen" als von einem „abergläubischen, wahrsagerischen Affenspiel". Nach Kepler bringt der Himmel nur allgemeine Dispositionen hervor, tragen alle aus den Konfigurationen ziehbaren Schlüsse generellen Charakter: „Daß der Himmel im Menschen etwas thue, sihet man klar genug: was er aber in specie thue, bleibt verborgen."

Mit spürbarem Unbehagen kam er daher dem Auftrag Wallensteins nach; von dem ihm vorgelegten „Register von lautter Particularfragen" meinte er, daß „andere Astrologi allberaith ihren außschlag über dieselben, oder villeicht die erste anleitungen auf solche fragen zuegedenckhen gegeben haben". Er kann sie nicht lösen, sondern seinem Auftraggeber nur sagen, zu welchen Schlüssen diese Astrologen bei Anwendung ihrer Regeln kommen würden.

In dem berühmt gewordenen Horoskop Keplers für Wallenstein fand die für den März 1634 konstatierte, auffallende Aspektenverteilung, mit der Kepler seine Direktionsrechnung abbrach, große Beachtung. Jeder mit der Astrologie Vertraute las daraus die große Lebensgefahr ab, die dem Betroffenen drohe. Bekanntlich wurde Wallenstein am 25. Februar 1634 in Eger ermordet.

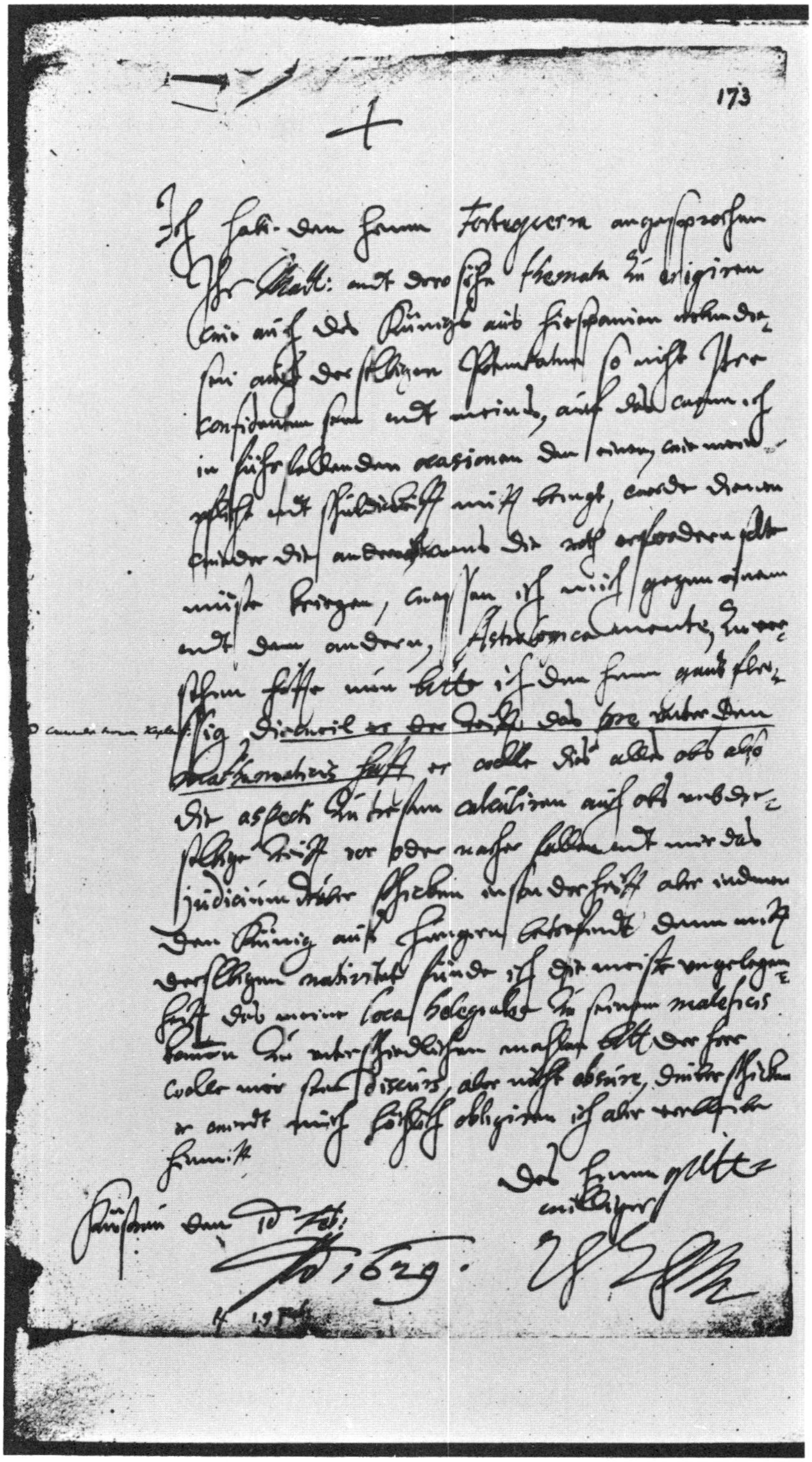

250 · Wallenstein an Kepler (Güstrow, 1. Februar 1629)

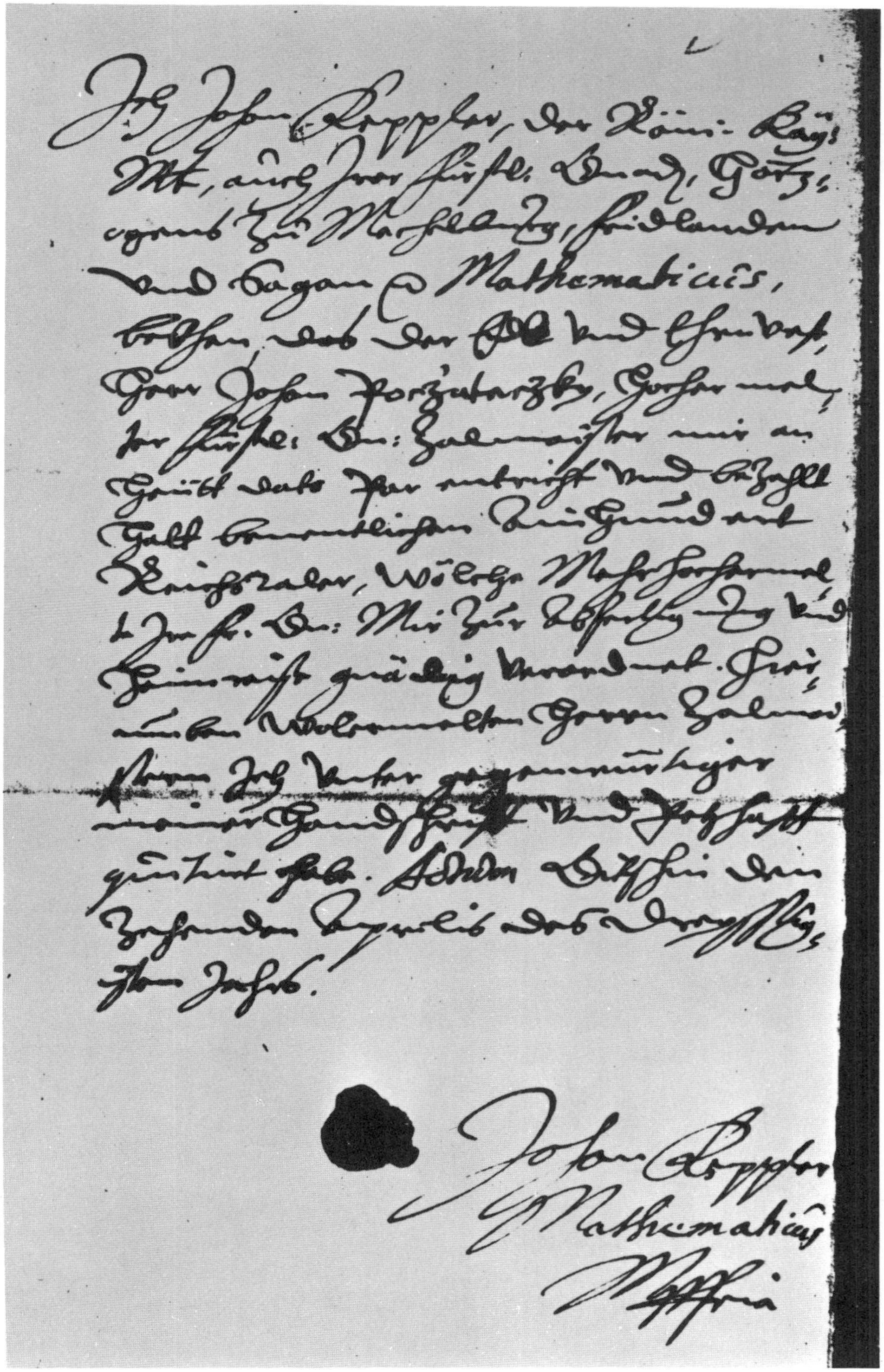

251 · Keplers Quittung über den Empfang von 100 Reichstalern aus dem Fürstlich-Wallensteinschen Rentamt (Gitschin, 10. April 1630)

Es ist bekannt, daß Wallenstein für seine Unternehmungen den Rat von Astrologen einholte, nicht nur im Hinblick auf seine eigenen Konstellationen, sondern auch auf die seiner Gegner. Hätte er doch Keplers Rat befolgt, den dieser einem anderen Hofmann in schwieriger Situation gab: „Ich halte dafür, daß man nicht nur die gewöhnliche Astrologie, sondern auch jene, die ich als mit der Natur übereinstimmend erkannt habe, bei schwerwiegenden Überlegungen völlig ausschalten soll."
Wie weitgehend der Fürst Keplers Dienste in Anspruch nahm, ist ungewiß. So hielt sich Kepler im April 1630 drei Wochen in Wallensteins Residenz Gitschin auf, wofür er 100 Reichstaler erhielt (251). Ein andermal bat Wallenstein Kepler „ganz fleissig, dieweil er der zeitt das pre unter den mathematicis hatt", um Überprüfung astrologischer Auskünfte, die er von einem seiner Sterndeuter eingeholt hatte (250). Vermutlich erwartete er von Kepler in erster Linie die Berechnung der Planetenörter (nach den „Rudolphinischen Tafeln"), welche die Astrologen dann als Grundlage für die Errichtung von Horoskopen benutzten.

In Sagan blieb Kepler ein Fremdling. Das politische Ränkespiel beunruhigte ihn nicht minder als die kriegerischen Handlungen und schmerzvoll mußte er erleben, wie Wallenstein, obwohl in konfessionellen Fragen einen freieren Standpunkt einnehmend, doch aus politischen Erwägungen dazu überging, sein 1627 erworbenes Herzogtum Sagan in rigoroser Weise wieder zur katholischen Religion zurückzuführen. Von diesen Maßnahmen wurde Kepler zwar nicht betroffen, dafür hielten sich die Mitbürger von ihm zurück.
In dieser Lage machte er sich daran, die ihm von Wallenstein versprochene Druckerei einzurichten und „inmitten des Zusammenbruchs von Städten, Provinzen und Staaten, von alten und neuen Geschlechtern, inmitten der Furcht vor barbarischen Überfällen, vor gewaltsamer Zerstörung von Heim und Herd" Drucker zu dingen. Anfang 1630 kamen zwei weitere Teile von Ephemeriden (astronomische Jahrbücher) mit den Jahrgängen 1621 bis 28 und 1629 bis 36 unter die Presse. Daneben begann Kepler unter Mithilfe seines Schwiegersohns J. Bartsch mit dem Druck seiner „Mondastronomie", die erst nach seinem Tod vom Sohn Ludwig 1634 in Frankfurt unter dem Titel „Somnium" veröffentlicht wurde (253).

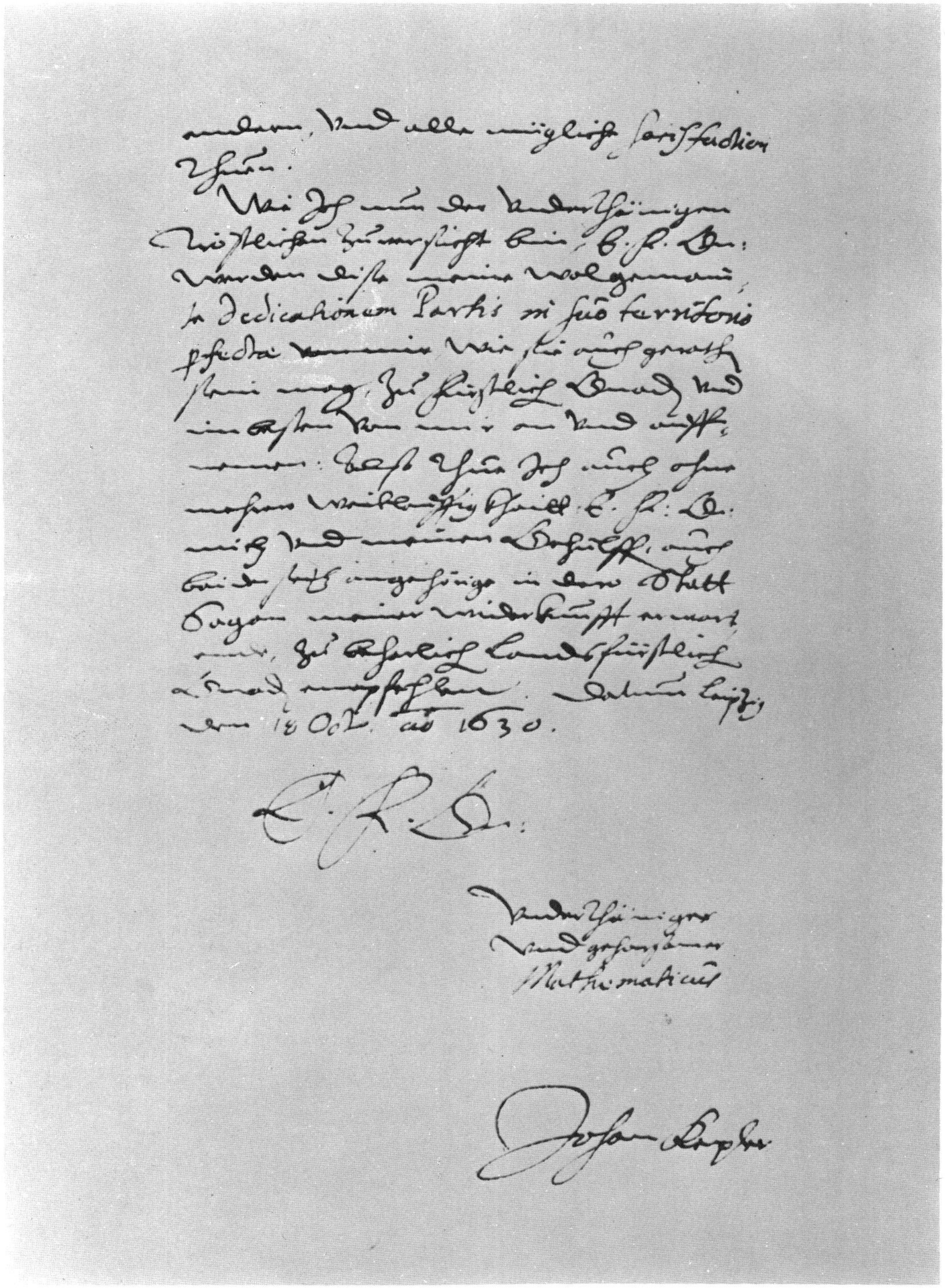

252 · Schluß des Briefes von Kepler an Wallenstein (Leipzig, 18. Oktober 1630)

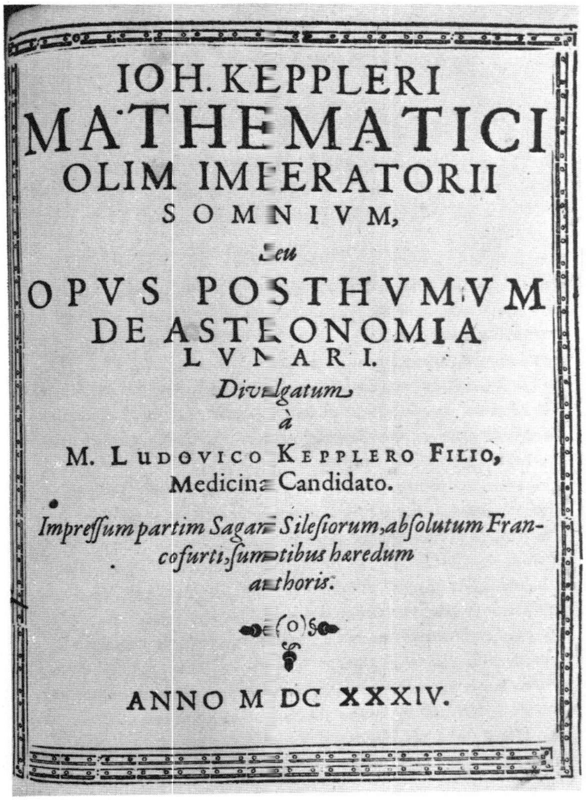
IOH. KEPPLERI
MATHEMATICI
OLIM IMPERATORII
SOMNIUM,
seu
OPUS POSTHUMUM
DE ASTRONOMIA
LUNARI.
Divulgatum
à
M. LUDOVICO KEPPLERO FILIO,
Medicinæ Candidato.
Impressum partim Sagani Silesiorum, absolutum Francofurti, sumptibus hæredum authoris.
ANNO M DC XXXIV.

253 · Titelseite von Keplers „Somnium seu opus posthumum de Astronomia Lunari“ (Sagan-Frankfurt, 1634)

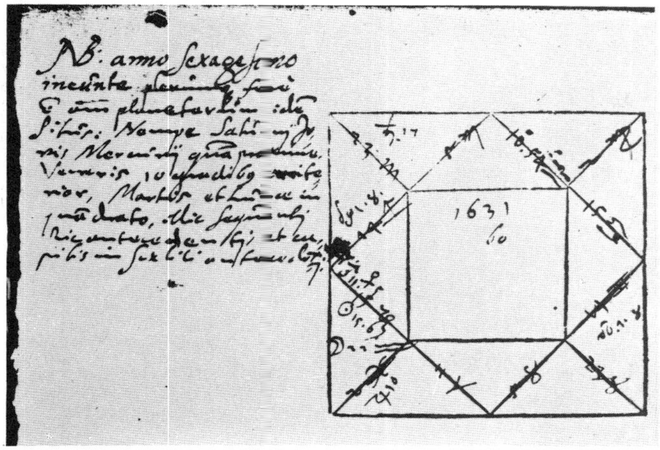

Anregung zur Abfassung des „Somnium“ gab Kepler die kopernikanische Lehre von der Erdbewegung, die viele seiner Zeitgenossen nicht wahrhaben wollten oder bekämpften. Um diese Bewegung plausibel zu machen, wählte er einen außerhalb der Erde liegenden Standort – den Mond. Wie sieht ein Mondbewohner die Erde? Die Fernrohrentdeckungen Galileis revidierten allbekannte oder begründeten neue Ansichten über die Oberflächenbeschaffenheit unseres Trabanten. „Wer sieht nicht“, rief Kepler aus, „wie weit hier die Betrachtung der Natur ihre Grenzpfähle hinausschiebt!“ Im Dienste der Wissenschaft unternahm er eine imaginäre Mondreise – eine völlig neue Idee. Seit seinen Studienjahren hatte ihn dieses Thema beschäftigt; an den wachsenden Erkenntnissen seines langen Forscherlebens orientierte er die auftretenden astronomischen, physikalischen und wissenschafts-historischen Probleme immer aufs neue. Freilich konnte er seiner Fahrt zum Mond, dem Wissensstand seiner Zeit entsprechend, kein Wirklichkeitsmoment beilegen; er wählte daher die jegliche Phantasie zulassende Form des Traums (Somnium). Doch besteht ein großer Unterschied zwischen den utopischen Mondreisen, die andere schon vor ihm unternommen hatten. Für ihn war die Flugmethode nicht Selbstzweck, sondern Mittel zum Zweck der Darstellung neuer physikalischer Überlegungen, näherhin der Auswirkung der Anziehungskraft von Erde und Mond. In Unkenntnis dieser Zusammenhänge und verführt durch die allegorische Rahmenerzählung, bewertete man bis in neueste Zeit Keplers letztes Werk als Kuriosum und Satire auf seine Zeit. Man übersah die Noten, die Kepler seiner Erzählung beigefügt hatte und die dreimal so lang wie der Text selbst ausfielen. Er schloß diesen Notenkommentar, auf dem das wissenschaftliche Hauptgewicht der Schrift liegt, erst 1630 ab.

254 · Keplers Horoskopfigur mit Anmerkung für sein 60. Lebensjahr

Am 8. Oktober 1630 brach Kepler zu einer Reise nach Linz auf, um dort längst fällige Kapitalzinsen, die ihm auf Martini versprochen waren, in Empfang zu nehmen. Auch hielt er es angesichts der am 13. September auf dem Kurfürstentag zu Regensburg bekannt gegebenen Entlassung Wallensteins für zweckmäßig, unterwegs dort haltzumachen. Mit den noch anwesenden Hofbeamten konnte er die Frage seiner immer noch offenen Forderung an die kaiserliche Kasse besprechen und sich vielleicht auch nach einem anderen Aufenthaltsort umsehen. Zunächst hielt er sich in Leipzig auf, wo er Wallenstein von seiner Reise nach Regensburg unterrichtete und ihm seine Angehörigen in Sagan empfahl (252).

Große Hoffnungslosigkeit lag über dem Abschied von seiner Familie. Beachtlich fand der 59jährige, daß zu Beginn seines 60. Lebensjahres fast alle Planeten die gleiche Stellung einnahmen wie in der Geburtsfigur (254). Das letzte schriftliche Zeichen von Kepler, das uns überliefert ist, ist ein Stammbucheintrag aus Leipzig vom 21. Oktober 1630 (255).

Mit Regensburg fühlte sich Kepler, seit er 1613 vor den Reichstag dorthin geladen worden war, besonders verbunden. Unter den Freunden waren einige, die er von Graz und Linz her kannte und die sich als Ausgewiesene in der Donaustadt niedergelassen hatten. Vor allem fand auch seine Familie, während er lange Zeit zur Verteidigung seiner Mutter in Württemberg, dann zum Druck der „Rudolphinischen Tafeln“ in Ulm weilte, dort eine zweite Heimat: 1620 bis 1622 im Haus des Metsieders Christoph Rentz (höchst wahrscheinlich in der Baumhackergasse 5 hinterm Rathaus); hier wurde die Tochter Cordula geboren (259); 1626 bis 1628 in einer in dem Eckhaus Keplerstraße 2 gemieteten Wohnung (258). Keplers Stieftochter Regina Ehem wohnte seit 1617 in Walderbach am Regen; aus Anlaß ihres Todes im September gleichen Jahres (noch erhaltenes Grabmal in der Pfarrkirche) weilte auch Kepler zweimal dort.

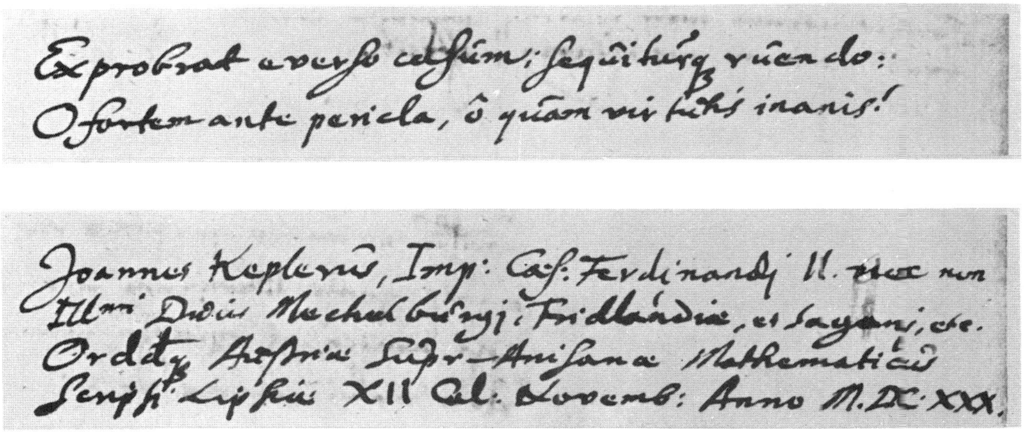
Joannes Keplerus, Imp: Caes: Ferdinandi II. nec non Illmi Ducis Mechelburgi, Fridlandiae, et Sagani, etc. Ordinum Austriae Supr-Anisanae Mathematicus Scripsi Lipsiae XII Cal. Novemb: Anno M.DC.XXX.

255 · Stammbucheintrag von Kepler (Leipzig, 21. Oktober 1630)

256 · Regensburg aus der Vogelschau (Federzeichnung von H. G. Bahre, 1614)

Entkräftet von den Anstrengungen der Reise, traf Kepler, über die Steinerne Brücke reitend (257), Anfang November 1630 in Regensburg ein. Im Haus des Handelsmannes Hillebrand Billj am alten Fischmarkt (heute Keplerstraße 5) fand er Unterkunft (260). Drei Tage nach seiner Ankunft erkrankte er mit heftigem Fieber, dem er am 15. November n. St. erlag.

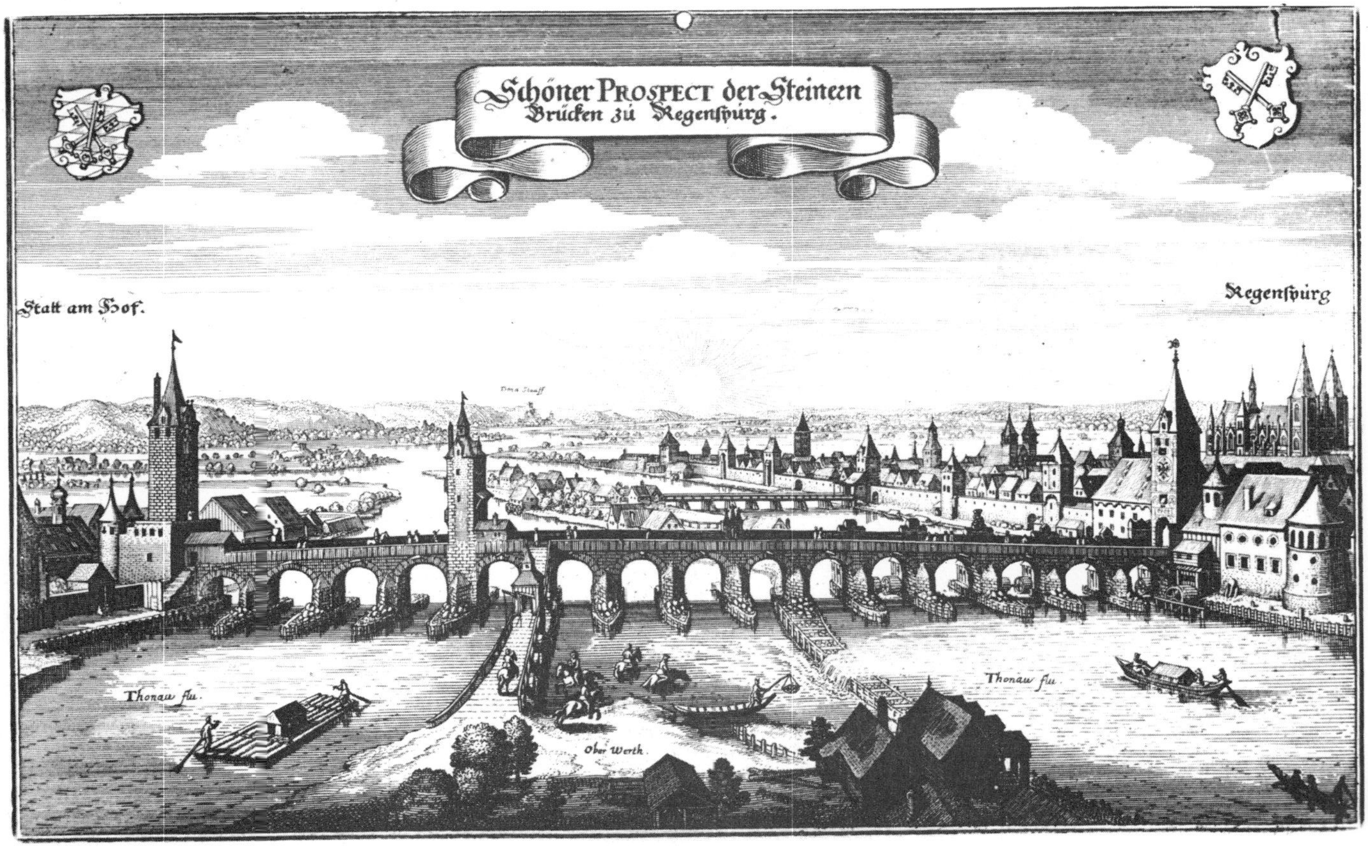

257 · Regensburg, Steinere Brücke (Kupferstich von M. Merian, um 1640)

258 · Regensburger Wohnhaus der Familie Kepler in den Jahren 1626 bis 1628 in der Keplerstraße 2

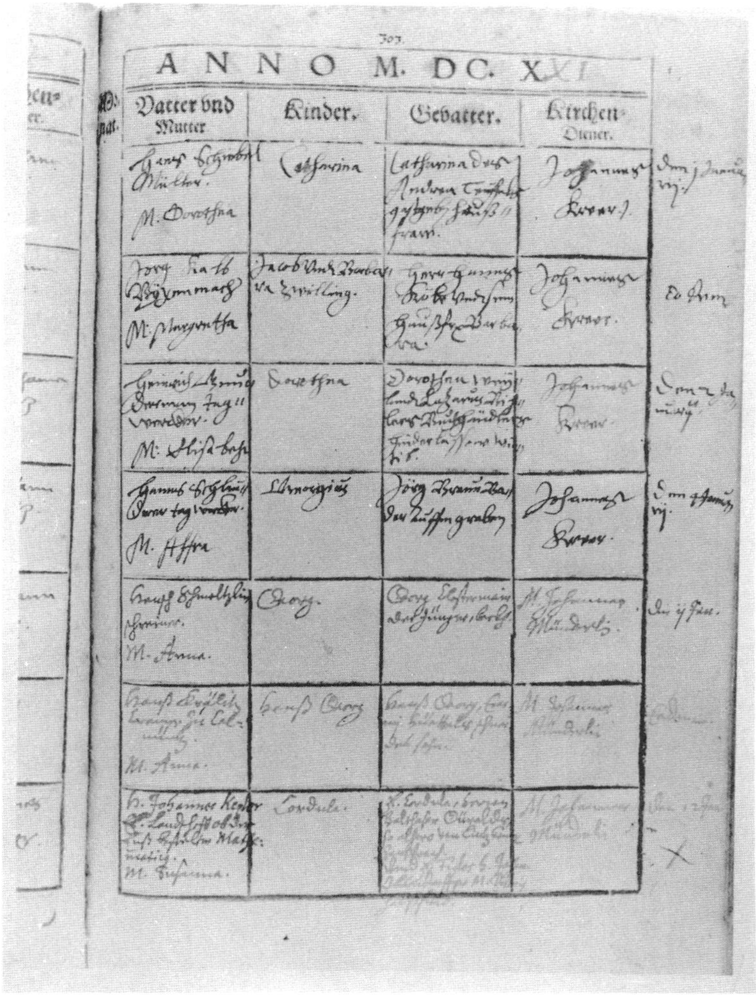

259 · Auszug aus dem Taufbuch der Neuen Pfarre zu Regensburg: Eintrag der Taufe von Cordula Kepler am 12. Januar 1621 a. St.

261 · Auszug aus dem Totenbuch der Neuen Pfarre zu Regensburg: Eintrag über die Beerdigung von Johannes Kepler am 17. November 1630

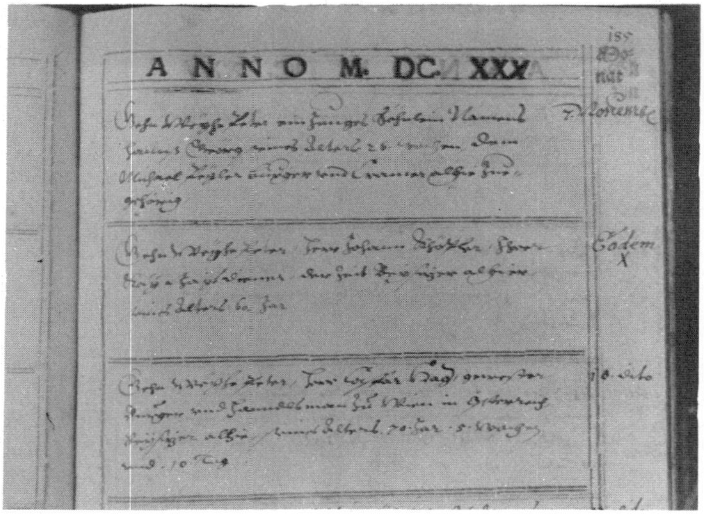
ANNO M. DC. XXX

260 · Regensburger Sterbehaus Keplers in der Keplerstraße 5

Laut Eintrag im Begräbnisbuch (261) fand die Beerdigung Keplers am 17. (= 7. a. St.) November 1630, der Regensburger Begräbnisordnung jener Zeit entsprechend, auf dem im Süden außerhalb der Stadtmauer gelegenen Friedhof Weih St. Peter (256, linke obere Ecke) statt. Als Sicherungsmaßnahme seitens der Stadt beim vermuteten, dann beim tatsächlichen Angriff der Schweden auf Regensburg wurde der Friedhof in den Jahren 1632 bis 34 zerstört und dabei auch die Ruhestätte Keplers. Nur der Wortlaut der Grabsteininschrift ist erhalten; er findet sich aufgeklebt auf einem Brief, den Kepler am

262 · Auszug aus dem Totenbuch der Neuen Pfarre zu Regensburg: Eintrag über die Beerdigung von Keplers Frau Susanna am 30. August 1636

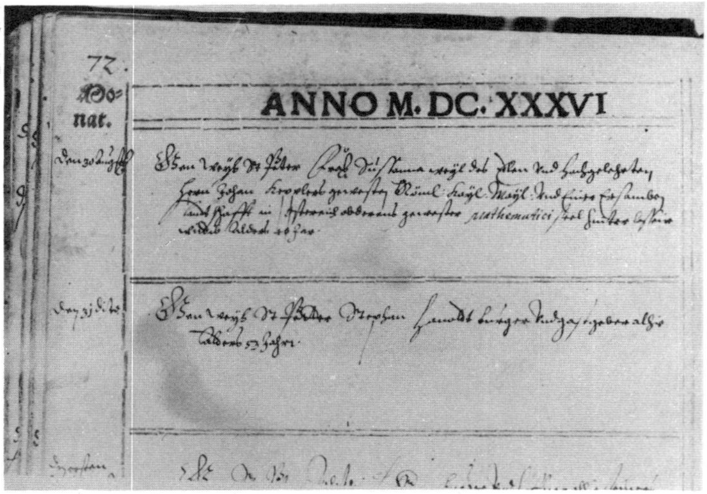
ANNO M. DC. XXXVI

27. Mai 1622 dem mit ihm befreundeten Regensburger Arzt Dr. Johann Oberndorffer († 1625) geschrieben hatte (265). Auch Keplers Frau Susanna starb in Regensburg; sie wurde am 30. August 1636 auf dem wieder angelegten Petersfriedhof beerdigt (262).

Über alles, was Kepler mit sich geführt oder schon nach Regensburg vorausgeschickt hatte, ließ die Stadt ein Inventar errichten (263). Dieses weist, zusammen mit einem Fahrnisverzeichnis von 1628, Kepler als nicht unvermögenden Mann aus. Ebensowenig rechtfertigt das nach dem Tod seiner Frau angelegte Nachlaßverzeichnis in Verbindung mit anderen Argumenten die in späterer Zeit erhobene Anklage, Kepler und seine Familie hätten in Armut gelebt und hungern müssen.

Der von Keplers Tod berichtende Regensburger Chronist Tanner vermerkt streitbar des Toten heißes Bemühen um eine Wiedervereinigung der getrennten christlichen Kirchen (264).

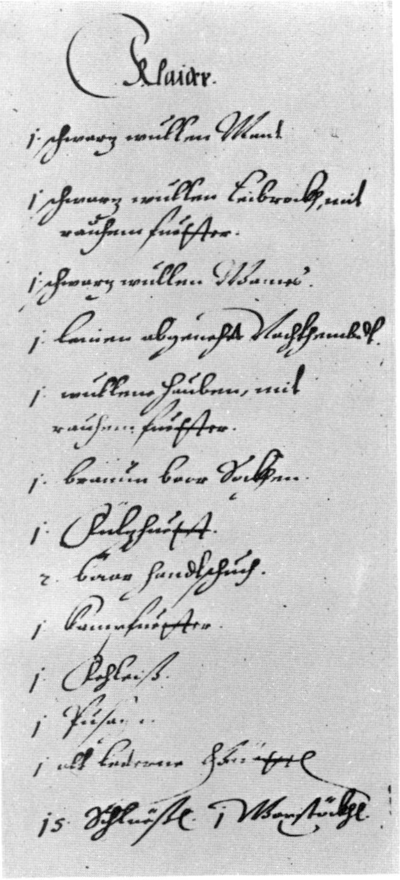

263 · Auszug aus dem Inventar des Nachlasses von J. Kepler (Dezember 1630)

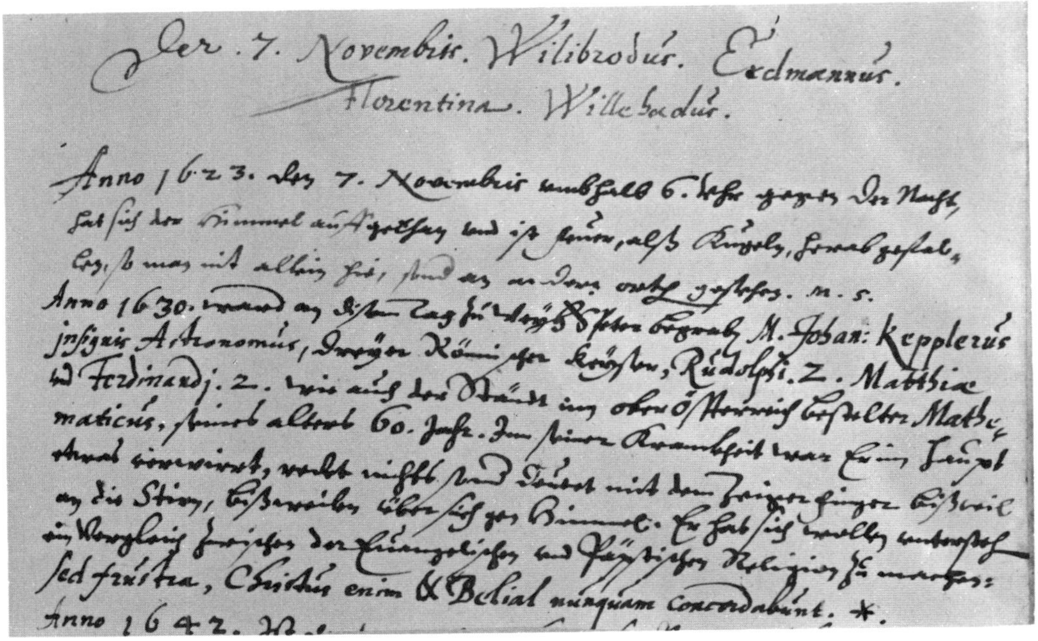

Der 7. Novembris. Willibrodus. Erdmannus. Florentina. Willebrodus.

264 · D. Tanner (1581 bis 1646): Chronik zum 7. November 1630 (a. St.)

265 · Brief Keplers an J. Oberndorffer vom 27. Mai 1622: Unten aufgeklebt die Inschrift auf Keplers Grabstein

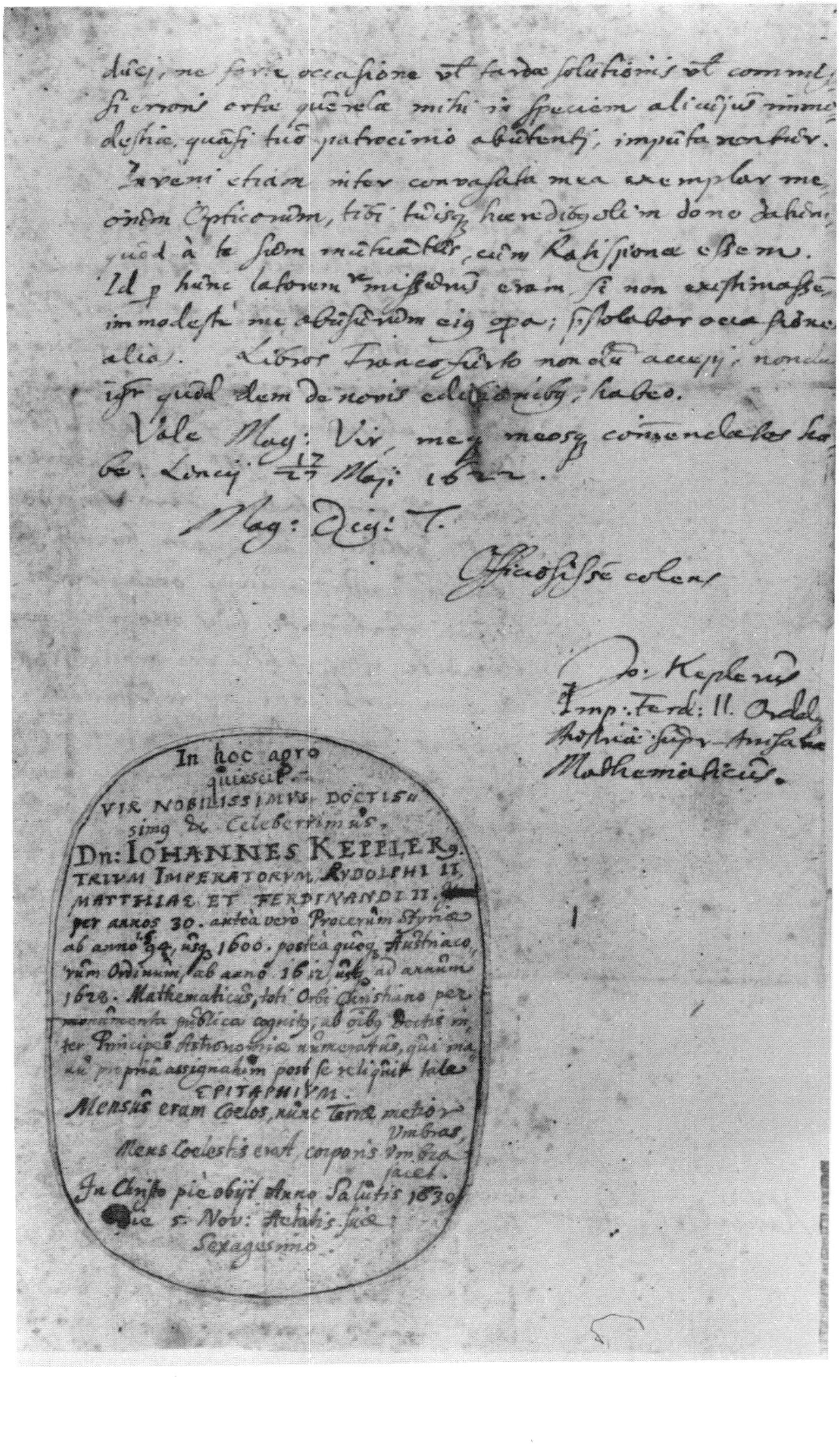

duci, ne forte occasione vel tardae solutionis vel commis-
sionis ortae querelae mihi in speciem alicuius immo-
destiae, quasi tuo patrocinio abutenti, imputarentur.
Inveni etiam inter convasata mea exemplar me-
orum Opticorum, tibi tuisque haeredibus in dono dandum,
quod a te sum mutuatus, cum Ratisponae essem.
Id per hunc latorem remissurus eram, si non existimassem
immoleste me abusurum eius opera; ... occasione
alia. Libros Francofurto nondum accepi, nondum
ipse quid dum de novis editionibus habeo.
Vale Mag: Vir, meque meosque commendatos ha-
be. Lincii 17/27 Maji 1622.
Mag: Dig: T.
Officiosissime colens
Jo. Keplerus
Imp. Ferd: II. Ordd.
Austriae supr. Anisanae
Mathematicus.

In hoc agro
quiescit
VIR NOBILISSIMUS DOCTISSI-
simus & Celeberrimus,
Dn: IOHANNES KEPPLERUS.
TRIUM IMPERATORUM, RUDOLPHI II.
MATTHIAE ET FERDINANDI II.
per annos 30. antea vero Procerum Styriae
ab anno 94 usq. 1600. postea quoq. Austriaco-
rum Ordinum, ab anno 1612 usq. ad annum
1628. Mathematicus, toti Orbi Christiano per
monumenta publica cognitus, ab oibus Doctis in-
ter Principes Astronomiae numeratus, qui ma-
nu propria assignatum post se reliquit tale
EPITAPHIUM.
Mensus eram Coelos, nunc Terrae metior Umbras,
Mens Coelestis erat, corporis Umbra jacet.
In Christo pie obiit Anno Salutis 1630
die 5. Nov: Aetatis suae
Sexagesimo.

In verschiedenen Lebensaltern gab Kepler dem Gedanken Ausdruck, daß er sich berufen fühle, „gleichsam als Priester Gottes am Buch der Natur“ aufzutreten. Dem liegt die Vorstellung zugrunde, Gott habe sich auf zweierlei Weise geoffenbart: im Buch der Hl. Schrift und im Buch der Natur. In jenem sind die Glaubenswahrheiten verankert, dieses vermittelt Wissen. Galilei sagt von ihm, daß es in der Sprache der Mathematik, mit den „Lettern von Dreiecken, Kreisen und anderen Figuren geschrieben“ sei. Um darin lesen zu können, soll sich der Forscher der Hilfsmittel bedienen, die die Naturwissenschaften bereit stellen. Indem sich Kepler als Diener und Deuter (Sacerdos) dieses Buches versteht, der die „Schöpfung und ihre Größe erkennen“ will, zeigt er Leitlinien auf, die die Naturwissenschaft bis in die heutige Zeit geführt haben. Er war sich der Grenzen seines selbst empfundenen Auftrags bewußt: „Gott führt die ganze Menschheit wie einen heranwachsenden allmählich reif werdenden Knaben nacheinander von der einen zur andern Erkenntnis“; zu bedenken bleibe daher, „wieviel noch zu tun sei und was die Menschen in Zukunft noch zu erwarten hätten.“

266 · Kepler-Denkmal in Regensburg, errichtet im Jahre 1808 nach einem Entwurf von E. d’Herigoyen

Übertragungen und Anmerkungen

(Die Numerierung bezieht sich auf die Abbildungen)

2. Sebolt Keppner confitetur Hannsen Schurstab vier gullden Rh. versessen hawßzinnß zubezaln ain gullden auff Michahelis zwen auff weyhennachten vnd den vierden auff liechtmeß. alles nachst nacheinannder komende. Vnd wo er ain oder mer fristen mitt bezalung nitt hielle das dann die gannz summa zubezaln verfallen sein sollt. Alles alls in erclagtem eruolgtem vnd vnuernewtem rechten. Testes rogatj Enndres Stromeir vnd Wolff Löffelholz. Sexto post vincula Petri 99.

6. Johannes Kepler Gesammelte Werke (KGW) Bd. XVII, Nr. 877.

10. Nota zu Weyl der Stat findt mans auff Iren Grabstainen vnnd habens vil vnuerdenckhliche Jar her gefuert. Es sein auch Ire voreltern Irer Eerlichen geuebten Kriegdienst halben von Kaiser Sigmunden Höchlöblichisten gedechtnuß zu Ritter geschlagen worden im Jar 1433.

11. Seboldt Keppler Kirschner. Gyt 8 schilling heller uff martinj uss seim Hus, das des Bildhawers gewesen, am Enderis plaimenstain Satler hinden vnnd vornnen gelegen, vnnd ist ain eck Hus. Dis ist ain prediger Münch Zins. Lut des elben Kauffbrieffs am 588. plat. Ist abgelaitt.

12. Rechnung Herrn Thomma Reninger Burgermeisters vnd Sebald Keplern des Alten als geordneter Stattrechner von Martinj anno etc. 49 Inclusiue bis auf Martini anno etc. 50 Exclusiue.

13. vnd beschriben jnn bey sein vnd personlicher gegenwurtigkheit der Ernhaften vnd furnemmen Sebolt Keppelers Schultheißen, Enderis Schwarzen Burgermeisters ...

15. Vff Jacobj apostolj ermeltem hern pfennigmaister durch hern Seebold Keppler Burgermaister Andreß schwarzen schulthaissen vnd den Statschreyber alß sie zu Speyer vff dem Reichs tag geweßt, erlegt ...

16. Original verschollen. Wiedergabe nach einem alten Photo im Archiv der Kepler-Kommission München.

17. Vff munttag nach mateus als burgermaister vnd rat habent Hainrich Kepler auff die burgerstuben zuo dem wein geuiert hat man vir drey die zech bezalt auch ain fleschen mit wein thauot 6½ mas thauot als zuo samen 1 Pf. 7 h.

20. KGW XVIII, 1072.

26. Herdtzins. Hainrich Keppler Träger vnd Jacob Baich zinsen järlich vs jren beeden heussern am Marckht, zwüschen Michel Kochen Haus vnd der Zwerchgassen gelegen, stost vornen an den Marckht, vnd hinden an sein Jacob Baichen selbs scheurn, ein schilling drei Heller Herdtzins landswerung.

34. KGW XIII, 4:

Erwürdigen, Edlen, Ernuesten, Hoch. vnd wolgelerten großgünstige Hern, jnsonders liebe vnd gute freundt E. Er. Her. Ern. vnd gunsten seyen vnser sonders vleyß willig, vnd freüntlich dinst zuuor. Deren widerantwurtlich schreyben vff vnser von wegen deß Pfarhers zu Weyßacht sohns Christian Hörnlins, da wir begert denselben zu Hern Ruodolff Ruoffen seligen *Stipendio* (· so bißher Jung Johan Keppler ingehabt ·) zuuerordnen, haben wir mit vermelden, welchermaßen gedachter Jung Kepler *Qualificirt*, mit was trefflichen, herlichen *Ingenio* er von Got begabt, vnd dernhalb e. er. her. ern. vnd gunsten gedechten, jme solches *Stipendium* lenger gedeyen zulaßen etc. zu dem begern vnsers thaills auch darin zubewilligen, verrern jnhalts vernomen, Hören vorderst mit besondern frayden gern, das angedeuter Jung Kepler (· alß der one das alhie noch woll befreündet, seine voreltern Altvatter, vnd altmutter noch bey vnß jn leben ·) sein fürtrefflich vnd herlich *Ingenium* also woll vnd Rhüemblich das seinethalb etwas sonderlichs zuuerhoffen, anlegen thuot, Darzu wir jme dan von Got dem Almechtigen glückh, hayl vnd alle wolfarth wünschen, Wir haben gleichwol bericht empfangen, das er Keppler selbs *resignirt*. Dieweil aber von e. er. her. ern. vnd gunsten wir anderst vnd wie oberzelt vernemen, Mögen wir mehrgemelten Keppler vor andern woll gunden alß wir auch hiemit wöllen bewilligt haben, das solch *Stipendium* verner, vnd so lang e. er. her. ern. vnd gunsten für gut vnd

Rathsamblich ansieht, vff jne gewendt werde, vnd Haben e. er. her. ern. vnd gunsten diß vnser wolmainung berichten sollen, seyen jnen auch sonsten sonders vleÿßige, vnd freüntliche Dinst zuerweysen, jeder Zeit vorder gemaint. Datum Freytags den 17. *Decembris* Anno 1591.

Burgermaister vnd Rath
zu Weyll der Statt

44. Die Übersetzung des Gedichtteils (von F. Seck in: Beiträge z. Landeskunde. Regelmäßige Beil. z. Staatsanzeiger f. Baden-Württemberg. Nr. 3/4, 1966) lautet:

Wunderlich zwar ist dem Laien die neue Lehre, doch oft schon / aus dem Wundern entstand Eifer und stetes Bemühn.

Nicht also laß es, o Freund, beim Wundern bewenden; bedenke: / Willst du ein Tor nicht sein, lies erst, und dann widersprich!

Geh das Ganze erst durch, und wieder und wieder erwäge, / was dies alles wohl meint, und überleg' es dir gut!

Nützlich auch wär's, wenn die Lehren Euklids, die alten, du lerntest / und was der Alte schrieb solcherart in Syrakus.

Ja, Ptolemäus sogar aus Pelusium, irrt er auch selber, hat nicht wenige, glaub's Schnitzer der Frühern geheilt.

Entweder also gesteh, es sei gut, dieses Werk, und dann lern es; / oder, gefällt es dir nicht, warte mit Besserem auf!

Aber den Ruhm des Verfassers wird dieses Buch noch verbreiten / unter der Musen Gunst bei den Gelehrten der Welt.

Johannes Kepler. 22. Dezember 1598

45. KGW XIX (erscheint 1972), Nr. 1, 2:

Von Gottes gnaden Friderich, Hertzog zu Württemberg etc. Vnnsern gruos zuuor, Hochgelerte Ersamer, Lieben getrewen. Wir haben vnsers *Stipendiarij*, M. Johann Kepplers von Lewenberg vnderthönig Supplicíern, beneben Ewerm vnderschreiben, auch D. Wilhelmen Zimmermans Superintendenten, vnd Euangelischen predigers zu Grätz in Steur eingelegtem Zedel, die erledigte *professionem Mathematices* daselbsten betreffent, abgelesen, vnnd ist vnns nit zuwider, das Ir Ime Kepplern hineinzuziehen, vnnd nach erlernter gelegenhait, solche *Conditionem*, weil Ir Ine darzu tauglich erachten anzunemmen vergönnen, wolten wir euch zu gnediger *resolution* nit pergen. Datum Stutgardten den 5ten *Martij Anno etc.* 94.

Balth. Eisengrein *mpp.*

50. Die Übersetzung (von M. Caspar in: Johannes Kepler in seinen Briefen. Hrsg. v. M. Caspar u. W. v. Dyck; Bd. I, München–Berlin 1930) lautet:

Seiner Magnifizenz dem Herrn Rektor, Ihren Spektabilitäten den Herren Dekanen, meinen allzeit hochzuverehrenden Lehrern. Nachdem ich im Juli letzten Jahres, unter Einwirkung der göttlichen Gnade, einen astronomischen oder kosmographischen Fund gemacht habe, der nicht nur für die Erkenntnis Gottes aus der Natur höchst bedeutend ist, sondern auch meinem Lehramt zur Ehre gereicht, war ich immer auf eine Gelegenheit zur Veröffentlichung bedacht. Anläßlich meiner Rückkehr in die Heimat und meines Aufenthaltes daselbst habe ich mit Gruppenbach verhandelt, der auf meinen Wunsch bereitwillig einging, falls Eure Magnifizenz und Eure Spektabilitäten ihre Anerkennung und Genehmigung aussprechen.

Als ich dies von ihm erfuhr, hielt ich es für notwendig Eure Magnifizenz und Eure Spektabilitäten brieflich (da es mir gegenwärtig mündlich nicht möglich ist) in aller Untertänigkeit zu bitten, Sie möchten, wenn in meiner Vorlage nichts Schädliches für die Hochschule enthalten ist und wenn die Schrift selber, die ich hiermit der Zensur Eurer Magnifizenz und Eurer Spektabilitäten untertänig unterbreite, in den Wissenschaften einigen Fortschritt bringen kann, ihre Veröffentlichung nach Ihrem Gutdünken unterstützen und mir helfen, mein Versprechen gegenüber den Herren Steirischen Verordneten, denen ich vor einigen Monaten diesbezüglich Hoffnung gemacht habe, zu erfüllen. Die Erfüllung dieser Bitte würde ich als eine große Vergünstigung betrachten und mir Mühe geben, mich entsprechend der Verpflichtung, durch die ich als Bürger mit dieser Hochschule verbunden bin, dankbar zu erweisen. Lebet wohl, Gott befohlen. 1. Mai 1596. Tübingen.

Eurer Magnifizenz und Eurer Spektabilitäten untertänigster Schüler

M. Jo. Kepler
der Erlauchten Steirischen Stände Mathematiker.

52. Dem hochangesehenen Herrn Johann Oberndorffer, der Medizin Doktor, bestelltem Amtsarzt der löblichen Stände von Steiermark und deren Kirchen- und Schulinspektor, meinem Herrn und bestens um mich ver-

dienten Patron in Dankbarkeit überreicht. 16. Juni 1597. Graz in Steiermark.

53. Die Auffindung des Bildes und die Beschaffung der Reproduktion verdanken wir Frau Dr. G. Ronge – München.

55. KGW XIII, 73. – Übersetzung von M. Caspar in: Johannes Kepler in seinen Briefen. Hrsg. v. M. Caspar u. W. v. Dyck; Bd. I, München–Berlin 1930.

56. KGW XIII, 76. – Übersetzung von M. Caspar in: Johannes Kepler in seinen Briefen. Hrsg. v. M. Caspar u. W. v. Dyck; Bd. I, München–Berlin 1930.

59. KGW XIX (erscheint 1972), Nr. 1, 16:
Wolgeborn, auch Edl vnnd Gestrenng Gnedig gebiettund Herrn, Eur g: vnd Herrn begern auf beyligund *M. Johannis Kepleri* gehorsames anbringen zuberichten, ob Er auch seiner *profession* nach, diejenigen *Lectiones* darzue Er bestelt, jnmassen sein *Antecessor M. Georgius Stadius* seliger ordenlich verrichte, damit seine *calendaria* vnd *prognostica* nit all zutheur ergezt wurden. Hierauf erindern Eur g: vnd Herrn wir gehorsamlich, das bemelter M. *Keplerus* vor zwayen Jarn auf Eur g: vnd Herrn guethaissen von Tybingen hieher vocirt worden, der sich auch anfangs *perorando*, hernach *docendo* vnd dan auch *Disputando* dermassen erwisen, das wir anders nit *iudicirn* khönnen, dann das Er bey seiner Jugent ein gelehrter vnd in *moribus* ein beschaidner vnd diser Einer Ersamen Landschafft Schuell alhie ein wolanstehunder *Magister* vnd *professor* seie.

60. KGW XIX (erscheint 1972), Nr. 1, 10:
Ich M. Johan Kepler E. E. Lantschafft *Mathematicus* allhie, beken hiemitt, das der Edl vnd Gestreng Herr Georg von Eybeßwald zum Purgstall, wolgedachter E. E. Landtschafft Einnemer mir heutt dato mein quatemberlich besoldung, benandtlich Achthalb vnd dreissig fl. Reinisch erlegt vnd bezaltt hatt, damitt Ich dan meiner besoldung vom ersten Aprilen an, biß zu end verschinen Monatts *Junij* contentirt. Quitire demnach wolernenten herrn Einnemern vnd wer quitirnens bedörfftig, in vrkund meiner eigner handtschrifft vnd hierunter getrucktem Petschafft on alles gevärde.
Actum Grätz den dritten Monats *Julij Anno etc.* im fünff vnd neüntzigisten.

61. KGW XIX (erscheint 1972), Nr. 7, 21:
27. April 1597. M. Seitz E. E. L. Stifft Schuel Mathematicum vnd professorem M. Joan. Keplern mit Frau Barbara weilendt hern Marxen Millers wolgemelter L. Pauzalmeisters see: ehe: wittib.

62. KGW XIX (erscheint 1972), Nr. 1, 29:
Lieber Einnemer, wellet einer Er: La: bstöltem *Mathematico M. Johanni Keplero*, zu erzeugung eines Trinkhgeschiers so jme von gmainer La. wegen auff sein hochzeit Tag solle verehret werden, hierauff siben vnd zwainzig gulden zuestöllen. Gräz den 26. April 1597. N. N. Verordnete.

63. Wolf Lorenzen Erben Hauß, gegen dem Hof zur Linggen Hannd, im Ersten Gaden, ain Stuben, ain Kamer, ain Kuchel, ain Kamer vnderm dach, die negst Bej der Stiegen, vnd ain Keller auf sechs Stärtin von neuem Taxiert p. 16 fl.

64. Für die Beschaffung der Bilder sei Herrn R. Raab – Regensburg vielmals gedankt.

70. Die Jnvention.
Zwo oder mehr Wellen in einem verschlossenen Casten, die da ghüb angehen, vnd jede sechs mehr oder weniger Holkehlen, sampt sechs runden leisten im vmbkreiß hatt, daß also die Wellen im vmbtreiben, mit oder ohne füetterung wasser halten, vnd eine die andere auslähre.
Durch wölliches mittel die Pompen Heb- vnd Truckwergkh in continuum gebracht werden vnd nit aussetzen, vnd kheine Ventilen von nöthen seind.
Anno 97 erfunden vnd von der Zeitt hero ein zimlichen vncosten drauff gewandt, würdt von allen verständigen je mehr vnd mehr gelobt vnd für müglich erkennet. Weil aber Jch mit etlichen maistern vmb verfertigung etlicher deren werckh geschlossen, Jnen die Jnvention geöffnet, vnd sie jetzo tergiversirn, besorg Jch mich nit vnbillich.

71. KGW XIII, 85:
Sed ad ipsum opus C veniamus. Id facerem dimidiatum, ex orbibus binarum superficierum solidarum, non pertusarum. Illi per corpora sibi mutuo affigerentur, ut nullus orbis esset mobilis. Die eüssere Hülsen Saturnj ware utrinque am kürtzesten, die gieng in exteriore superficie Saturnj im loch PQ frey, das ist, sie verschlöffe sich vnden in Saturnum vnd da hörete sie auff

allein das sie hett einen zeiger Y, der sich zwischen den zweyen superficiebus Saturnj vmbkherete, vnd oben in Y hett er den Planeten. Dixi supra quo machinamento planeta in eodem ambitu tardus vel velox fiat. Jam quomodo ascendat vel descendat dicam. Es müest im vmbkreiß superficiej ♄ ein bausch sein der in ἀφηλίῳ auß, in περιηλίῳ ein trieb, der zeiger aber Y, der vn das krump, müest federwaich sein, das sich leicht druckhen ließ, vnd wider zu sich selbs schnapete.

73. Aufnahme von der Westkuppel des Planetariums im Deutschen Museum München.

74. KGW XIV, 175.
85, 86, 87, 88, 98 aus: Tycho Brahe, Astronomiae instauratae Mechanica. Wandsburg 1598. Koloriertes Widmungsexemplar für Herwart v. Hohenburg. München, Univ.-Bibliothek.

92. Die 13 Octobris M. D. Tycho Brahe Dominum a Mincowiz ad coenam Illustrissimi Dominj a Rosenberg comitatus, retentâ praeter moram urinâ consedit. Cum paulò largius biberetur, sentiretque vesicae tensionem, valetudinem civilitati posthabuit. Domum reversus urinam reddere amplius haud potuit. Erat hoc initio morbi Luna in opposito Saturni et quadrato Martis, in Tauro, et Mars eo loco quem sibi Tycho Orientem gradum constituerat. Transactis quinque diebus insomnibus, cum gravissimo cruciatu, vix tandem urina processit, et nihilominus impedita. Insomnia sequebantur perpetua, febris interna, et paulatim delirium: ratione victus, à qua prohiberj non poterat, malum exasperante. Ita die 24 Octobris, postquam delirium aliquot horis remisisset, victâ naturâ, inter consolationes, preces et lacrumas suorum placidissimè expiravit. Ab hoc itaque tempore series observationum coelestium interrupta est, finisque impositus triginta octo annorum annotationibus. Nocte, quam ultimam habuit, per delirium quae omnia suavissima fuere, creberrimè haec verba iteravit, quasi qui carmen texit:

Ne frustra vixisse videar.

Quem proculdubio ceu colophonem operibus suis addere, eaque his verbis posteritatis memoriae et usibus dedicare voluit.

94. KGW XVII, 643:
Zu der Mathematica gehört erst die Astronomia oder das sternsehen als nur ein thail: von deren wegen diene Jch dem König vnd haisse sein Mathematicus, vnd soll das berhümpte buch ausmachen zu ehren des verstorbenen Kayser Rudolffs, von wöllichem buch David im 19 Psalm singet, die Himmel erzehlen die ehre gottes.

97. Reverendo D. Praeposito, Spectabilj D. Decano, Caeterisque Professoribus almae Pragensis Academiae, Viris clarissimis, DD. Amicis meis honorandis, Hunc librum, Paschale munusculum officiosè offerro Eique angulum aliquem obscurum in Bibliotheca Collegij Carolinj supplex peto: ejusdem author M. Joannes Keplerus, S. C. Majestatis Mathematicus. IV. Id: Aprilis anno ab incarnato Verbo M. DC. V.

99. Extract auß mein Johann Kepplers den Brahischen Erben zugestelter erklerungsschrifft. Entlich vnd zum fünfften sol auff einen jedem Tomum herabgemelter Obseruationen, sobalt ich nach Linz komme ein offene Zettel auffgeleimet, vnd meinen Erben darinnen von mir anbefohlen werden, daß solche Bücher, da ich etwa Todtes verbliche, alsobalden zu meinem schatz oder Kleinodien eingesperret vnd vor der eroffnung Ihr Kay. Mayt. sowol auch denen Brahischen Erben vmb weitere vorsorg vnd verwahrung deroselben angemeldet werden, damit also die Erben auch auff diesen fall des abgesezten ersten Puncts halben desto mehr versichert sein.

101. D. Joh. Keplerus Mathematicus regis Matthiae II. accessit et vocationem se à Rege accepisse et stipendium designatum habere aperuit, proinde Boemiae valedicturus commemorabat beneficia et affectum datum Professorum, pro quibus egit gratias, et sese commendavit in pepetuum omnibus, promisit se etiam habiturum omne gratum memoriam.
Das Protokoll hält die Mitteilung Keplers fest, daß er Böhmen verlasse, nachdem er (am 18. März 1612) von Kaiser Matthias als Mathematiker bestätigt worden sei. Die Karls-Universität zieht daraus den Schluß, daß Kepler den ihm angebotenen mathematischen Lehrstuhl nicht annimmt.

107. KGW XVI, 516. – Der Briefschreiber bittet um das Horoskop eines nicht genannten „großen Herrn".

108. Dem König-Philosophen der dienstbare Philosoph; dem Platon, dem Herrscher Britanniens schickt und empfiehlt Diogenes, der zu Prag von Alexander eine

Gabe bettelt, aus dem gemieteten Faß diese seine philosophische Schrift (übersetzt von M. Caspar).

118. KGW XVI, 524:

Alia. *1.* De eclipsi ☉ proxima in Julio 31 die, cupio scire, an apud vos visa et quanta et quomodo. Widmarius Bremensis ex suo accuratissimo (·quem iactat·) calculo $1\frac{1}{3}$ digit. eclipsin ostendit, et se quoque ita obseruasse ad me perscripsit.

2. De ☽ eclipsi proxima in Janu. itidem scire cupio, quomodo apud vos obseruata. hic ob nubes nihil aut saltem obscurè medium videre potui.

3. De opere astronomico Jacobj Bassantini Scoti iam antea scripsi, an videris, et an contineat omnium veterum et recentium praecipuas obseruationes vt Ptolemaei, Hipparchi, Albategnij, Arzachelis, Euctemonis et aliorum, de quo quaeso mihi omninò scribas, quid contineat, et quomodo tibi probatur, cuperem enim illum mihi comparare.

4. Scribe mihi, vbi Albategnij obseruationes, item Arzachelis et coaetaneorum obseruationes habeantur, vbi impressae, et quo titulo.

5. Quaero cur laterales venti fortiores et diuturniores, quam ipsi cardinales, an forte propter ortus et occasus solstitiales, quod sua tarditate vim aliquam illis mundj partibus imprimant vel quomodo?

6. Titulum libri istius, qui Gallicam historiam et anonimi istius astronomi de ☿ obseruationem continet, ad me quaeso perscribas, nam Parisijs in 8 impressum quidem dicis, sed titulum non addis, nec annum, quo impressus.

7. Cupio scire quid sentias de ignibus vel ignium globis ex aëre interdum delabentibus. visi sunt tales globi ignis caelestis in diuersis Frisiae et vicini agri Groningani partibus, hoc praeterlapso anno 1608 ad 2 Dec. v. s. vesperi vna hora post occasum, nubilo caelo, horrendo modo cum traiectionibus et scintillationibus delabi visi sunt, alicubi magnum crepitum dederunt, quasi tormentum exploderetur. fuit tunc □ ♂ ☉ exactus. Ego puto esse imperfecta quaedam corpora cometica, non satis sublimata, ex materia diuersa et sibi contraria (·vt in pyrio puluere cernere licet·) constare, et vbi incensa fuerint, crepare et in diuersis partes disijci. tu tuum perscribe iudicium. de sententia tua pro cometarum generatione et fulsione proximè ad te fusè perscribam. ad 5 Dec. sequ. die ☽ mane hora 6. horrenda fulmina ac fulgura pernitiosa et inflammantia hic in Frisia audiuimus et vidimus, praeter anni tempus et certam aliquam ac sufficientem constellationem. scribe, quomodo tunc apud vos caeli status habuerit, et quam huius rei causam putes esse. scribe quoque statum aëris 1609 circa 17. 18. 19. 20. 21. Febr. vbi multi aspectus coinciderunt, fuit hic turbidus aër, ventosus et nubilosus, ad mediocritatem tamen potius declinans quam excessum. putassem vehementiora futura. at video et aliquoties obseruaui, quod magna aëris temperies potius sequatur, quando diuersae coniunctiones magnae, et alij aspectus memorabiles in vnum tempus conueniunt, sic 4. 5. 6. 7. Martij hic fuit gelida aëris dispositio, aquae concretae praeter omnium opinionem. cupio huius rei causam scire.

Noua. Corollarij loco. Cum 5 Febr. ☌ ♃ ♂ futuram obseruarem, animaduerti in Caeto stellam insolitam, quam statim obseruaui. cum in globo quaererem distantias, vidj eas conuenire ad locum stellae in globo annotatae, quam anno 96 in Aug. et Sept. obseruaui. quae ab eo tempore à me visa non erat. r e s m i r a. testor Deum me ita bis diuersis temporibus vidisse et obseruasse. et quod notandum, ♃ ferè ad eundem locum ♉ peruenerat, in quo anno 96 erat. non possum satis mirari Dej opera admiranda et vides hinc mi Keplere, meam de nouis stellis et cometis sententiam esse veram, quod non de nouo creentur, sed priuentur saltem interdum lumine et sic cursus suos nihilominus perficiant. quando verò Deo visum fuerit nobis aliquid praeter ordinem significare, accendit illa corpora inuisibilia vt appareant et in publicum tanquam feciales quidam prodeant. cogita tu de his vlterius. ego puto me non falsò coniectasse antea de istis corporibus aethereis.

122. Kepplerus mathematicus rühmbt sich, er habe eine newe Welt in dem Mohn gefunden, die solle viel größer seyn als orbis iste habitabilis. Er vermeint, darin werden wir nach der Auferstehung gesetzt werden. Aber ich allegirte ihme dicta scripturae: Coelum et terra peribunt etc. Er hat mir ein Instrument gewiesen, damit sollte ich in den Mond sehen. Es hat der Mohn eine Gestalt, als ob er an einem Orth höcher were, als an dem andern. Das wolt er mich bereden, seyen Berge und Thal. Ich aber wolt es ihm lieber glauben, dann hinauff steigen und besichtigen.

129. (Ipse arce conscensa priusque Caesare per cubicularium) Ruzky admonito, perrexi in Officinam Horologiarij Justj Byrgij. Aberat is. Usus igitur sum ipsius 2 ministris. Auff der stiegen die vom weitten gang ins zeughauß hinab führt, haben wir den offnen laden mit

einer Thüren vnd Mänteln verhengt, vnd fünster gemacht, so guett wir gemocht. Die Sonn durch ein blech vnd rundes löchlin, dessen diameter vngefahrlich ein 9. oder 10. thail eins Zolls gehalten, hinein scheinen lassen, etwa vier zehen schuech in die weitt, biß der schein so groß worden, wie hie abgemahlt. Da haben wir vnderwertz gegen der linckhen ein klein zimlich schwartzes Düpflin, wie vngefahrlich ein dürre floh, gar deüttlich vnd nit einmahl sehen khönden. Es ward vngefahrlich ein dritteil des diametrj oder weniger vom eüssern rand in den runden schein hinein khommen. Vnd damit man nit main, es sey ein masen am papir, so haben wir das papir stets hin vnd wider gerückhet, das sich der schein auff dem papir versetzt, vnd ist alwegen das schwartze Düpflin mit sampt dem schein eingefallen. Wan auch die Wolckhen daher gegangen, hatt man gesehen, wie sie auff das Düpfflin einlauffen, das also das Düpfflin im schein stillgestanden, die Wolckhen aber drüber her gelauffen. Dessen ist ein Zeüg Jobst Bürgens Vhrmachergesell der darbey gestanden vnd zugesehen.
Henrich Stolle klein vhrmacher gesell. mein handt.

143. Das Galileische Fernrohr zählt zu den Kriegsverlusten des Mathematischen Salons in Dresden. Für die Beschaffung des Photos (nach alter Vorlage) sind wir Herrn Professor Backe - Dresden Dank schuldig.

147. Gib nur die Schiffe oder richte Segel für die Himmelsluft her, und es werden auch die Menschen da sein, die sich vor der entsetzlichen Weite nicht fürchten. Und so, als ob die wagemutigen Reisenden schon morgen vor der Tür stünden, wollen wir die Astronomie für sie begründen, ich die des Mondes, du, Galilei, die des Jupiter (übersetzt von F. Hammer).

153. KGW XVI, 587. – Übersetzung von M. Caspar in: Johannes Kepler in seinen Briefen. Hrsg. v. M. Caspar u. W. v. Dyck; Bd. I, München–Berlin 1930.
Was ist nun zu tun? Sollen wir uns an Demokrit oder an Heraklit halten? Wir wollen über die ausnehmende Dummheit der Menge lachen, mein Kepler. Was sagt Ihr über die Hauptphilosophen unseres Gymnasiums, die mit der Hartnäckigkeit einer Natter nie, wenn ich auch tausendmal mir Mühe gab und ihnen von mir aus ein Anerbieten machte, die Planeten, den Mond oder das Fernrohr sehen wollten! Wahrhaftig, wie jene die Ohren, so haben diese die Augen gegenüber dem Licht der Wahrheit zugehalten. Das ist etwas Arges, aber es wundert mich nicht. Diese Gattung von Menschen glaubt nämlich, die Philosophie sei ein Buch wie die Äneis oder die Odyssee und man müsse die Wahrheit nicht in der Welt oder in der Natur suchen, sondern in der Konfrontation der Texte (um ihre eigenen Worte zu gebrauchen).
Warum habe ich doch keine Zeit, um länger mit Euch zu lachen! In was für Lachsalven würdet Ihr ausbrechen, mein freundlichster Kepler, wenn Ihr hören würdet, was in Pisa von dem Hauptphilosophen des dortigen Gymnasiums gegen mich vor dem Großherzog vorgebracht wurde, als er mit logischen Gründen wie mit Zauberformeln die neuen Planeten vom Himmel reißen und wegdisputieren wollte! Doch die Nacht bricht ein und ich kann mich nicht länger mit Euch unterhalten. Lebt wohl, hochgelehrter Herr, und bleibt mir wie bisher gewogen.

162. Vorlage: Kupferstich von Georg Hoefnagel nach Lukas van Valckenborch, 1594.

166. Ein Gespräch von der Reformation des Alten Calenders. Warauff die Correctio Gregoriana gegründet, wie nahe sie zuetreffe. Item
Ob die jenige Stände des Hailigen Römischen Reichs, vnd benachbarte Königreiche, wölliche das Gregorianum Calendarium noch nit angenommen, jren alten Julianischen Calender für sich selbst in einem oder mehr puncten verändern, oder lieber das Calendarium Gregorianum auch annemen, oder entlich gar bey dem alten verpleiben wolten:
Allerhand fürschläge zu fürhabender Correction dienstlich, vnd was auff alle fälle baiderseitz streittende Partheyen Gaistlich vnd weltlich, sowol auch die Mathematicj vernünfftiglich drein zureden, oder bey der sachen zubedenckhen hetten.
Gestelt vnd zugericht denjenigen zum vnderricht, wöllichen das Calenderwesen amptshalben obligt, vnd doch nit weil haben, alle scribenten in diser Materj durchzulauffen, vnd drinnen die privat affecte von der warhait zu underschaiden, durch einen liebhaber der warhait.

171. 1617. Julius 31. Pater: Herr Johan Kepler Keyserischer vnd Ober Enserischer Mathematicus. Mater: Susanna. Infans: Catharina. Patrimi: Die Wolgeborne Fraw Fraw Rosina, Freyin von Herberstein geborne

von Polheim, Witib. Fraw Elisabeth Eiringen geborne Hackhin, Witib.

173. Baptisatus in aedibus Altenstrasserj a me conductis a Decanj Allibrandini Capellano Pontificio. Patrini: D. Abraham Schwartz, Sebastianus Paummaister, D. Stephanus Martrenckher, Weissianae haereditatis curator et advocatus.

175. 1625. 8 Aprilis. Pater Joannes Khepler, uxor eius Susanna. Patrini Doctor Abraham Schwartz, Sebastianus Paummaister, Doctor Stephanus Martrhenckher, uxor Margareta. Infans Nomine Hiltipertus.

185. Johannes Kepler, Mathematiker, grüßt seinen Sohn Ludwig. Am 1. Januar des Neuen Jahres 1624 schenke ich Dir diese alte Bibelausgabe nach einer ebenfalls alten Übersetzung, als ein freilich nicht neues Neujahrsgeschenk. In symbolischer Weise möchte ich Dir damit sagen, daß Du in den Sachen, die das Heil der Seele und die Erbauung der Kirche Gottes betreffen, genau auf den Spuren des reinen Altertums und der Frühzeit nach den Aposteln wandeln mußt. Wisse, wenn auch religiöser Kult allein der Gottheit gebührt wegen ihres überragenden Vorrechts, so mußt Du doch auch die Nachtwachen, Mühen und Arbeiten der alten Kirchenlehrer fromm verehren, wegen der großen Gefahr bei Neuerungen. Bleibe gesund und mache mit dem fortschreitenden Jahr auch selber glückliche Fortschritte in der Ausbildung Deines Geistes (übersetzt von M. Caspar).

186. KGW XVII, 808. – Die Übersetzung (von M. Caspar in: Johannes Kepler in seinen Briefen. Hrsg. v. M. Caspar u. W. v Dyck; Bd. II, München–Berlin 1930) lautet:
Viele Grüße zuvor!
Würdigster Herr Kanzler, hochwürdiger und hochberühmter Herr Doktor, verehrter Praezeptor!
Ein Jahr geht zu Ende, seit mir bei meiner Abreise von Tübingen Hoffnung darauf gemacht wurde, daß bald ein Brief nachfolgen werde. Daß ein solcher bisher nicht geschickt wurde, schreibe ich Eurer freundlichen Gesinnung zu, insofern Ihr es nicht auf Euch nehmen könnt, mich, Euren Freund, zu kränken; Ihr glaubt, was auch zutrifft, daß ich mir schon aus dem Schweigen leicht einen Schluß auf den Inhalt des in Aussicht gestellten Briefes bilden kann. Nun in Gottes Namen, so wendet eben die alten Sitten, Satzungen und Beispiele Eurer Vorgänger an und schafft mit meinem Fall kein neues Exempel, das für andere als Vorgang dienen könnte! Schließt mich aus aus Eurer Gemeinschaft wegen der Aufrichtigkeit, mit der ich bekenne, daß bezüglich des einen Artikels von der Allgegenwart des Leibes Christi und der anderen Ansichten, die man mir zuschreibt, die Aussprüche, Beweise und exegetischen Erläuterungen der alten Väter mehr Beweiskraft enthalten als die Eurigen in der Konkordienformel! Macht aus dem hl. Abendmahl ein Kriterium Eures Bekenntnisses für mich, der ich in diesem ganz besonderen Punkt auf das allen Laien gegebene Gebot Christi dringe: „Tut dies zu meinem Andenken, verkündet meinen Tod.“ Haltet mir nur dagegen (was auch wirklich geschehen ist), daß den Dienern und Verwaltern der Geheimnisse Gottes der Befehl erteilt worden sei: „Gebt das Heilige nicht den Hunden preis!“ Gut, ich sei für Euch, o Schmerz, ein geistlicher Hund, nicht wegen irgendeines Makels in der Lebensführung, sondern einzig wegen meiner, wie Ihr es wohl auslegt, Anmaßung, wie ich dagegen sage, Aufrichtigkeit, insofern ich in diesem einzigen Punkt es ablehne, meine Rede in Widerspruch mit meiner Gesinnung Eurer Konkordienformel anzupassen und etwas anderes nach außen zu sagen, als ich im Innern denke, aus Gehorsam gegen meine Lehrer, wie Ihr wollt, aus Abscheu gegen eine sich selbst verurteilende Heuchelei und Verstellung, wie ich glaube. Ich weiß, daß in Glaubenssachen eine volle Überzeugung zu fordern ist. Eine solche könnte aber ohne Ärgernis für den Nächsten von mir gezeigt werden. Ja, es würden bei anderen viel weniger leicht Bedenken über die gleichen Punkte entstehen als jetzt, wo man sieht und hört, daß ich wegen irgend einer abweichenden Meinung ausgeschlossen werde.
Christus, der oberste Hirte aller Seelen möge mich davor bewahren, daß ich aus Erbitterung über die schlechte Behandlung mir etwas zu schulden kommen lasse, was mein Gewissen verletzen würde.

190. KGW XVII, 734:
... dessen so E. Gn: disen sommer vber am nutzlichsten vnd rathsamlichsten zu *tractirn* halten möchten, folgenden zwaifeltigen gehorsamen Bericht zu thuen.

Von den *Tabulis Rudolphj.*

Die *Tabulae* bedürffen Zeitt. E. Gn: werden selber wissen, oder von andern *Mathematicis* berichtet sein, das *in re literaria* die *Tabulae astronomicae* ein wolbedächtliches Hauptwerckh sein müessen vnd gar nit wie ein *Comedj* vber nacht anzustellen, oder wie ein *poëma* auff blossen einfällen bestehe, oder wie ein *Commentarius super Aristotelem* auß dem Ermel zu schüttelen: sondern man sich vil Jahrlang zu besinnen vnd mit *Observationibus* vnd *calculationibus* zu bemühen habe, will man die rechnung also verfassen, das sie auff vil hundert ja tausent Jahre hinder sich vnd für sich gelten solle. *Copernicus* hat 27 Jahr zugebracht ehe er sein *opus Revolutionum* vnd *Tabulas* ans liecht gebracht. An den *Tabulis Rudolphj* hatt *Tycho Brahe* alberaitt 38 Jahr, nämlich biß in sein gruben, vnd zwar jederzeit mit Hülff 10. 20. 30. *studiosorum* gearbaittet.

Was Tycho Brahe dran gemacht. Seine Verrichtung ist dise. Erstlich hatt Er das werckh mit *Observationibus* (wölche gleichsam vnser Zeüg, stain vnd Holtz zum gepeu seind) vberflüssig versehen, fürs ander die *fixas stellas* vber ain Tausent außgerechnet vnd jedem stern seinen ort, weil Er denselben jederzeit behelt, außgezaichnet. Drittens hatt Er an den Planeten, wölliche wegen Jrer vilfaltigen verwirten bewegung das maiste Kopffbrechen verursachen.

197. Vorbesitzer-Vermerke von Abraham v. Franckenberg (1593–1652) und Johann Scheffler, d.i. Angelus Silesius (1624–1677).

209. Vormals Stuttgart, Landesbibliothek; dort geriet das Blatt in Verlust.

Quod plantant homines sine numine, non rigat aether. O curas hominum, o quantum est in rebus inane; Amico veterj, hoc renovata fraternitatis monumentum reliqui. Jo: Keplerus, Imp: Caes: Matthiae, Ordinumque Austriae supr Anisinae Mathematicus. Tubingae, festo saecularj reformationis inchoatio Pr. Cal. Nov. Anno MDCXVII.

212. Catalogus librorum, quos Jo Keplerus edidit

Mysterium Cosmographicum Tubingae 1596. 4to

Calendaria et Prognostica *teütsch* in annos 1595. 6. 7. 8. 9. 1600. *Grätz.* 4to

De fundamentis Astrologiae certioribus Theses, cum Prognostico in annum 1602 latina. Anno 1601. Praga. 4to

Astronomiae pars optica seu ad Vitellionem Paralipomena 1604. Francofurtj 4to

De Eclipsi ☉ anno 1605 Epistola, anno 1605 Pragae 4to

Teütsche Prognostica auff 1603 (*·alda vom feürigen* Triangul·). 1604. 1605 *(·alda vom Neüen stern·)* 1606. *Praag Vom Neüen stern auß dem* Prognostico *vber das 1605 Bericht, nachgedruckht zu Amberg neben* D: Helisaej Röslinj

De stella nova Serpentarij et Cygnj, et de aetate Christj, Pragae partim, partim Francofurtj 1606. 4to

Vom Cometen des 1607ten Jahrs, Hall in Saxen 1608. 4to.

Phaenomenon singulare, Mercurius in Sole Lipsiae 1608. 4to. Recusus Florentiae ex dimidio 1611.

Commentaria de motibus stellae Martis folio majorj Heidelbergae 1609.

Antwort auff D. Helisaej Röslinj discurs *von heütiger zeitt beschaffenhaitt. Prag 1610* 4to

Tertius interveniens *wider* D. Feselium *zu rettung dessen, was in der* Astrologia *natürlich* Francofurtj 1610. 4to.

De nive sexangula jocus physiologicus Francofurtj 1611 4to. Recudit Dornavius in ludicris

Dissertatio cum nuncio siderio Galilaej Pragae 1610. 4to. Recusus Francofurti 8vo

Narratio Visorum Planetarum Jovialium Francofurtj 1610 4to

Νυχθήμερον augustale, carmen de successione Matthiae Pragae 1612. Recudit Praetorius Noribergae in aliorum similibus.

Dioptrice, seu de perspicillorum effectu demonstratio geometrica cum Epistolis Galilaej Italicis de novis Phaenomenis etc. Augustae anno 1612 4to

Bericht vom Geburtsjar Christj *Straßburg 1613.* 4to.

Ad Sethum Calvisium de natalj Christj, responsoria Francofurtj 1614. 4to

Eclogae Epistolaris Chronicae de eadem et consimilibus materijs Francofurtj 1614. 4to

Libellus de anno natalj Christj expolitus et perfectus Francofurtj 1614. 4to

Stereometria seu supplementum Archimedis Lincij 1616. Fol: minorj

Messekunst auff Solida, *vnd von Müntzen* Lincij 1617 Fol: minorj

Ephemerides in annos 1617. 1618. 1619. 1620 cum Introductionj, Lincij 4to majorj

Epitomes Astronomiae Copernicanae pars Sphaerica, Lincij 1618. 8va

Harmonices Mundj Librj V. Lincij anno 1618. fol. minorj

De Cometis annorum 1607. 1618. libellj tres, Augustae 1619. 4ta

Epitomes Astronom: Copernicanae lib: IV seu physica coelestis, Lincij 1620. 4to Titulorum aliqui recusi 1622

Kanones pueriles *oder Zeittrechnung wider die so den*

jungsten tag außrechnen, vnter dem namen Kleopas Herennius. *Vlm* 1620. 4to.

Von der Finsternuß des 1621 vnd andern grossen Sonnenfünsternussen Vlm 1621. 4to

Epitomes Astron: Copernicanae librj V. VI. VII. seu doctrina Theorica. Francofurtj 1621. 8va

Mysterij Cosmographicj editio altera cum notis. Francofurtj. 1621. fol: min.

Ad Analyses D. Robertj de Fluctibus responsio, pro defensione Harmonicorum Francofurtj 1621. fol: minorj.

218. 22. Johann Kepplers supplicìern, in waß materj er künftig laboriern, vnnd ob er noch lennger in der bestallung verbleiben solle, fuerzubringen, vnnser mainung wer, es khönte diser vncosten, mit abfertigung seiner Person wohl erspahret werden.
Zum zwei vnd zwainzigisten. Auf Johannis Kepplers beigelegt supplìciern wegen seiner vnterschiedlichen vnter handen habenden operum, seyen wier mehrern Theilß der mainung, daß, weil ohne das die Löblichen Stenndt mit vilen vnnd hohen außgaben beladen, daß man sich seiner Person halber gar erleüchtern, vnnd die bestallung, so auf Ihme gehen, ersparen möchte. Doch daß Ihme ein halb Jar zuuor, damit er sich annderwerts vmb gelegenheit bewerben möchte, aufgekhündet werde, zu besserer nachrichtung, haben wier sein bestallung aufsuchen vnnd herzuelegen laßen.

220. Dieses Blatt verdanken wir Herrn Dr. K. Holter-Wels, der den bisher unbeachtet gebliebenen Sammelband im Stift Schlierbach, dem es entnommen ist, ans Licht zog. Herr Prof. G. Grüll - Linz (Oberösterreichisches Landesarchiv) wies uns in freundlicher Weise auf diesen Fund hin.

228. Jrer Mayt: Mathematico Herrn Johann Kepplern ist zugelassen, daß er sich mit seiner hausshaltung ein halb Jar lang alhie uffhalten mag. Wann er aber lenger alhie verharren wolte Er sich wider anmelden solle.

234. Es handelt sich um die Abschrift einer Keplerschen Vorlage, in der Kepler eigenhändig Korrekturen und Zeichen für den Setzer, in welcher Reihenfolge die Textteile gesetzt werden sollen, angebracht hat.

235. Ao. 1627 $\frac{17}{27}$ Jun Noch fürhanden vber die duern e vnd M

Schreibpap.	65	Druckhp.	130
Schachmair			410
sagt an	400		540
	465		

241. Nachrechnung der Planetentafeln, aufgestellt von Herrn Dr. V. Bialas - München.

244. (Will also disen meinen wolgemeinten fürschlag einem wolweysen Magistrat diser hochlöblichen Reychs Statt Vlm zu einer geringen anzayg meiner Danckhbarkheit für) den bißhero mir erthayIten Schutz, Gunst vnd Gutthaten, weylen Jch dißmahls ein mehrers nit vermag, gehorsamblich praesentirt, vnd denselben Mich vnd die Meinige noch ferners zu hohen gunsten befohlen haben. Vlm den 30 Julij 1627. Johann Keppler Röm:Kays.May. vnd Land Ob der Enß Mathematicus Manu propria.

248. . . . raichen zulassen verwilliget. Darüber dann nur die Monatliche fünff vnd zwäntzig gulden betreffendt, in dem Kay: hoffzahl Ampt, den 19ten *Junij* dises 1632ten Jahrs eine abraittung verfast, in welcher vber abzug, waß daran bezahlt biß 6. Novembr: 6301, damahlen Er Keppler mit Todt abgangen, dreytausendt ainhundert achtzig gulden, so noch ausstendig seind gesezt worden. Darzu auch die Jährlichen Fünffzig gulden Zimmer vnd holtz, so wolen ainhundert gulden Anzug gelt, so biß zu seinem absterben Sibenhundert 9. gulden 30. Kr. außtregt, vor ein richtigen außstandt gesezt worden, zusamen . . . . 3889 fl. 30 Kr. *Summa* an Besoldung, Zimmer, holtz, anzug vnd verwilligten Gnadengelter, so jhme Keppler biß Enndt nechst abgewichenes Monats *Junij* dises 1632ten Jahrs zubezahlen ausstendig verbleibt, tregt an allem auß zwölfftausent, Sechshundert, vier-vnndt Neüntzig gulden dreyzehen Kreützer. *Id est* . . . . 12694 fl. 13 Kr. Darbei ist aber dises zuwissen, daß durch Kay: Befelch, auff jhrer Fürstl. gnaden, Hertzogen zue Fridtlandt, noch den 10ten *Maij* 628. gegen einer Hoffzahlmaisterischen Quittung Er Keppler mit 11817 fl. angewisen worden, so, weil dem vorgeben nach, *dato* nichts bezahlt worden, allein vmb künfftiger nachrichtung allhier notiert wirdt. Wien den Zwantzigsten *Junij*, Sechzehenhundert Zway vnd dreissigsten Jahrs.

J:Kay:May: Hoff-Buchhalterey abraittung betr. Joh. Keplers gewesten Kay. Mathematici aussende.

249. Waltstein – a stromero – 1583 – Sept. – D. 14. – H. 4. – M. $\frac{21}{30}$ – St. Veteri – A. P. 51 – Rhadetij Reginae.

250. KGW XVIII, 1098.
Ich habe den herrn *Forteguerra* angesprochen Ihr Matt: vndt dero söhn *themata* zu erigiren wie auch des Künigs aus hiespanien, neben diesen auch derselbigen Potentaten, so nicht Ihre *confidenten* sein vndt meins, auf das wenn ich in führfallenden *ocasionen* den einen, wie mein pflicht vndt schuldickeitt mitt bringt, werde dienen wieder die andern oder wens die noth erfordern solte müste kriegen, wessen ich mich gegen einem vndt dem andern, *Astrologicamente*, zu versehen hette, nun bitte ich den herrn ganz fleissig dieweil er der zeitt das *pre* vnter den *mathematicis* hatt, er wolle dies alles obs also die *aspecti* zu trefen *calculiren*, auch obs vmb dieselbige zeitt vor oder nacher fallen vndt mir das *judicium* drüber schicken, insonderheitt aber in denen den Künig aus Hungern betrefendt, denn mitt derselbigen *nativitet* fünde ich die meiste vngelegenheitt das meine *loca helegialia* zu seinen *maleficis* kommen zu vnterschiedlichen mahlen bitt der herr wolle mir sein *discurs*, aber nicht *obscure*, drüber schicken er wirdt mich höchlich obligiren ich aber verbleibe hiemitt

Des herrn guttwilliger

Küstrau den 1. Feb: A. Hz. F.
Anno 1629

251. Jch Johan Keppler, der Röm: Kay: Mt, auch Jrer Fürstl: Gnaden, Hörtzogens zu Mechelburg, Fridlanden vnd Sagan etc. *Mathematicus*, bekhen, das der Edl vnd Ehrnvest Herr Johan Poczateczky, Hochermelter Fürstl: Gn: Zalmaister mir an heütt *dato* par entricht vnd bezahlt hatt benentlichen Ainhundert Reichstaler, wölche Mehrhochermelte Jre Fr. Gn: Mir zur Abfertigung vnd Haimraise gnädig verordnet. Hierumben wolermelten Herrn Zalmaistern Jch vnter gegenwürtiger meiner Handschrifft vnd Petschafft quitirt habe. *Actum* Gitschin den zehenden *Aprilis* des Dreyssigisten Jahrs.

L. S. Johan Keppler
Mathematicus
M. propria

252. KGW XVIII, 1144.
Endern, vnd alle mügliche *satisfaction* thuen.
Wie jch nun der vnderthänigen tröstlichen zuversicht bin, E. F. Gn: werden dise meine wolgemainte *Dedicationem Partis in suo territorio perfectae*, wie sie auch gerathen sein mag, zu Fürstlichen Gnaden vnd im besten von mir an vnd auffnemen: Also thue jch auch ohne mehrere weitlauffigkhaitt E. F: Gn: mich vnd meinen Gehülffen, auch baiderseitz angehörige in dero Statt Sagan meiner widerkunfft erwartende, zu beharlichen Landsfürstlichen Gnaden empfehlen. *Datum* Leipzig den 18 *Oct. anno* 1630.

E. F. Gn: Vnderthäniger vnd gehorsamer *Mathematicus*
Johan Kepler

254. NB. anno sexagesimo ineunte ferè est omnium planetarum idem situs: Nempe Saturnj Jovis Mercurij quam proxime, Veneris 10 gradibus praeterior, Martis et Lunae in quadrato, illic sequentj istic antecedentj, et capitis in sextili antecedentj.

255. Exprobrat everso casum; sequiturque ruendo:
O fortem ante pericla, ô quam virtutis inanis!
Joannes Keplerus, Imp: Caes: Ferdinandj II. nec non Ill[mi] Ducis Mechelburgi, Fridlandiae, et Saganj, etc. Ordinumque Austriae Supr-Anisanae Mathematicus scripsi Lipsiae XII Cal: Novem: Anno M. DC. XXX.
Mag einer dem Gestürzten seinen Fall vorwerfen;
und folgt ihm doch selber im Sturz:
O, tapfer warst du vor der Gefahr,
wie eitel war deine Tugend. (übersetzt von U. Klein)
Johannes Kepler, Mathematiker Kaiser Ferdinands II. wie auch des berühmten Herzogs von Mecklenburg, Friedland und Sagan etc. sowie der oberösterreichischen Stände schrieb dies in Leipzig am 21. Oktober des Jahres 1630.

256. Am oberen Bildrand links der Friedhof Weih St. Peter, auf dem Kepler beerdigt wurde.

259. Vatter vnd Mutter: H. Johannes Kepler, EE. Landschaft ob der Enß bestelter Mathematicus; M. Susanna. Kind: Cordula. Gevatter: F. Cordula, Herrn Balthasar Güralds, so alhero von Lintz kommen, Haußfrach; Vnnd F. Fides, H. Johan. Oberndorffers M. Doctoris Haußfraw. Kirchendiener: M. Johannes Münderlin. Den 12. Jan. 1621.

261. 1630 7. November: Gehn Weyhe Peter, Herr Johann Khöpler, Ihrer Kay. Mayt. Diener, der Zeit Beysitzer alhier, seines Alters 60. Jar.

262. 1636. den 30. August. Gen Weyh St. Peter Fraw Susanna weyl. des Edlen vnd Hochgelehrten Hern Johan Kepplers gewesten Röm:Kay:May: vnd Einer Ersamben landtschafft in Osterreich obder ens gewester Mathematici seel. hinterlassene wittib Alders 40 jar.

263. Klaider
1 schwarz wullen Mantl – 1 schwarz wullen Leibrockh, mit rauhem fuetter – 1 schwarz wullen Wames – 1 leinen abgenehet Nachthembdt – 1 wullene Hauben, mit rauhem fuetter – 1 braun boor Sockhen – 1 Fülzhuett – 2 baar handtschuch – 1 Kampfuetter – 1 Fehleiß – 1 Pusazn – 1 alt lederne Gürttl – 15 Schlueßl – 1 Waxstöckhl.

264. Der 7. Novembri
Anno 1630. ward an disem Tag zu Weyh S. Peter begraben M. Johan: Kepplerus insignis Astronomus, dreyer Römischer Keyser, Rudolphi 2. Matthiae vnd Ferdinandj 2. wie auch der Ständt inn ober Österreich bestelter Mathematicus, seines alters 60. Jahr. Inn seiner Kranckheit war Er im Haupt etwas verwirrt, redet nichts, sondern deutet mit dem Zeigerfinger bißwil an die Stirn, bißweilen vber sich gen Himmel. Er hat sich wollen vnterstehen ein Vergleich zwischen der Euangelischen vnd Päp tischen Religion zu machen: sed frustra, Christus enim et Belial nunquam concordabunt.

265. KGW XVIII, 931:
In hoc agro quiescit Vir nobilissimus, doctissimus et celeberrimus Dom. Joan. Kepplerus Trium Imperatorum Rudolphi II. Matthiae et Ferdinandi II. per annos XXX antea vero Procerum Stiriae ab anno MDXCIV usque MDC. postea quoque Austriacorum ordinum ab anno MDCXII usque ad annum MDCXXVIII. Mathematicus, toti orbi Christiano per monumenta publica cognitus, ab omnibus doctis inter principes astronomiae numeratus, qui manu propria assignatum post se reliquit tale epitaphium:

Mensus eram coelos, nunc terrae metior umbras;
Mens coelestis erat, corporis umbra jacet.

In Christo pie obiit anno salutis MDCXXX. D. V. Nov. aetatis Suae Sexagesimo.

Deutsche Übersetzung von A. Schmetzer:
Hier ruht der hochangesehene, hochgelehrte und weltberühmte Mann, Herr Johannes Keppler, 30 Jahre hindurch Mathematikus dreier Kaiser, Rudolfs II., Matthias' und Ferdinands II., vorher aber der steirischen Landschaft von 1594 bis 1600, dann auch der österreichischen Stände von 1612 bis zum Jahre 1628, der ganzen Christenheit bekannt durch seine Schriften, von allen Gelehrten den Fürsten der Astronomie zugezählt, der sich diese Grabschrift selbst bestimmt hat:

Habe die Himmel erforscht,
jetzt irdische Schatten erforsch' ich;
Himmelsgeschenk war der Geist,
schattenhaft liegt nun der Leib.

Gottergeben starb er in Christo im Jahr des Heils 1630 den 5. November im sechzigsten seines Lebens.

Bildnachweise

(Die Nummern beziehen sich auf die Abbildungen)

J. Amman, Ständebuch 1568 233 (die Darstellung einer Druckerei auf dem Titelkupfer – 238 rechts im Sockel – geht auf diesen Holzschnitt zurück)

J. Balzer, 87 Abbildungen Böhmischer und Mährischer Gelehrten und Künstler. Prag (1780) 135

T. Brahe, De mundi aetherei recentioribus phaenomenis liber secundus. Hven 1588 89

B. Bramer, Bericht zu M. Jobsten Burgi sel. Geometrischen Triangular Instrument. Kassel 1648 127

Bremen, Staatsbibliothek 122

Caspar-Sammlung 42, 43, 49, 66, 78, 90, 96, 102, 105, 106, 110, 111, 112, 113, 116, 147, 149, 154, 155, 167, 176, 177, 179, 194, 196, 197, 198, 210, 213, 232, 239, 240, 253

M. Engelmann, Optische Instrumente im mathematischen Salon zu Dresden. Sirius Bd. 51. Leipzig 1918 144

C. Enß, Fama austriaca. Cölln 1627 138

Florenz, Biblioteca Nazionale 56

Frankfurt a.M., Stadtbibliothek 159, 222, 223

W. Gerlach, München 242

Graz, Landesmuseum Joanneum 76

Graz, Steiermärkisches Landesarchiv 23, 47, 59, 60, 61, 62, 63, 120

Graz, Universitäts-Bibliothek 20, 212

Heidelberg, Universitäts-Bibliothek 140, 141

Ingolstadt, Stadtarchiv 145

J. Kepler, Dioptrice. Augsburg 1611 152

J. Kepler, Funera domestica. Linz 1616 160

Kopenhagen, Königliche Bibliothek 84, 92, 99

N. Kopernikus Gesamtausgabe Bd. I. München–Berlin 1944 48

Leipzig, Universitäts-Bibliothek. Veröffentlicht nach: Nicolaus Copernicus, De revolutionibus orbium coelestium. Facsimile reprint of the first edition of 1543 with an introduction by Prof. J. Müller, Leipzig. New York and London 1965 44

Leningrad, Akademie der Wissenschaften 64

Leonberg, Bürgermeisteramt (Wappen) 22

Linz, Oberösterreichisches Landesarchiv 171, 190, 218

Linz, Stadtarchiv 181, 221

Linz, Stadtmuseum 172, 182

Linz, Kath. Stadtpfarramt 175

Ljubljana, Archiv Slovenije 65

London, Britisches Museum 108

J. A. Magini, La Corona del Principe di Ciro Spontone, Verona 1590 156

C. Merian, Topographia Windhagiana. Frankfurt 1656 225

München, Alte Pinakothek 4

München, Deutsches Museum 148, 150, 215, 216

München, Kepler-Kommission d. Bayer. Akademie d. Wissenschaften, Archiv 16, 19, 21, 32, 79, 119, 162, 168, 169, 174, 180, 209, 211, 266

München, Staatsbibliothek 37, 57, 58, 67, 82, 104, 130, 157, 189, 195, 217, 264

München, Staatl. Graphische Sammlung 95, 133, 142, 158, 161, 164, 203, 224, 247

München, Stadtarchiv 53

München, Universitäts-Bibliothek 54, 85, 86, 87, 88, 98, 191

Nürnberg, Germanisches National-Museum 193, 265

Nürnberg, Stadtarchiv 2

Nürnberg, Stadtbibliothek 3, 4 (Hs)

Osteel, Kirche 117

P. Pfinzing, Methodus geometrica. Nürnberg 1598 187, 188

Prag, Archiv d. Ministeriums d. Innern 251

Prag, Karls-Universität 101, 123

Prag, Staatl. Jüdisches Museum 139

Prag, Stadtarchiv 77, 121

Prag, Universitäts-Bibliothek 81, 83, 97

Pulkowo-Leningrad, Kepler-Manuskripte 40, 68, 72, 103, 107, 114, 118, 128, 129, 146, 173, 192, 207, 234, 235, 249, 250, 254

R. Rankl, Der Tychonische Sextant in der Sternwarte Kremsmünster. Linz 1946 93

Regensburg, Kepler-Museum 263

Regensburg, Neue Pfarre 259, 261, 262

Regensburg, Stadtmuseum 256, 257

E. Reitlinger–C. W. Neumann-C. Gruner, Johannes Kepler. Stuttgart 1868 18, 25

Rothenburg o. Tauber, Stadtarchiv 52

H. Schedel, Weltchronik. Nürnberg 1493 1

Schlierbach, Stiftsarchiv 220

Straßburg, Thomas-Stift 163

Stuttgart, Hauptstaatsarchiv 8, 13, 17, 24, 26, 28, 29

Stuttgart, Landesbibliothek 69, 74, 219, 238

Photonachweise

(Die Nummern beziehen sich auf die Abbildungen)

Bremen, Staatsbibliothek 122
Durchan, A., Linz 175
Frankfurt a.M., Stadtbibliothek 159, 222, 223
Graz, Landesmuseum Joanneum 76
Graz, Steiermärkisches Landesarchiv 23, 47, 59, 60, 61, 62, 63
Graz, Universitäts-Bibliothek 212
Heidelberg, Universitäts-Bibliothek 140, 141
Ingolstadt, Stadtarchiv 145
Kopenhagen, Königliche Bibliothek 84, 92, 99
Leonberg, Bürgermeisteramt (Wappen) 22
Leutschaft, F., Stuttgart-Feuerbach 7, 11, 12, 14, 15, 120, 178, 206
Linz, Diözesan-Lichtbildstelle 220
Linz, Stadtarchiv 181, 221
Linz, Stadtmuseum 172, 182
Linz, Studienbibliothek 160
München, Deutsches Museum, Bildstelle 1, 4, 73, 113, 131, 144, 154, 187, 188, 214, 229, 233
München, Kepler-Kommission d. Bayer. Akademie d. Wissenschaften, Archiv 6, 9, 10, 19, 20, 21, 32, 34, 40, 50, 55, 56, 65, 68, 69, 70, 71, 72, 74, 78, 79, 80, 94, 103, 107, 108, 114, 118, 119, 128, 129, 146, 153, 163, 166, 168, 169, 170, 171, 173, 174, 176, 179, 180, 186, 190, 192, 204, 207, 218, 227, 228, 232, 234, 235, 237, 239, 240, 246, 248, 249, 250, 251, 252, 254, 255, 259, 261, 262, 263, 265, 266
München, Staatl. Graphische Sammlung 95, 133, 142, 158, 161, 164, 203, 224, 247
München, Staatsbibliothek 37, 57, 58, 82, 89, 104, 127, 130, 138, 157, 189, 195, 217, 225, 264
München, Stadtarchiv 53
München, Universitäts-Bibliothek 54
Nürnberg, Stadtarchiv 2
Nürnberg, Stadtbibliothek 4 (Hs)
Paulsen, Norden 117
Prag, Karls-Universität 91, 100, 101, 123, 135, 136
Prag, Staatl. Jüdisches Museum 139
Prag, Stadtarchiv 77, 121
Prag, Universitäts-Bibliothek 81, 83, 97
Regensburg, Stadtmuseum 257
Rothenburg o. Tauber, Stadtarchiv 52
Schmidt, A., Nürnberg 3
Seiler, H., München-Germering 42, 43, 44, 49, 66, 67, 85, 86, 87, 88, 90, 93, 98, 102, 105, 106, 110, 111, 112, 147, 148, 149, 150, 152, 155, 162, 167, 177, 191, 193, 194, 195, 196, 197, 198, 199, 200, 201, 209, 210, 211, 213, 215, 216, 253
Siemens, München 38, 242
Spitta, W., Regensburg 165, 256, 258, 260
Stuttgart, Hauptstaatsarchiv 8, 13, 17, 24, 26, 28, 29
Stuttgart, Landesbibliothek 219
Stuttgart, Landesbildstelle Württemberg 39, 41, 46, 208, 238
Stuttgart, Staatsgalerie 30
Tübingen, Evangelisches Stift, Archiv 31, 45
Tübingen, Universität 51
Tübingen, Universitäts-Archiv 33
Tübingen, Universitäts-Bibliothek 36, 185
Ulm, Stadtarchiv 35, 226, 230, 231, 236, 244, 245
A. Voigt u. H. Giebler, Berlin 151
Wien, Kunsthistorisches Museum 126, 132
Wien, Lichtbildwerkstätte „Alpenland“ 124, 125, 137, 156, 183, 184, 202, 205, 243
Zürich, Zentralbibliothek 27

Egloff Schwaiger
LASER - Licht von Morgen

Biographie eines Phänomens. 232 Seiten mit 36 Abbildungen. Leinen DM 24,80

Wer dieses Buch gelesen hat, wird genau wissen, was LASER ist und wie er im Verkehrsleben, in der Computertechnik, bei Funk und Fernsehen, in Medizin und Humanbiologie, in Forschung und Industrie, in der Kriminalistik und in der Politik eingesetzt werden kann. Auch wird er um die Probleme wissen, die uns diese Erfindung auferlegt und wieviel von ihrem wohltätigen Gebrauch oder leichtfertigen Mißbrauch abhängt.

George Gamow
Erde - unser Planet

264 Seiten, 61 Fotos und Zeichnungen. Leinen DM 19,80

Professor George Gamow, der berühmte amerikanische Physiker, erklärt in einer mitreißenden Biographie unseres Heimatplaneten, wie dieser wahrscheinlich vor Milliarden von Jahren zusammen mit unserem Sonnensystem entstanden ist und wie er nach Milliarden von Jahren mit dem »Sonnentod« enden und alles Leben in den kochenden Wassern der Meere und der feuerflüssigen Erdkruste zugrunde gehen wird.

Walther Gerlach
Der Natur die Zunge lösen

Leben und Leistung großer Forscher. dms-Band 84. 352 Seiten, 39 Porträts, davon 24 auf Tafeln. Leinen DM 12,–

Was entsteht und wie sich das Leben einzelner gestaltet, wenn sie ihren Fragen ernsthaft nachgehen, liest sich wie ein abenteuerlicher Roman. Wer die heutige Welt mit ihren sich überstürzenden Erfolgen der Forschung richtig begreifen will, kann ohne dieses Buch nicht auskommen.

George Gamow
Sonne - Stern unter Sternen

Übersetzt und bearbeitet von Werner Büdeler. 224 Seiten mit 81 Abbildungen und umfangreichem Sachregister. Leinen DM 16,80

Erst in den letzten Jahren ist es gelungen, Klarheit über das Wesen der Sonne und anderer Sterne zu gewinnen. Professor Gamow hat die vorliegenden Ergebnisse ausgewertet und kommt dabei zu überraschenden Aussagen über unsere Zukunft.
»Ein Buch, das man erst liest und dann studiert, um es mit genau derselben Spannung nochmals zu lesen.«

Österreichischer Rundfunk

Informative und aktuelle Sachbücher aus dem Ehrenwirth Verlag München

Patrick Moore
Den Sternen auf der Spur

Das neue Bild des Universums. 152 Seiten, 50 Abbildungen. Leinen DM 16,80

Patrick Moore versteht es meisterhaft, die faszinierenden Erkenntnisse und Unternehmen in der Astronomie und Astrophysik spannend und allgemeinverständlich darzustellen. Er vermittelt uns die größeren Zusammenhänge von der bekannten räumlichen Struktur und den Gesetzmäßigkeiten des Weltalls detailliert und mit umfassender Sachkenntnis.

Peter von der Osten-Sacken
Kosmos plus minus

Der Bau des Universums. 270 Seiten, 40 mehrfarbige Darstellungen auf Tafeln, Fotos und Textzeichnungen. Leinen DM 32.–

Von den Grundlagen bis zu den neuesten Erkenntnissen gibt der Autor einen eindrucksvollen Gesamtblick über den Stand unseres Wissens vom Aufbau des Mikro- und Makrokosmos. Wesentlicher Bestandteil des Buches sind die zahlreichen instruktiven Abbildungen und Illustrationen.